情感与启蒙

20世纪中国美学精神

朱存明 著

文化藝術出版社
Culture and Art Publishing House

图书在版编目（CIP）数据

情感与启蒙：20世纪中国美学精神／朱存明著.
—北京：文化艺术出版社，2017.3
ISBN 978-7-5039-6283-7

Ⅰ.①情… Ⅱ.①朱… Ⅲ.①美学—研究—中国
Ⅳ.①B83-092

中国版本图书馆 CIP 数据核字（2017）第 060909 号

情感与启蒙
——20世纪中国美学精神

著　　者	朱存明
责任编辑	董良敏
封面设计	赵　矗
出版发行	文化艺术出版社
地　　址	北京市东城区东四八条52号　100700
网　　址	www.whyscbs.com
电子邮箱	whysbooks@263.net
电　　话	（010）84057666（总编室）　84057667（办公室）
	（010）84057691—84057699（发行部）
传　　真	（010）84057660（总编室）　84057670（办公室）
	（010）84057690（发行部）
经　　销	新华书店
印　　刷	国英印务有限公司
版　　次	2017年5月第1版
	2017年5月第1次印刷
开　　本	880毫米×1230毫米　1/32
印　　张	11
字　　数	245千字
书　　号	ISBN 978-7-5039-6283-7
定　　价	52.00元

版权所有，侵权必究。印装错误，随时调换。

自　序

时间是一支林中的响箭，永远向一个方向飞驰，它将一切都抛在了后边。

个体的生命往往以年、月来计算，因此有了生命的年轮。

国家、社会往往以"世纪"来衡量，由此才能看出历史演变的轨迹。

20世纪是一个令人难忘的世纪，那些发生的重大事件，影响了人类的进程。飞船已经进入太空，去寻觅宇宙中的伙伴；科技的无孔不入，真正改变了人类的生活；两次世界大战，多少无辜的人丧命；政治、经济、环境的失衡，使人类仍然生活在荒诞的怪圈之中。

对于中国来讲，20世纪是屈辱、抗争、奋斗、站立、崛起的世纪。美学好像山涧中的一朵鲜花，破土而出，终于绽放出绚丽的色彩，散发出诱人的芬芳。

中国古代有审美经验的独特智慧，却没有建立一门专门的美学，美学完全是向西方学习的产物，是中西文化交流的结晶。美学正是一批早期负笈渡洋西去的学子，把西方的教育体制引入中国而建立的。他们或译介、或阐发、或推广、或实践；他们析古典而生新意，立新论而破旧说；推广新式教育，倡导美育精神，遂开一代伟业。

20世纪中国美学，就是一个走出古典、适应现代、解放情感、文化再造、美育救国、体验悲剧、创造和谐、思想启蒙、表达自我、追求自由的历史过程。

对于20世纪的中国来讲，"美学"是个百变女神，在"世纪的雾霾"中不断展现自己婀娜的身影。

美学是一个理想冲动的乌托邦寓言；

美学是重新规范体制的一张蓝图；

美学是生命感性价值的愉悦与震颤；

美学是社会启蒙的道德象征；

美学是所有艺术创作背后的灵性操手；

美学也是一块掩饰丑恶的遮羞布……

20世纪中国的历史太繁杂。美学是时代的精神表征，它规范着、启示着未来；美学是实践的动力，指导并引领着20世纪艺术创作的走向；美学是一种理想的冲动，在对自由的憧憬中走向想象的幻境。

在21世纪，我们蓦然回首，滚滚的历史硝烟中推出了20世纪的剪影。

我们翘首未来，一个未来历史的序曲已经涌现。我们信心百倍地奔向未来。

我们在"美"的指导下，将开启一个新的时代；我们在美的追求中，将重铸一个民族的灵魂。真、善、美终将在历史的天平上得到平衡。

中国的美学，是一种合乎"大道"的智慧。

目 录

第一章　世纪的凝望　/　1
　　一、生命云起处：美学何为　/　5
　　二、美随时代行：四大浪潮　/　11
　　三、碰撞的火花：引进与消化　/　18
　　四、启蒙的主题：遮蔽与去蔽　/　25

第二章　走出古典　/　33
　　一、危机与再生：20世纪美学精神的根源　/　36
　　二、传统与现代：20世纪中国美学的开端　/　43
　　三、感性的解放：新时代的精神表征　/　49
　　四、"两界革命"：向现代美学转型　/　57

第三章　第一块界碑　/　65
　　一、启蒙与情感的合奏：梁启超的美学思想　/　68
　　二、人生的悲剧与崇高：王国维的美学思想　/　79
　　三、美育救国与美的超脱：蔡元培的美学思想　/　93

第四章　探索与兴盛　/　111

一、美学启蒙与文学革命　/　114

二、移花接木：建设中的中国美学　/　120

三、繁花似锦：艺术美学研究的兴盛　/　128

四、铁与血铸就的灵魂：鲁迅美学精神概要　/　132

五、中国美学之父：朱光潜的美学道路　/　144

六、散步者的美学：宗白华的美学思想　/　159

七、唯美的遁逸：自由主义美学思潮略说　/　170

第五章　传播与影响　/　187

一、理论框架　/　189

二、拓荒者的审美观　/　192

三、唯物史观文艺学的萌发　/　195

四、来自苏联和俄罗斯的影响　/　198

五、意志实践的审美观　/　200

六、政治家的视界　/　202

七、《新美学》的美学观　/　204

第六章　爆炸与裂变　/　213

一、批判美学与美学批判　/　216

二、四大派别：在否定中生成　/　221

三、三大领域：在肯定中分化　/　237

第七章　《手稿》与美学问题 / 249

一、美学领域里的一场革命 / 252

二、异化劳动与美的创造 / 256

三、"人化的自然"与美 / 259

四、美的规律：内在尺度与外在尺度 / 261

第八章　艰涩的启蒙 / 267

一、思想的解放与方法的嬗变 / 269

二、实践美学的价值取向 / 272

三、灵魂的呼告：美是自由的象征 / 278

四、审美的乌托邦：希望与失望之间 / 282

五、古典和谐与现代崇高 / 286

第九章　选择的开放 / 289

一、生命的绵延：后实践美学的萌生 / 293

二、审美文化之维：感性生命的理性判断 / 300

三、原型与母题：人类学美学的崛起 / 309

四、走向十字架：神学美学的本土话题 / 318

结语　美学——一种新生存方式 / 327

参考书目 / 334

后　记 / 340

第一章 世纪的凝望

当我们静下心来对20世纪中国美学精神进行历史性的回眸时，我们的心灵深处蓦然升起一种责任感、使命感和崇高感。20世纪的中国美学经历了怎样艰难、曲折的历程？它对20世纪的中国人、中国艺术、中国社会究竟意味着什么？当时代的季风从历史的深处飘来，吹响了向21世纪进军的号角，中国美学对21世纪的中国人又意味着什么？

英国美学史家鲍桑葵在他的名作《美学史》的前言中，解释他的著作为什么没有论述到东方艺术，特别是近代中国和日本的艺术时，不无轻蔑地称："因为就我所知，这种审美意识还没有达到上升为思辨理论的地步。"① 鲍桑葵的著作写于一个多世纪以前，那时中国还没有形成现代意义上的美学，受到他的讥笑也是必然的。实际上鲍桑葵不过重复了黑格尔对东方艺术的无知而已。

---

① ［英］鲍桑葵：《美学史》，张今译，商务印书馆1985年版，第2页。

一个多世纪以前，中国人确实还不知美学为何物，但并不能认为中国人没有审美意识和美的创造以及由此而产生的美学思想。百余年后的今天，美学在中国已经形成了一门显学。它不仅在高等学府的讲堂上作为一门课程讲授，而且走向了社会的各个角落；它不仅是思辨的哲学家追求智慧的场所，而且是普通百姓经常议论的话题。有时美学的表述抽象难懂，晦涩得如黑夜中吃了青柿子；有时读了美学著作，犹如平静的湖面划过的一叶轻舟，或盛夏吃着冰激凌。美学可能是一个神秘的晦涩，也可能是一个意外的惊奇。

20世纪中国历史太沉重、太繁杂，而美学不过是时代的精神表征。当历史在前进时，美学具有前瞻性，它翘首望着未来，表述着理想；当历史在发生时，美学具有概括性，它总结着经验，概括为理论；当历史在实践时，美学具有价值性，它指引着道德，规范着意志。真、善、美在历史的天平上达到平衡。

当我们步入中国人在20世纪构造的美学大厦时，我们不应被炫人眼目的各种理论所吸引，所误导；也不给任何流派、体系以特有的地位，除非它已取得了这样的地位。我们评价的原则是没有唯一，只有阐释。历史在阐释中走向我们。

人类的精神生产不会辜负任何一个伟大的时代，20世纪的中国美学因伟大的历史转折的阳光雨露滋润而百花争艳、奇葩纷呈。美学不愧为时代精神的精华，它反映着、追踪着、预言着20世纪中国伟大的历史变革。现在，就让我们沿着美学的历史坐标，走进20世纪中国美学精神的深处。

一、生命云起处：美学何为

美是人类的一种生命现象，人活着就要追求美；美学则是人类的现象，是人对自身追求美反思的结果。生命有多么丰富，美就有多么广阔；人类有多么复杂，美学就有多么艰难。当人类举起美学这一大旗，旗下就聚集了各种各样的美学家。他们对自然、社会、人生、艺术等进行了深刻的反思，对主体、客体进行了理性的探讨，对内容、形式进行了深入的挖掘，于是便建立了各种各样的美学理论。美随着时代而变化，在不同的生命体中变幻着不同的色彩，各民族有着许多不同的风俗、不同的阶级，又有不同的价值取向。美总在不断的创造之中，美学也随时代、阶级、民族、个体、方法的不同而呈现不同的理论色彩。

美学史家面临的困难之一便是这种变化。美是丰富多彩的，美学则抽象难懂；时代是在不断发展变化的，理论的探讨则要求统一和相对稳定。一元论的研究要找出终极的原因，美学家的研究却表现出各自独特的个性。阐释丰富的现象和纯粹的理论之间，总有许多无法弄清的矛盾。虽然美学是一门已经被公认的科学，但它的研究对象的模糊性依然如故，即使在 20 世纪的中国也是如此。

美学是什么？有的美学家说，就字面看，美学当然是研究美的一门学问。但这立即遭到另外一些美学家的反对，认为这不过是一种同义反复。他们讥笑说："美学不研究美，还能研究什么呢？"于是又有人提出美学研究审美关系、审美活动，研究美感经验，研究艺术之美。美学要解决的根本问题是：什么是美？对这个问题，各派历来有很大的分歧。一派认为美是见于自然和现实生活中的一种客观存在，艺术美是自然美的一种反映。另一派认为，美不是一种客观存在，而是一种人的意识形态。又有人站在折中的立场上宣称美既离不开物，也离不开人，美和真与善一样，都是一种特定的价值。还有人要建立一种"反美学"的美学，把"什么是美"的追问置换成"美学何为"的追问。美学的要义不是美是什么、美是主观的还是客观的，而是美的意义是什么、美学对人意味着什么？

我们对20世纪中国美学进行历史性的总结时，首先碰到的便是这样的问题。人、生命和社会都处在永恒流逝的时间中，时间的存在使现实成为历史。历史总是完成时、进行时和将来时的某种组合，但真正成为历史的总是完成时态。美学史是一个发展的过程，在这个过程中，人类用科学的概念具体表现了他们对自然之美和人生之美的判断。随着时间的进程，美学内容所呈现的性质会愈来愈复杂、繁多。然而，除去浮华的表面现象，我们仍可发现那些探寻知识发展的线索。初看起来，美学的每一个伟大的体系一开始着手解决的都是新提出的问题，好像其他美学体系几乎未曾存在过一样。但通过仔细研究就会发现其成就中的内在联系的因素。美学史不是学术上的剪贴簿，其中混杂着美学家的奇闻轶事、哲学箴言；也不是在某一时髦理论的幌子下，以描述时代背景或介绍艺术创作为乐趣。美学内在的联系，在美学史上经常被打断，特别是处在历史将自身抛向伟大的历史巨变的时候，美学与文化就建立了联系。

美学往往从时代的一般意识形态观念和社会实际需要获得自己的问题。科学的重大成果、新产生的问题、宗教意识的发展、艺的直观、社会生活和政治生活中的革命——所有这一切都不时地给予美学以新的动力，并限制美学兴趣的方向。我们发现，某种美学体系的出现准确地代表特定时代对自我的认识，或者明显表现了种种社会矛盾在美学体系斗争中的显现。因此，美学的产生有它从文化史中或当代的文化现状中产生的必然性。

同时，美学史进程中之所以形形色色、多种多样，还是由美学家的主观态度所造成的。美学作为人们对美的观念的一种表述方式，总是通过个别人物的思维才能完成，虽然这些人物的思想深深扎在该历史时期的逻辑联系和流行观念中，然而他们的思想总是受到其个性和生活行为的影响。历史是有个人特征的人物的王国，美学史也是如此。那些有开拓性的伟大的人物，总是起着独一无二的作用。所有的美学体系都是个性的创造物，在这方面，美学与艺术作品有某种相似之处。美学家总要用语言来描述他所建构起来的世界。

美学家的世界观的要素产生于永远不变的现实问题，也产生于旨在解决这些问题的理性。除此之外，美学的价值取向还来自于美学家所处的时代、所代表的阶级和人民以及其理想与信仰的力量。但是，体系中的结构、布局、风格、评价等都受限于美学家的出身、教育、活动、生活、命运、品格和经验。在这样的理论中，往往美感代替了知识的价值，直觉代替了逻辑的力量，人格魅力代替了理性的要素。许多美学家的理论是以生命的呼告、诗与思的对话吸引着我们。

因此，我们对 20 世纪中国美学的回顾便提出所要完成的下列任务：第一，要阐述美学史中的事实，准确地证实从美学家的生活环境、智力发展和学说的可靠资料中可以推导出什么东西来。第二，以这些事实为基础重建美学理论的发展过程。其中，就美学家来说，要了解他的学说哪些来自前人，哪些来自时代的一般观念，哪些来自他自己的性格和受的教育。第三，从历史发展出发，估计不同的理论创立所具有的价值，对美学学科的发展有什么意义，对20世纪的中国有什么作用。也就是说，美学何为？

这样审视美学史，美学史就是语文—历史的科学，同时又是批判—哲学的科学。美学史像所有的历史一样，它的职责不只是记录和阐述，还是估计和评价。当我们在描述和理解历史发展的过程时，我们要估计什么是历史发展中的进步和成果。没有批判的观点，就没有历史。但这种批判不以自己的理论作为是非的标准，也不能像眼下一些人做的那样，以自己学派的标准来衡量和剪裁历史，或借助美学理论本身以外的力量作为力量的源泉，或者对其他学派的理论视而不见。这样，除了证明自身的狭隘偏私、保守无聊以外，对科学美学的建设是无益的。

开放的时代，应带来开放的精神。那种只靠咒骂和鄙视别人思想过活的风气，早应成为过去。一个美学家可能创造一种伟大的理论，也有的美学家可能发表一些错误的见解，但美学概念和美学体系本身不会是完美无缺或毫无矛盾的。"在哲学史中，大错误比小真理更有份量。"① 我们评价的标准就在于美学家的这种学说对他的前辈来讲提出了哪些新的东西。美学的存在就像现在的事实一样，并不存在一种一成不变的理论，美学的活力就在于其理论充满

---

① ［德］文德尔班：《哲学史教程》，罗达仁译，商务印书馆1987年版，第30页。

永不满足的追问，并在这追问中去揭示那些美学思想结构中的人类理性的永恒的内部结构，去体验那日日新、时时新的生命本身。

中国的现代美学无疑是 20 世纪中国社会变革的产物，它产生在 19 世纪末 20 世纪初的时代转折点上，并随着时代的转折浪潮而推波助澜。20 世纪的中国美学又是中西文化碰撞的产物，它的出现正是中国封建社会结束的表现，又是新时代或中国转向现代社会的时代标志。这并不是说中国古代没有美学思想，相反，中国古代美学思想的丰富性已是一个不争的事实。我们只是认为真正现代意义上的美学学科，是伴随着现代性的进程而出现的。西方美学的产生、发展和引进，直接关系到 20 世纪中国美学的结构框架、价值取向和形式表述。当我们进一步追问美学何为时，就不得不从此入手。

克罗齐（Benedetto Croce，1866—1952）在他的《美学史》中，把美学学科的建立，归之于意大利 18 世纪的维柯（Giambattista Vico，1668—1744），认为维柯于 1725 年出版的《新科学》事实上就是美学。《新科学》探讨了人类思维的起源，认为形象思维早于逻辑思维，并分析了原始人的"诗性智慧"，区分了诗与哲学的界限。这种对人类想象力、诗及形象思维的研究，确实触及到美学研究最本质的部分。但维柯的《新科学》主要是在探讨人类文化和思维的历史发生过程，他的目的并不在于建立美学。

一般认为美学的建立者不是维柯，而是德国哲学家鲍姆嘉通（Baumgarten，1714—1762），他在 1735 年发表的博士论文《关于诗的哲学沉思录》中，提出要建立一门新的学科，并命名为"Äesthetik"，意为关于感性认识的学科。1750 年，他正式出版

Äesthetik 一书，一般都译为《美学》。鲍姆嘉通认为，人的心理活动可分为知、情、意三部分，有三门相应的学科来加以研究。研究"知"的是逻辑学，要解决认识中的"真"；研究"意"的是伦理学，要解决道德中的"善"；研究"情"的是"Äesthetik"——即感性学或美学，要解决的问题是"美"。他给美学研究的对象做的规定是"感性认识的完善"。在他看来，人类只有建立了一门专门研究感性、情感的美学，人类的知识体系才是完整的。鲍姆嘉通以后，尽管对他的说法存在一些不同的看法，但美学作为一门学科则被确立下来。不同的美学家对美学的研究对象虽有不同的观点，但美学的研究与感性和情感的联系这一见解则在深层次上起到了规范作用。后来，经过以康德、黑格尔为代表的德国古典美学的开掘，美学研究的范围愈来愈大，内容愈来愈丰富，美学便真正成了一门独立的学科。19世纪以后，随着自然科学的勃兴，美学研究从"自上而下"的形而上学的方向，走向"自下而上"的实证的方向，美学的研究渐渐被引向主观的研究方面。20世纪，科学的分支愈来愈细，在美学的旗帜下，也分化出多种流派、多种主义，真可谓五花八门、琳琅满目。随着中西文化交流的日益频繁，在不同的历史时代，西方的理论都可以在20世纪的中国找到其相应的理论形态，并用来解决中国在这方面所面临的实际问题。

20世纪中国美学的发展，是与中国人的感性生命密切联系在一起的。它关心的是中国人的情感表现问题，是艺术形象的生命本体问题，是人的类本质的形象显现问题，是在社会从蒙昧走向民主的启蒙时代的价值取向问题，是个体的生命自由和社会关系的和谐发展问题，是走向未来的理想的憧憬问题。对20世纪的中国来讲，美学是一种感性解放，是一种启蒙思潮，是一种价值再造，是一种艺术哲学，也是对生命的诗化阐释。

黑格尔说："哲学的工作实在是一种连续不断的觉醒。"① 雅斯贝尔斯说："哲学就是在路途中……哲学不是给予，它只能唤醒。"② 作为哲学一个分支的美学当然也是如此。中国美学正是在不断地"觉醒""唤醒"中开拓出自己的新天地。

二、美随时代行：四大浪潮

20世纪的中国美学，经历了一个从简单到复杂，从引进介绍到消化吸收，从直接拿来到和民族传统相融合，结合现实而创立自己的体系的一个漫长的发生、发展、成熟的历史过程。

对这一段历史的研究可以有不同的角度和方法，有不同的侧重点。与重历史资料的挖掘、重艺术美的创造分析不同，我们着重于对20世纪美学精神的分析。黑格尔有《精神现象学》一书，他在序言和导论中曾说："精神现象学所描述的就是一般科学或知识的形成过程。"他又说："意识在这条道路上所经过的它那一系列的形态，可以说是意识自身向科学发展的一篇详细的形成史。"这就更明确地说明精神现象的研究主要注重的是知识向科学的发展史或形

---

① ［德］黑格尔：《哲学史讲演录·导言》，贺麟、王太庆译，商务印书馆1995年版。
② ［德］雅斯贝尔斯：《智慧之路》，柯锦华、范进译，中国国际广播出版社1988年版，第6页。

成史。恩格斯认为，精神现象学也可叫做同精神胚胎学和精神古生物学类似的学问，是对个人意识在其发展阶段上的阐述。① 因此，精神现象学是作为意识发展史而存在的；同时，精神现象学又是作为意识形态学而存在的。精神和意识这两个词的词义是相通的。我们使用"精神"一词，主要指这个词所包含的意识，如自我意识、社会意识、民族意识、时代意识。因此，我们在这本书中着重探讨的是20世纪中国美学作为一种社会意识、民族意识、时代意识的发生过程，是对20世纪中国美学意识形态的发生与结构的探讨。

"20世纪"是一个时间概念，由于历史存在于时间过程之中，它又成了一个含有历史内容的概念。在传统的历史学的范畴中，往往把这段时间划分为近代、现代与当代。"20世纪"概念的提出，是对传统提法的一种超越和突破。在百年风云过后，在历史向另一个百年转换过程中，"20世纪"的概念，有它的自然的时间内涵；同时，它又是一个特殊的历史阶段，有它特定的内涵。我们要把它作为一个有机整体来把握。

20世纪中国美学，就是从19世纪末、20世纪初开始的，到20世纪末仍是在继续进行的一个美学进程。这是一个由中国古代美学向中国现代美学转变、过渡并最终形成一种新的意识形态的进程，是一个中国人引进、吸收、借鉴、消化西方美学，在东西方文化的大撞击、大交流中，根据时代的要求、理想的需要而形成的现代民族审美精神的进程，是一个通过感性生命所折射出的古老的中华民

---

① 《马克思恩格斯选集》第4卷，人民出版社1972年版，第215页。

族之魂在新时代获得解放、新生和崛起的进程。

历史的分期从来都是历史哲学的重要内容之一。传统上的历史学往往把重大的历史事件作为划分历史的标准，我们不能认为这种划分法是错误的，但不能把历史仅仅看成政治事件史或伟大人物的斗争及生平史。美学精神作为一种意识形态，与政治史的进程还存在许多差异。美学精神作为一种对理想和新价值观的表白，可能在重大历史事件尚未发生时已露端倪，甚至产生了转变，也可能在政治变化以后仍处在比较稳定的形式和价值体系中。但美总是随着时代的变化而变化的。

19世纪，歌德曾从普遍的人性出发，预言"世界文学的时代已经快来临了"。实际上这不过是随着工业化、信息化、世界经济一体化而走向世界文化一体化的世纪风潮在文学上的反映。20世纪中国美学走的也是这样一条道路。不从世界文化的背景上看，就无法理解整个20世纪中国美学精神及其形成的历程。

联合国教科文组织科学顾问、系统哲学家E.拉兹洛在1992年给罗马俱乐部的一份报告《决定命运的选择——21世纪的生存抉择》中，曾对20世纪的生存问题进行了系统的概括。他认为20世纪有四大浪潮：布尔什维克浪潮、法西斯主义浪潮、非殖民化浪潮、公开性浪潮。这四大浪潮犹如四次巨大的冲击波，改变着20世纪历史的进程，影响着全世界的格局。

1917年的革命导致了沙皇俄国被列宁领导的布尔什维克所建立的苏维埃代替。布尔什维克浪潮席卷了白俄罗斯、乌克兰、波罗的海各国以及亚洲和中国等各个地区和国家。第二次世界大战结束后，布尔什维克浪潮席卷东欧并传播到古巴、朝鲜及亚洲其他地区和非洲地区。第二大浪潮始于法西斯在意大利的兴起。随着德国由魏玛共和国转变成为国家社会主义第三帝国，随着希特勒的上台，在强大的德国战争机器推动下，法西斯主义席卷了大半个世界，最后以第三帝国和"轴心国"的失败、灭亡而告终。第三大浪潮的形成却是第二次世界大战的副产品。战争结束后，一些帝国主义的殖民地纷纷宣告独立，他们企图摆脱帝国主义的奴役而走向民族独立的道路。但殖民地国家的真正独立是极困难的，到目前仍有许多国家处在贫困的状态，这些国家被称为第三世界。第四浪潮形成于20世纪的后20年，社会主义国家普遍存在一种改革开放的要求，努力想摆脱不发达的局面。从中国到苏联及其他共产党领导的国家都在探讨发展的道路。1985年戈尔巴乔夫提出"改革和新思维"，推行"公开性"政策，想使社会主义国家向世界市场开放，从而向全球信息流和贸易流开放。公开性浪潮的目的是要进行改革，"开放"的目的是要进行"改良"。但由"改良"突变为"全面改革"，一夜之间，苏联和东欧转变了"颜色"。而中国则在改革开放的道路上阔步前进，取得了相当成功的经验。

20世纪中国的社会变化既与世界的变化同步，又略有不同。这直接影响到中国美学精神的发展和变化。为了从总体上对20世纪中国美学进行概括，我们先从总体上鸟瞰一下。

在20世纪的100年中，以1949年中华人民共和国的成立作为一个转折点，可以分为前后各50年的两大阶段。仔细研究又可把这两个50年各分成两个阶段，把20世纪初的20年和20世纪末的20年各为两个阶段。这样，我们就得到下面的一张阶段图：

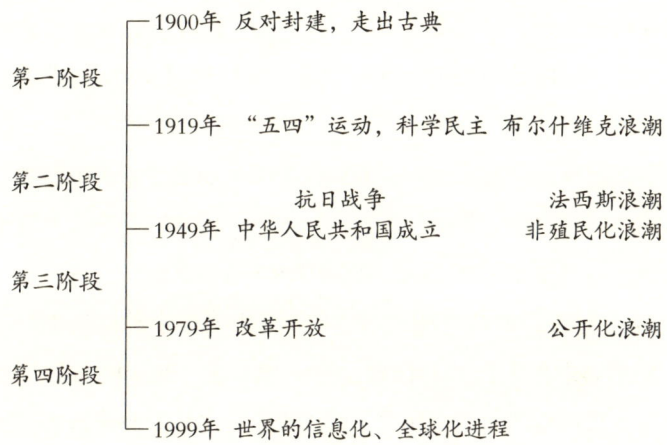

20世纪中国美学可以分成四个阶段：第一阶段（1900—1919）为20世纪中国美学的发端期。19世纪后半期，中国封建社会已走向末路，虽然有些人还沉溺于旧的美学传统之中，但时代的呼唤则产生了一种新的美学精神的萌发。这一时期，既有对传统美学思想的总结和批判，又有西方新美学思想的引进和输入，并对文艺创作和审美意识提出革新的要求，开辟了不同于中国传统美学的新境界。梁启超等人所标举的"诗界革命""小说界革命"已经引进了西方文艺的新观点、新方法，成为他们对民众进行启蒙呼唤的新手段，但他们还没有从根本上冲破传统的束缚。

20世纪中国美学精神的真正变革，是从王国维开始的。他最早把西方的美学介绍到中国，并对美的性质、范畴、审美心理、美育等进行了较系统的论述。他运用西方美学的新观念、新方法研究中国的古典戏曲、诗词、小说并取得了突破性的成果，成为20世纪中国美学精神的开拓者。鲁迅早期的美学思想，也表现了一种时代的启蒙精神。蔡元培把西方的美育引进中国，并作为一种教育方针，也产生了深远的影响。这一阶段，虽然只是 20 世纪中国美学的发端期，但其中已包含了美学形成一门独立学科的性质。这时，中国传统的审美理想和世界美学接轨的潮流涌起，美学中包含的悲剧意识、怀疑情结、张扬性灵、呼唤生命、启发民智等都具有了现代意识，使其奠定了 20 世纪中国美学精神的基础。

第二阶段（1920—1949）为 20 世纪中国美学的高潮期。"五四"前后到中华人民共和国成立这一段历史，是 20 世纪最复杂、矛盾斗争最激烈的时期。新的矛盾，诸如民主与专制矛盾、民族矛盾相互交织在一起，新的时代呼唤着新的美学精神。这一阶段美学的特点是开始反思、总结中国古典美学与近代的美学思想，介绍外国美学渐趋科学化和系统化，并产生了中国独特的美学流派；哲学家和文艺理论家开始了中国古典美学原理和历史演变的研究，奠定了当代美学研究的基本路线；马克思主义美学开始在中国传播，并与中国国情相结合，产生了许多马克思主义中国文艺理论家和美学思想家。这一阶段的美学精神，在变幻不定的时代大潮中，表现了多元的价值趋向，西方的各种"主义"都被介绍到中国，在感性大解放的吸引下，不同阶级、阶层的人表现了不同的情感，创造着不同风格的文艺。在布尔什维克浪潮的影响下，马克思主义美学思想逐步崛起。随着中国被卷入第二次世界大战，由于拯救民族的"抗日战争"的需要，使美学本身所具有的启蒙精神暂时中断。战争年代所要求的英雄精神，以典型化的理论成为一种规范的形式渐渐成为正统的意识形态。

第三阶段（1950—1979）是 20 世纪中国美学走向英雄主义的

崇高的逐渐成熟期。中华人民共和国成立后，需要一种新的意识形态与之适应。因此，批判旧的美学思想，创立一种新的符合马克思主义理论的美学就是一个历史的任务。20世纪50—60年代的美学大讨论就是这种要求的反映。尽管马克思主义的理论家们企图批评倒非马克思主义者的美学，但美学本身的非政治化趋向却使一些批判成为一场空前的大讨论。结果出现了主观论、客观论、主客观结合论和客观社会性等不同流派的美学学说。整个西方美学史上出现的局面，又在中国美学大讨论中加以重排上演。没有人能给美学的学术问题下定义，但正统的意识形态的导向，则使中国美学走向了英雄主义的崇高。革命性、责任感、牺牲精神，为了国家、民族而奋斗，克服个人主义，反对个体情感，把个人统统演化为阶级、集体、时代精神的代表诸种思想成为时尚。到了"文化大革命"时期，在"革命的现实主义和浪漫主义相结合"的旗号下，为了"乌托邦"式的理想主义而牺牲了现实感性生命的一切，美学精神中充满着一种伪古典主义的气息。

第四阶段（1979—1999）是20世纪中国美学的结束期，同时又是一个新的美学阶段的开端期。20世纪的布尔什维克浪潮和非殖民化浪潮使中国人民在共产党的领导下建立了自己的国家，风起云涌的社会主义运动经过半个世纪的发展遇到了前所未有的困难，一场改革开放浪潮不可避免。中国人率先打开国门，于是政治、经济、文化、艺术上的大一统都在面临挑战。作为感性学的美学，作为启蒙哲学的美学，又一次作为启蒙者的工具而开辟了一种新的精神风尚。受历史惯性的影响，20世纪80年代的美学热潮中，老一代的美学家还想从正统的马克思主义理论中找到根据，而青年马克思的一部《1844年经济学—哲学手稿》中提出的"人的本质""异化劳动""美的规律""自然的人化"一时成为时髦者的美学。"方法论"的讨论给旧美学僵化的内容开了一个大口子,感性的解放使美学成为一种时尚而走向心理学、走向具体的各种各样的应用美学。英雄主义崇高论的神话终于从天上落到了地上,代之以对人感性生命的张扬。思想禁锢后的思想大解放、封闭锁国后的国门大开、美学译著的大量涌现,使20世纪末的美学真正走向了一个"百花齐放"的时代。美学在逐渐走向自立,一个建立在感性生命上的美学正在孕育,作为一个精神价值体系的美学正在形成。在新的美学中,灵与肉、感性与理性、情感与道德、形式与内容、现实与理想都将有自己的独特地位。

三、碰撞的火花:引进与消化

在20世纪的末期,我们到达了一个历史关头,正在向一种新的社会转变。我们正在脱离工业革命后的以一个国家为基础的工业社会,走向以信息为基础的全球化的经济体制。事实上,从世界范围内来看,这种转变从19世纪末已露端倪。电话、无线电广播、电子计算机、电视、通信卫星,特别是全球互联网体系的出现,都标志着一个全球化时代的进程。

从这样宏观的角度来看20世纪中国美学的产生、发展过程,就会清晰地看到中国现代美学精神的根源:一方面是中国本身发展的需要,另一方面也是在东西文化冲突中产生的。中国传统美学、时代的需要与西方文化的冲突,三股力量形成了交相辉映的奇特景观,在历史的潮流中碰撞出耀眼的火花。

19世纪后半叶,中国传统社会已走向穷途末路,清政府腐败无能,在西方资本主义列强开拓世界市场的坚船利炮面前,屡屡惨遭失败,中国人面临着亡国的危险。于是一批清醒者开始思索,中国这个自古以来的泱泱大国到底为什么这样不堪一击?他们先是认为中国的技术不行,于是要学习西方,造洋枪洋炮。但屡屡的失败使人们开始认识到光靠造洋枪洋炮、购买军舰并不能救中国,他们认识到要想生存,就必须向西方全面学习。于是在20世纪初到国外寻找科学的救国之道,便成为一种风尚。正是在这种时代的风潮中,西方美学被引入中国。

从历史上看,中国文化都是在中外交流与融合中发展起来的。但20世纪以前我们接受的大都是东方式的主静的、封闭的文化。如佛教等,它们可补中国文化的不足,却没有改变中国文化的性质。但到19世纪末20世纪初,全民族的大震荡激发我们引进了西方的文化,这种文化在当时叫作"新文化"。我国的一些美学精神,就是在西方文化冲击下输入的,并在西方文化的影响下发展起来。这种引进与消化的问题,随着历史的步伐而进入21世纪。

如前所述,美学从西方引进,并不是说中国古代没有美学思想;相反,中国古代的美学思想,不仅源远流长,而且遗产非常丰富,有着许多今天仍然有价值的精华。但是,中国传统社会形成的美学,存在着大量的糟粕和局限,不能适应20世纪时代精神的需要。于是,借鉴西方美学就成了时代的呼唤。西方文化中的重逻辑分析及科学方法,使我们能够对美学进行系统的分析和研究,使之从感悟式的直观变成系统性的科学。这便结束了中国古代只有美学思想而无"美学"的历史。西方美学精神中重感性生命、强烈张扬个性解放、反封建、反宗教、探讨生命的本质、倡导自由等都对中国人新的审美观的形成起到了启蒙作用。

在20世纪中国美学精神发展的四大阶段中,在每一个美学家的生命呼唤、美的理论建构中,在不同时代所形成的美的风尚中,都离不开西方的影响和中国人的选择与反思。

"五四"以前,在西方文化的冲击下,中国美学精神开始萌发,最先引进西方现代美学的是梁启超、王国维、鲁迅、蔡元培。梁启超出于政治目的,认识到诗歌、小说等艺术形式的"革命"作用,于是翻译介绍了西方、日本的近代诗歌、小说作品,并在理论上进行大肆鼓吹。他们已把西方的政治观念、道德观念、美学观念引进文学创作和批评之中。王国维在20世纪初就立志从事哲学研究,以探索人生的真理。他陆续把康德、叔本华、尼采、席勒等人的哲学、美学、文艺、教育思想介绍到中国,从此中国人开始知道有"美学"。王国维对美的性质、美学范畴、审美心理以及美育等基本问题,都有自己的发挥,并且运用西方的美学理论进行文艺批评,产生了全新的文艺观,成为20世纪中国美学的第一座里程碑。这一时期鲁迅也接受了西方的美学思潮并立志用文艺改造落后的国民性。他的《摩罗诗力说》就反映了他早期的美学思想。民国初年,蔡元培留学德国,他受了康德的影响,对美学产生了极大的兴趣。回国后,他做了民国临时政府教育总长,有史以来第一次把美育提到国家教育方针的地位,并围绕着美育阐述了他的美学见解。在北京大学当校长期间,在他的领导下,成立了体育会、音乐会、画法研究会、书法研究会等，把美育推广到精神文明建设的诸多领域。这一时期，其他的一些文艺家如苏曼殊、黄人、徐念慈、金松岑等人，也都以西方美学作为理论根据，充分肯定了文学的审美价值和娱乐作用。就这样，在西方文化的冲击下，在 20 世纪初的 20 年里，中国产生了新的美学。

"五四"以前，引进西方美学只是一鳞半爪，美学家仅就自己的兴趣和需要各取所需。"五四"以后到新中国成立的 30 年间，才开始全面系统的引进。根据蒋红等编著的《中国现代美学论著译著提要》的统计，这 30 年间翻译的美学论著达 70 种，对日、俄、英、德、法、美、意等国家的美学著作都有翻译。如日本高小林次郎的《近世美学》在 1919 年就被刘仁航翻译过来，由上海商务印书馆出版，这大概是中国人翻译的第一本系统介绍西方近代美学的著作，以后便一发不可收拾。如 1921 年出版了俄国托尔斯泰的《艺术论》（耿济之译，商务印书馆出版）。1922 年出版的有日本黑田鹏信的《艺术学纲要》《美学纲要》（俞寄凡译，商务印书馆出版）。英国马霞尔的《美学原理》（肖石君译），德国 Wliiam Jerusalem 著的《美学纲要》（王平陵译）也由泰东图书局出版。以后，西方美学史上的一些名著如柏格森的《笑之研究》、克罗齐的《美学原理》、柏拉图的《理想国》、亚里士多德的《诗学》、格罗塞的《艺术的起源》、康德的《优美感觉与崇高感觉》、泰勒的《艺术哲学》等，也都陆续被翻译过来。

同时，翻译外国的美学著作，也刺激了中国人对西方美学介绍著作的出版。如 1922 年黄忏华出版了《近代美术思潮》；1923 年吕澂出版了《美学浅说》《美学概论》，1924 年又出版了《晚近美学思潮》等。以后对西方美学的介绍逐渐增多。20世纪30年代以后，朱光潜致力于把西方的美学引进介绍到中国，他不仅翻译了一批高质量的美学论著，而且自己还写了大量的美学著作。《文艺心理学》《谈美》《谈文学》都是经典的名作。通过这些著作，他把尼采、康德、立普斯、布诺、克罗齐、弗洛伊德等西方有影响、有代表性的美学家系统地介绍了过来。由于他文笔生动、深入浅出，影响很大。鲁迅先生在20世纪30年代以前，也翻译介绍了一些西方美学思想的著作，如板垣鹰穗的《近代美术思潮论》、厨川白村的《苦闷的象征》等。"五四"前后，中国的无产阶级知识分子开始接受马克思主义，到了20世纪30年代以后，一些用马克思主义观点写的美学著作也被翻译过来，如俄国普列汉诺夫的《艺术与社会生活》。苏联卢纳察尔斯基的《艺术论》1929年就被翻译过来。这样，马克思主义美学思想与种种非马克思主义的美学观念，便产生了持久的争论。

20世纪30年代以后，中国被世界性的法西斯浪潮所冲击，全民进入抗日战争，救亡压倒了历史的启蒙任务。战时的需要产生了一种急功近利的实用美学观，一切都为了战争，文艺服务于政治。新中国成立后，开展了批判资产阶级唯心主义美学的大讨论。这一时期，对资产阶级的批判，急需马克思主义这一思想武器。由于新中国成立初期我们向苏联学习，所以从1949年到1979年出版的译著70余种中，有2/3是苏联学者用马克思主义观点写的。这一时期只有朱光潜、宗白华等少数的几个人在译介西方经典的美学名著。如1954年朱光潜翻译出版了《柏拉图文艺对话集》，1958年出版了克罗齐的《美学原理》、黑格尔的《美学》（第1卷），1978

年出版了《歌德谈话录》，1979年出版了莱辛的《拉奥孔》、黑格尔《美学》（第2、3卷）。宗白华1964年翻译出版了康德的《判断力批判》（上）。他们在艰难的情况下，仍然在辛勤工作。

新中国成立以后，还出版了专门介绍外国文艺理论和美学的译丛或杂志，如《文艺理论译丛》《古典文艺理论译丛》《哲学译丛》《现代文艺理论译丛》等，对介绍西方的美学及文艺都起到了促进作用。"文化大革命"的10年，美学被作为资产阶级的学说被完全取消，中西美学的交流也被迫中断。

1978年以后，中国发生了历史性大变革。在信息时代到来的面前，随着思想解放浪潮的排空而来，美学研究也得到迅速发展。在20世纪80年代，终于形成了新中国成立后美学大讨论的又一高潮。在整个思想解放的过程中，美学既得力于思想解放的春风，又对思想解放起到推动作用。美学以它对感性生命的关注，以它对精神价值的张扬，以它对艺术本质的诗性阐释，又恢复了它作为启蒙哲学的功能。在这个过程中，翻译介绍西方的美学著作，又成为一种时代的风气。如创办了《美学译文》《世界艺术与美学》《外国美学》等专门介绍西方美学思想的杂志。1980年成立了中华美学学会，美学研究全面展开。为了改变之前中国与世界美学潮流的隔绝，当时最重要的工作是翻译介绍西方的美学著作。李泽厚在《美学译文丛书·序》中说：

> 现在有许多爱好美学的青年人耗费了大量的精力和时间苦思冥想，创造庞大的体系，可是连基本的美学知识也没有。因此他们的体系或文章经常是空中楼阁，缺乏学术价

值。这不能怪他们,因为他们根本不了解国外现在的研究成果和水平。这种情况也表现在目前的形象思维等问题的讨论上。科学的发展必须吸收前人和当代的研究成果,不能闭门造车。目前的当务之急就是应该组织力量尽快地将国外美学著作翻译过来。我认为这对于彻底改善我们目前的美学研究状况具有关键的意义。有价值的翻译工作比缺乏学术价值的文章用处大得多。

这段话代表了当时美学研究中渴望了解西方现当代美学的观点。20世纪80年代以后,西方美学著作被大量翻译过来,除了《美学译文丛书》的几十种外,还有生活·读书·新知三联书店推出的《现代外国文艺理论译丛》、中国社会科学出版社等联合推出的《二十世纪欧美文论丛书》、华夏出版社的《二十世纪文库》、生活·读书·新知三联书店的《学术文库》和《新知文库》、上海译文出版社的《当代学术思潮译丛》、上海人民出版社的《二十世纪西方哲学译丛》、山东人民出版社的《西方哲学研究翻译丛书》、重庆出版社的《国外马克思主义和社会主义研究丛书》、北京大学出版社的《北大学术演讲丛书》、四川人民出版社的《宗教与世界丛书》、中国人民大学出版社的《东方美学译丛》,等等。国外哲学、美学、宗教、文论、文化等著作蜂拥而至。在短短的十几年里,中国的出版界异常活跃,出版了人类历史上几乎所有有价值的图书。不仅过去被批判、被束之高阁的古典名著重新再版,那些最现代的、最前卫的作品也被翻译过来。国门大开,国外各种不同时代、不同派别的美学及文化思潮的涌入,彻底解决了资料不足的问题，但又带来另一个问题，即如何消化吸收这些资料。抱有教条思想的大有人在，他们对西方的现代思潮一概以非正统马克思主义而予以排斥。更多的人则在西方思想的冲击下进行反思，当然，也有"照搬"的倾向。但由于中国十几年几乎走过了西方百余年的思想文化历程，未免天生不足。西方美学观点像走马灯似的一掠而过，使人目不暇接。人们耳目一新，却沉思不足；理论介绍的多，但消化的少。无怪乎有人讽刺为名词的游戏，概念的轰炸。但是，这也应该是一个正常的现象，精神的成果并不能完全靠移植，意识形态的成果需要历史的沉淀。20世纪末中西文化的大碰撞，为21世纪建设中国的美学精神做出不可磨灭的贡献。

由于20世纪整个世界思潮的冲击，由于中国历史和现实的状况，在20世纪后20年中，中国美学逐渐形成了"实践学派"的美学观。这一学派的思想与苏联"审美学派"的观点有相似之处，他们主要从马克思的《1844年经济学—哲学手稿》里寻求自己的理论基础。但在20世纪末的转折点上，他们受到了来自"后实践美学"，或者说"生命美学""存在美学""诗化美学"的挑战，一场学术的争端，在世纪的转折点上已拉开序幕。如何超越20世纪，使美学在一个新的生命支点上站立起来，给感性的生命以无限的空间，成为人生的精神价值的坐标。

四、启蒙的主题：遮蔽与去蔽

20世纪初，中国人把西方美学引进来，经过百年的发展已成为一门显学。美学作为一种从感性的角度研究人和世界的学科对中国人意味着什么？学术界普遍的回答是"启蒙"。启蒙作为一种思想解放思潮，作为从封建社会向现代社会转化的动力，作为人的解放、自由的象征而张扬起生命的价值，可以促进民族的觉醒及人的觉醒，推动着社会的进步和发展。

启蒙运动本来是18世纪起源于法国，席卷欧洲的反对神权和封建专制的文化运动。他们提倡科学技术，追求自由民主，把理性作为权威，要把受愚昧的民众唤醒，以建立理性的王国。德国在18世纪中叶之所以能形成一门独立的美学，与这种启蒙精神不无内在的联系。因此，美学从它的形成期就是启蒙的产物，同时又对启蒙起着指导作用。20世纪初，中国先进的知识分子之所以要引进美学，不能不说也有着启蒙的目的。就是到了今天，这种启蒙仍然具有重要的现实意义。

启蒙运动以后，启蒙一直是哲人们思考的问题。黑格尔在《精神现象学》中，专门列了一节讨论启蒙的哲学问题。1784年，康德60岁时，也发表了《答复这个问题："什么是启蒙运动？"》这篇著名的论文。卡西尔（Enst Cassirer, 1874—1945）则有《启蒙哲学》。霍克海默（Max Horkheimer, 1895—1973）与阿多诺（Adorno, 1903—1969）则合著有《启蒙辩证法》。启蒙就是从遮蔽中解放出来，达到一种自我认识。康德说："启蒙运动就是人类脱离自己所加之于自己的不成熟状态。不成熟状态就是不经别人的引导，就对运用自己的理智无能为力。""必须永远有公开运用自己理性的自由，并且唯有它才能带来人类的启蒙。"① 虽然从今天看，启蒙运动者心目中"理性"的王国也不过是一个神话，但当时无疑起到了进步的作用。

中国古典美学中当然不乏张扬生命、灵性、感性的审美意识，但"存天理、灭人欲"的封建礼教一直在束缚着广大人民群众。中国先人"主客一体"的认识方式，也很难产生真正的科学精神。到了20世纪初在外国侵略的情况下，要求改变中国贫穷的面貌，振兴国家就成了头等大事。在向西方学习技术的同时，一些启蒙主义者认识到改造国民性的重要性，并要用感性之美去改造在封建礼教束缚下形成的麻木僵化的精神状态和思维模式，于是启蒙被提到了重要的位置上。

梁启超"确信'美'是人类生活一要素，或者还是各种要素中之最重要者，倘若在生活全内容中把'美'的成分抽出，恐怕便活得不自在，甚至活不成"②。"爱美是人类的天性，美术是人类文化的结晶。"③ 梁启超第一次把"个性"提高到美学的意义上来认识，认为"美术有一种要素就是表现个性"④。他提倡审美趣味，

---

① ［德］康德：《历史理性批判文集》，何兆武译，商务印书馆1990年版，第22、24页。
② 梁启超：《饮冰室文集·美术与生活》，卷39，转引自《中国美学史资料选编》（下），中华书局1981年版，第408页。
③ 梁启超：《饮冰室专集·书法指导》，卷102，转引自《中国美学史资料选编》（下），中华书局1981年版，第412页。
④ 梁启超：《饮冰室专集·书法指导》，卷102，转引自《中国美学史资料选编》（下），中华书局1981年版，第414页。

认为"趣味是生活的原动力。趣味丧掉,生活便成了无意义"①。他在高扬美的同时,还把人的感情之"欲"提到合法的地位。他们率先提出情感教育问题,梁启超就认为:"天下最神圣的莫过于情感","情感这样东西……是人类一切动作的原动力"。"情感教育最大的利器,就是艺术。音乐、美术、文学这三件法宝,'把情感秘密'的钥匙都掌住了。"②

王国维以叔本华哲学为自己的理论基础,认为生活的本质是"欲",欲与生活与苦痛本来是一回事。要摆脱这种苦痛,只有求助于美和艺术。他反对把美和艺术作为道德的手段,主张艺术的纯粹性和独立性。

蔡元培则把美学作为启蒙的工具,把美育作为启蒙的手段,他想从美感教育入手以达到世界观教育的目的。在康德哲学的影响下,他把美作为沟通现象世界和实体世界之间的桥梁,认为人的认识由感性到悟性再到理性。因此,他提出"以美育代宗教"的观点。这对于破除封建社会遗留的"尊孔""忠君"的教育制度、教育思想是有积极作用的。

从早期美学形成的过程看,美学一被引进中国,就开始张扬个性、情感、欲望、趣味、艺术、美育,这些思想对旧的思想产生了很大的冲击,激发了民众的自我意识。但一般认为,这一时期的美学思想属于资产阶级旧民主主义的范畴。梁启超等人并不是政府的

---

① 梁启超:《饮冰室文集·趣味教育和教育趣味》,卷38,转引自《中国美学史资料选编》(下),中华书局1981年版,第420页。
② 梁启超:《饮冰室文集·中国韵文学里头所表现的悄感》,卷37,转引自《中国美学史资料选编》(下),中华书局1981年版,第417页。

叛逆者，而是改良者，他们的目的是批评，而不是革命。但从20世纪中国美学精神的发端来看，梁启超的美学观正代表了"功利派"的思想，他们要把文艺作为改造社会的工具，最终使美学走向了附庸的地位。"五四"时期的革命者以及以后的马克思主义美学家，大都坚持和继承了这一观点。尽管服务的阶级不同，但在要求文艺的功用上则是相同的，这也直接影响到美学理论的建构，影响到对美和美感本质的看法。

对王国维的美学思想，过去评价较低，对他的悲剧人生观、超功利的审美观、纯粹艺术观否定的大有人在，但如果站在20世纪的末期来看王国维，王国维无疑是一个最具前瞻性和审美性的理论家。他是真正认识到美的非功利的人之一。他的思想，开辟了纯审美派的学术风范。这一派经朱光潜、胡风、高尔泰等美学家得以延续到20世纪末"生命美学"的呼唤中。

启蒙并不是一个固定的模式，也不是僵死的内容。启蒙是一个过程，在不同的历史阶段，启蒙有不同的内容。凡是有遮蔽，就有启蒙；凡是有愚昧，就需要启蒙。启蒙就是去蔽，使事物以本来的样子得以呈现。一个时代可能受蒙蔽，一个国家、政党、集体、个人也可能受蒙蔽。因此，启蒙就是实事求是，启蒙就是思想解放，启蒙就是破除迷信，启蒙就是恢复事物本身的自然联系。但启蒙并不是万应灵药，启蒙本身也需要启蒙。当启蒙被视为无上的理性时，也就走向了它的反面。就像18世纪的启蒙运动，把作为神话解毒剂的理性变成了又一个神话，启蒙也就失去了意义。当把理性强调到统治自然的程度，理性也就消失了。因此，启蒙在我们的眼中意味着批判，这便是启蒙辩证法告诉我们的。

从这种启蒙哲学出发，20世纪每一次重大的历史转折都意味着一场启蒙。除了上面谈到的20世纪初的启蒙萌发以外，五四运动也无疑是一场启蒙运动。它提倡的"科学"与"民主"，对破除封建和专制，无疑起到了巨大的推动作用。"五四"以后中国知识界的活跃局面，是这场"启蒙"的直接结果。马克思主义传入中国，被无产阶级的先进政党拿来作为斗争的武器，作为号召民众的理论基础，无疑也具有启蒙的性质。新中国成立后的美学大讨论，是对20世纪20—40年代纷乱的美学观点的一种批判、一种启蒙。"文化大革命"结束后，一场思想解放运动不可避免，美学又被推到时代的浪尖上。

美学既不像哲学那样抽象，又不像文学那样具体，美学总以它表面上谈论感性、审美、艺术、形象而往往被不懂艺术的政治家们所忽视。美学总以较为温和、隐蔽的形式介入政治。但美学的启蒙作用，正是通过弘扬感性、情感、个性、自由、解放表明了美学家的态度和价值取向。他们往往以张扬审美理想来批判现实；以追求感性的愉悦来批判理性；以提倡个体的自由来反对集体意志的压抑。这种时代特征，以"美是自由的象征"、美学要建立一种"新感性"来达到人的解放；以"美是人本质力量的感性显现"以及"美是人生命的诗意阐释"得到理论的表现。

任何时代产生的新的理论，都有它的历史传统和对现实的应答。作为哲学一部分的美学不仅是人类古老的追求智慧的表现，而且是时代精神的最集中、最凝练的表述。如果说文艺以它的形象和形式显现了一个时代的感性生命的话，美学则以其理论形态显示了这一生命。因此，我们不仅可以从20世纪的文学艺术来看20世纪审美精神的表现，而且可以从美学的形态中看到这一精神的表述。到了20世纪末期，当巨大的科学技术几乎将"人"压垮的时候，当市场经济的旋风吹眯了众人眼睛的时候，当生命的价值被权欲、金钱所诱惑的时候，美学中仍珍藏着人类精神家园的最古老、最可贵的价值。

第二章　走出古典

古典意味着传统，从这个定义上说，传统文化即古典文化。20世纪中国美学的现代化之路，就是一个走出古典美学、形成新的美学精神的过程；就是在批判旧的传统的基础上产生新的转机的历史进程。尽管这一历史进程并不都是顺利的，时间上的后起也并不能代表价值上的正确，但20世纪中国美学形成一种新的美学精神则是有规律可循的。

20世纪中国之所以产生一种中国前所未有的美学，并在文化的发展中起着重要的作用，当然有它的政治、经济、文化、历史、思想、价值等各方面的原因，但它的直接动力则来源于整个世界文化的碰撞。在19世纪西方用枪炮轰开了中国的国门后，中国的传统文化才不得不接受历史的挑战。在这一挑战和应战中，中国的传统文化由于有了西方的参照系而发生了翻天覆地的变化。这个变化过程就是一个现代化的过程。现代化总意味着它和传统的不同。尽管什么是现代化在不同的理论家那里有不同的认识，但对于20世纪中国在走向现代化则是有相同认识的。

过去在以重大的历史事件划分历史分期的理论中，许多人把五四运动看作中国现代精神的开端。我们从 20 世纪的大概念出发，经过研究发现，实际上中国现代精神的出现在晚清就开始了。"五四"时的思想解放和现代精神的发端，早在晚清就已展开。"五四"的精神，是 20 世纪初时代精神发展的必然结果。

一、危机与再生：20 世纪美学精神的根源

美学精神产生的根源，不能从美学本身来找原因；时代精神的变化，总是与时代密不可分的。20 世纪中国美学精神的根源，来源于 19 世纪末中国社会剧烈的变化。它是中国传统文化在西方文化冲击下所做的应战，是借西方之学来解决中国面临问题的一种努力。

中国在过去的 2000 余年中，在远东大陆，一直处在独立的发展中。就地理位置看，中国东南临大海，西隔高山，北面大漠；就文化而言，四周又为文化落后于华夏民族的游牧民族所包围。在科技不发达、交通落后的农业社会，中国传统文化几乎没有受到特别巨大的外来文化的冲击，始终处在一个稳定的结构中。虽然也时有内战，但那不过是这个结构中矛盾的自我调节。因此，中国社会近乎处于一种平衡、稳固的状态。在这种状态下，中国人曾创立了世界上一流的文化，成为世界四大文明古国之一。在这种状态下，中国人滋生了一种骄傲自满的民族心理，不知不觉形成了华夏第一、

中国为天下之"中"的自我影像。中国视周边的国家和民族为"东夷""西戎""南蛮""北狄",中国为万国之国,中国即是天下或世界。尽管农民起义不断发生,但他们对自己的积弱、病态和落伍并没有清醒的觉察。从客观上看,在18世纪以前,还有充足的证据可以说明中国在许多方面超过西方,或者至少说与西方相当。举例来说,1750年,中国一地所出版的书籍量,就比中国以外整个世界的总量还多。不能否认,中国传统文化在一个以农业为基础的社会中是相当满足的。

但是,到了18世纪下半叶,特别是19世纪以后,西方科学技术的发展及向外扩张改变了整个世界的地缘关系,高山大海已不足以使中国继续享有光荣的孤立,西方以科学技术为先锋的部队,急速地敲叩古老帝国的大门。这一新的变化强迫中国承认自己为万国之一国,强迫中国放弃中国的天下之"中"的自我影像。从此,西方列强如狂风暴雨般侵入,整个中国赤裸裸地、无力地躺在帝国主义的利爪之下。人为刀俎,我为鱼肉,旋踵之间,神州大地沦落到"半殖民地半封建"的悲境。可是当时中国的知识分子,除了少数具有内忧外患意识、先知先觉外,大部分人还没有这种新的世界意识,也没有这种新的心理准备。于是,中西两大文明竟不能以礼相遇,而最终兵戈相向了。

翻开中国近代史,它是中国人最感屈辱的一页。面对内外交困、惨淡欲哭的历史烟云,我们仿佛看到几千年华夏文明的大厦在列强的火炮下出现了一个个缺口。1840年的鸦片战争,1851—1864年的太平天国运动,1894年甲午中日战争,1898年的戊戌变法,每一次重大的历史事件,都标明了中国人对外国势力的抵抗、失败、再抵抗、再失败……在以实力较量的战争中，在每一次要求改革的革命中，都付出了血淋淋的代价。封建王朝的腐朽没落在西方列强及其新的文化大肆侵入时，就完全暴露出来了。

中国的传统美学，作为滋生于封建社会的意识形态的一部分，在时代的大潮中暴露了其消极与落后的一面。从鸦片战争开始，传统的中国一步一步地走向崩溃的道路，中国的传统文化在一步一步地走向"退隐"。19世纪，真是"中国的悲剧的世纪"。我们面对着西方的挑战带来的危机，一直在努力寻求一种救国的道路。这里面有"武改"，如太平天国运动；有"文改"，如19世纪末的"戊戌变法"运动。这些都直接刺激了20世纪初中国走向新生的道路。西方文化与中国文化的第一次大规模的会面采取了"兵戈相向"的形式，实在是一件可悲的事。基于此，中国人在心理上永远无法抹去"仇外"的阴影，在很长一段历史时期内使中国人很难用理智去认识西方文化的真相。对西方文化，许多中国人总自觉不自觉地诉之于情绪。无论是"中体西用"说，还是"全盘西化"说，都不是理智的选择；直到最近20年来，中国人才重新来审视这个问题。

在鸦片战争中，中国与西方的冲突表面上看似限于军事的层面，但继军事的失败所产生的变化，则扩及经济、政治和社会各个层面。从自强运动、维新变法、辛亥革命到"五四"新文化运动的演变，可以看出中国的这一巨变虽然是以觉醒为先导，但却是以器物技能（technical）之变为起点，再进于制度（institutional）之变，而以思想行为（behavioval）之变为最后阶段。20世纪美学精神的产生，适应了这一变化的历程，是以一种崭新的意识形态作为思想行为的审美理想、价值尺度而出现的。

西方对中国的挑战，既是军事的、经济的、政治的侵略，也是西方价值观对中国价值观的挑战、西方文化对中国文化的挑战。这不仅是一个民族兴亡的问题，也是一个文化传承的问题。在屡屡失败以后，当时掌握民族命脉和文化机运的知识分子不得不思考中国为什么失败，西方人为什么在当时处于上风。他们便自愿或不自愿地承认中国文化之"不足"，以及西方文化有胜于中国文化的地方。基于这种心态，中国开始了向西方学习的历程。在向西方学习的历程中，始终存在着两种矛盾的选择：一方面认识到西方列强对中国的侵略、欺凌，应反抗它、排斥它，无论是军事的、经济的、政治的还是文化的；另一方面又看到西方社会、文化的进步，又促使中国在亲近它，学习它的科学技术、政治制度和思想文化。这种"取经"的目的，都是为了中国文化的再生，以做到"自强御侮"。中国人引进"西学"的目的是"为我所用"。这在近代史上是一个"西学东渐"的缓慢过程。

19世纪中叶，林则徐、魏源等人就意识到闭门锁国乃是作茧自缚，主张实行开明政治，研究外国，知彼知己。魏源提出"师夷之长技以制夷"的思想，这对以后的"洋务运动"产生了重大影响。后来，洪秀全领导的太平天国想用西方的基督教文化反对孔子儒教；义和团运动用巫术方法来重整中国传统文化以抵抗西方文化，却落入另一种迷信。

19世纪60—90年代兴办的"洋务运动"，认识到不仅要"强兵"，尤其要"富国"；不仅要用外国的技术，而且要建立新式学堂，派人出国留学；不仅要购置洋枪洋炮，而且要着手建立自己的制造工业。于是，翻译西洋书籍、引进西方科学技术成为时尚。如江南制造局设立翻译学馆，专门翻译西方的书籍。从1886年该馆建立至清末共译书190余种，其中大部分是科技方面的书籍，也有少量政治和历史书籍。这个馆还长期编纂《西国近事汇编》，共出版108册，系统介绍国际形势，在当时影响很大。"洋务运动"的指导思想是"中学为体，西学为用"，"合而言之，则中学其本也，西学其末也，主以中学，辅以西学"。"如以中国伦常名教为本，辅以西国富强之术，不更善之善者哉？"① 到20世纪初的十余年里，西学的传播从以科学技术为主转向以政治、法律乃至进化论为主。事实证明，"洋务运动"的"富国强兵"，不过是纸上空谈。这期间，改良主义逐渐兴起，他们认为光学科技根本不能救中国，要从维新变法做起，要从掌握科技的人做起。于是从引进科技转而向引进政治、法律、哲学、自然、科学理论为主。美学作为改良者以及启蒙运动的一种理论基础，便在这种情况下被引进中国。但改良主义是想把西方的科学思想和以孔子为代表的儒学以及佛学思想结合在一起，如康有为的《孔子改制考》《新学伪经考》《大同书》，谭嗣同的《仁学》，梁启超的政论文章等，都是这种中西融合的产物。此时，严复翻译的赫胥黎的《天演论》，第一次向中国人介绍了达尔文的进化论。"物竞天择，适者生存"的思想，在当时产生了极广泛的影响；卢梭的"天赋人权论"也被介绍了过来。这样，用西方的科学和哲学思想来武装人，以纠正"洋务派"的不足，就成了改良派的一个目的。此时，孙中山则想引进整个资本主义的思想体

---

① 冯桂芬：《采西学议》，载《中国近代思想史资料简编》，生活·读书·新知三联书店1957年版，第139页。

系来实现他的理想。以后经过辛亥革命，终于推翻了清朝，埋葬了帝制，实现了制度的巨大变革。

经过半个多世纪的应战，在中国多次受挫的教训中，到20世纪初，中国优秀的知识分子终于认识到首先应该进行思想启蒙，改造愚昧落后的国民精神，培养既有革新、创造精神，又有献身精神的一代新人，才能有社会的进步，才能抵御西方的侵略。他们形成了一个共同的看法：精神与物质比，精神更重要；体魄与灵魂比，灵魂更重要。因此，要救国保种，首先要从精神入手，唤醒民众。梁启超说："求文明而从精神入，如导大川，一清其源，则千里直泻，沛然莫之能御也。"① 鲁迅说："掊物质而张灵明，任个人而排众数。人既发扬踔厉矣，则邦国亦以兴起。"② 蔡元培在《告北大学生暨全国学生书》中说："我国输入欧化，60年矣：始而造兵，继而练军，继而变法，最后乃始知教育。"③

20世纪初主张从精神文化入手的，又可分为三派：一是以梁启超为代表的"文艺救国"者的主张，要用文艺改造国民性。诗歌、小说能从情感上影响人，可以左右舆论，因此，改造社会，要从诗歌和小说革命开始。青年鲁迅和郭沫若弃医从文，就是这种社会风潮影响的结果。二是以蔡元培为代表的"教育救国"者的主张，认为只有通过教育，提高国民的素质，培养出国家所需要的人才，才是救国的必由之路。三是以王国维为代表的"学术救国"者的主

---

① 梁启超：《饮冰室合集·文集·国民十大元气论》第2册，中华书局1941年版，第62页。
② 鲁迅：《文化偏至论》，载《鲁迅全集》第1卷，人民文学出版社1981年版，第46页。
③ 《蔡元培全集》第3卷，中华书局1984年版，第312页。

张,认为不能急功近利,要从哲学、美学、文艺的根本上来探索人生真理。他主张学术独立,哲学家、美学家、艺术家不必去攀附政治而忘了自己的"天职"。正是在这样的思想动机支配下,他立志研究哲学,并在介绍西方哲学的过程中,把"美学"第一次介绍到中国,从此中国人始知有"美学"。

20世纪20年代,梁启超总结了从"洋务运动"到新文化运动50年的实践中,提出了中国人对西方文化认识的三个阶段:

第一阶段,"先从器物上感觉不足"。从鸦片战争的失败到同治年间借外力平内乱,使曾国藩、李鸿章等人感觉到,外国船坚炮利为我们所不及,于是开始办实业、译外著。

第二阶段,"是从制度上感觉不足"。这是从甲午战争中得到的认识,于是有康有为、梁启超等人的维新变法。废科举、兴学堂、留洋学习便成为一时风尚。

第三阶段,"是从文化上感觉不足"。从甲午中日战争到"五四"期间,政治上变化尽管很大,但思想界只能算同一个色彩。20年间都觉得我们政治法律远不如人,但革命成功了近10年,件件都落空,于是认识到社会文化是整套的,渐渐要求全人格的觉悟。

蔡元培也有类似的总结,他说:

中国美慕外人的:第一次是见其枪炮,就知道他们的枪炮比吾们的好。以后又见其器物,知道他的工艺也好。又看外国医生能治病,知道他的医术也好。有人说:外国技术虽好,但是政治上止有霸道,不及中国仁政。后来才知道外国的宪法行政法等,都比中国进步。于是要学他们的法学、政治学，但是疑他们道学很差。以后详细考查，又知道他们的哲学，亦很有研究的价值。①

  由此看来，中国 20 世纪初的优秀知识分子，之所以要倡导美学，完全是自强御侮、唤醒民众的需要。这是从历史的血的教训中逐步认识到的，这个认识过程由浅入深、由表及里，人们先看到形、质的力量，然后才逐渐看到无形无质的精神、情感、心灵的力量；随着引进西方的科学、政治、法律等应用科学，紧接着就是哲学、美学、文艺等理论科学。中国 20 世纪的美学正是在后一种认识中诞生的，它的出现是一种历史的必然，也是为了中国传统文化价值的再造。

二、传统与现代：20 世纪中国美学的开端

  我们把 20 世纪作为一个整体来认识，那么它与中国古代有什么本质的区别就是要首先弄清的问题；我们要论述 20 世纪中国美学的产生和发展，就有一个美学的开端问题。这不仅是时间的需要，而且还是了解其本质的需要。"美学"既然是在 20 世纪初从西方引进的一门学问，那么在中国古代就不存在"美学"，但这并不能说明中国古代没有美学思想。相反，中国古代的美学思想是十分

---

① 蔡元培：《在爱丁堡中国学生会及学术研究会欢迎会演说词》，载《蔡元培美学文选》，北京大学出版社 1983 年版，第 146—147 页。

丰富的。美学要研究美的问题，中国人怎么能对美没有自己的看法呢？但有看法并不等于有了一门"学"。"学"是建立在一个有特定的概念、范畴、知识体系之上的。中国古代没有一种自觉的建立美学的欲望。近几十年经过美学史家的辛勤开拓，中国美学史的著作已出了许多种，但所述的问题仍然不能使人明确。

就像中国2000余年的传统社会没有发生质的变化一样，中国2000余年来的美学思想也在重复着古典的规范，这种规范只有到了与西方文化的直接冲突后，才产生了根本的变化。这一变化，我们称之为现代化。现代化是20世纪中国社会和美学的必由之路。

现代化过程，不仅是一个如何接受西方文化的问题，而且是在新的经济、政治、科技的发展中所带来的思想、精神、文化、价值的变革问题。因此，现代化就意味着接受西方的挑战而做出的应答。以此立论，中国20世纪美学思想的开端就不能像有些人认为的那样起于"五四"运动以后，而是在19世纪后期就已开始。到王国维把"美学"引入中国，正好是这一开端的标志。正是把"美学"作为一门独立的学科介绍到中国，美学才是真正现代意义上的美学。

这是一个时间问题，也是一个实质问题。

经过大半个世纪对中国传统美学的研究，中国美学的古典形态渐露端倪。一般把中国传统美学分为儒家美学、道家美学、屈骚美学、禅宗美学。但释、道本为一家，其精神是相通的。屈骚也没有在2000年的历史中形成流派，其主旨仍归为儒家。这样，中国美学流派也只有儒、道两家。儒家和道家的学说也不是纯美学的，其美学思想是我们阐释的结果。他们都是以自然、社会、人生等作为自己建立思想体系的基础，其价值取向却迥然有异。儒家建立的是一套"仁"的哲学，强调的是个人的情感心理的要求，要与社会伦理道德规范相统一，追求的是人与人之间建立的一种等级的和谐美。这种审美观由于适应了中国传统宗法社会的结构模式，因此受到历代统治阶级的推崇。道家建立的是一种"道"的哲学，其强调的是"自然""素朴""无为"的美学观，认为美丑是相对的，可以互相转化的，没有客观的标准。美不是一种理智的思考，而是一种直观和体验。儒道两家在中国美学史上交相辉映，影响深远。传统的美学思想就是在这两种不同价值取向上摇摆的。几乎没有多少美学家能摆脱他们的模式。大多数中国古代的知识分子，年轻时想入世干一番事业，因此便读"四书""五经"，妄想着修身、齐家、治国、平天下的宏伟事业。但宦道险恶，当他们被排挤下来以后，往往便走向道家或禅宗（唐以后），便以适应自然，或以在"心斋""坐忘"中去体验生命的愉悦为追求的境界。中国漫长的历史中，除魏晋和晚明偶有变故外，大体如此。晚明至清的一批叛逆者，如李贽提倡过"童心说"，以表达作者的真情实感；袁宏道也倡导过"独抒性灵，不拘格套"，金圣叹提出"忧患著书说"，但他们也只是表现了自己一时的情绪而已，既没有哲学上的论证，也没有形成一门独立的学科。相反，文艺思想中仍然流行的是复古主义思潮。

到了鸦片战争前后，虽然民族生存危在旦夕，一些先进的知识分子渐渐觉醒，在向西方学习科技、政治、法律等，但美学思想方面却在古典的传统模式中蠕动伸屈。一些进步的人士，如龚自珍等人，针对清初的考据之风提出"经世致用"的主张，并倡导"尊情",但也不过是重复古人而已。其他人如魏源、冯桂芬,也都是提倡"诗教"传统,仍不能摆脱"文以载道"的传统观念。到19世纪下半叶产生了几部较重要的文艺学著作,如刘熙载的《艺概》、包世臣的《艺舟双楫》、康有为的《广艺舟双楫》等,虽然包含着许多美学思想,但它们都显示出中国传统美学发展的末流,并没有体现现代美学的精神。

20世纪中国美学中的现代精神,迫切需要从异域获得发展契机。鸦片战争以后,中国逐渐融入世界文化的整体格局中,美学便应运而生。西方之所以能形成一门显赫的美学,这是西方文化的结果。西方美学源于三个基础:对事物的本体追求;对主体的知、情、意的划分;艺术的统一性质。这三个基础在中国都不存在,所以中国古代有许多对美的感受、美的创造,却没形成一门统一的"学"。中国古代不存在美的本体论,虽然他们处处都可谈到美,但不去认真思考美的本质是什么。西方人的认识过程是从感性到理性,理性的最高层的表现就是明晰的语言符号定义;中国人则为从感性到语言符号到体悟,语言并不能与事物完全对应,对事物的把握靠超语言的体悟。这在老子哲学中表现为"道可道,非常道,名可名,非常名"。"道"只能被述说,而不能被定义。在古代文艺思想中表现为"言不尽物""言不尽意"。在《禅宗公案》中表现为"望月而忘指",即老师用手指月,不是让你看他的手指,而是让你看月,只要领悟了,一切过程都不重要了。在这种观念下,在中国古典文化中从来也没有以美的本质为核心来建立美学。中国古人对主体心理的划分,也不像西方人那样把知、情、意分得清清楚楚,而是把心理看作一个整体功能把握。中国古代传统观念中,性、心、意、志、情既不相同又互相渗透，因此没有一个确定的领域来谈论美学。所以不能像西方美学的创始人做到的那样，建立一门研究情感的感性学。

关于艺术，中国人认为各门艺术是不平等的，就如宗法社会人的等级一样，所有艺术最终的统一性问题，从来未被人论述过。古人一般把诗、文抬得比较高，而对书画、建筑、雕塑看得就比较低。至于小说、戏曲，一般不为封建正统文人重视，地位更低。因此，中国古代有书学、画学、文学等，但没有一门统一的艺术学，也没有出现过黑格尔的《美学》、丹纳的《艺术哲学》那样的著作。从而在艺术方面也没有一个范围确定的领域来讨论美学。因此，有人认为中国有美无学，或无学却有美，认为中国美学是"潜美学"。在这种情况下，20世纪初的美学引进了西方的一些美的概念、范畴、理论体系，便形成了一种与中国古代有许多不同的新的美学思想。20世纪中国美学思想的开端者王国维不仅因为他早先把"美学"这一概念引入中国，而且因为他的美学思想产生较早，要早于蔡元培、鲁迅等人，更重要的是他的美学思想具有全新的现代性的特点。

王国维开创了20世纪中国美学的新路子，这一新的美学思想使中国古典美学走到了它的尽头。在异域哲学的刺激下，中国美学开始了由古典向现代的转型。王国维不仅使中国美学从"潜美学"发展为"显美学"，从自发状态走向自觉状态，从感悟状态走向理性状态，而且规定了美学的大体的框架。回眸20世纪百年中国美学的发展，更显示了王国维美学的现代性价值和强大的生命力。其理论的现代性特点表现在：

其一，王国维的美学思想标志着中国古典美学向现代美学的转折，从此中国美学开始了建立现代体系的历程。王国维以前，中国的美学思想与道德、政治、文艺批评、哲学是融合在一起的，王国维使美学获得了独立学科的地位。

其二，王国维的美学思想具有反封建的启蒙意义。王国维不仅第一次把西方美学的一些概念、范畴引进中国，而且他接受了这些理论后，用它们来自觉地分析中国古代的审美现象，进行了文艺批评。如他用西方康德、叔本华、尼采、席勒等人的超功利的美学观，批判"文以载道""劝善惩恶"的儒家美学思想，反对封建专制对文艺的压迫，提出文艺要独立。他用西方的悲剧理论批评中国传统文艺中的"大团圆"观念，首先揭示了《红楼梦》的悲剧意义和美学价值。他以天才论和写实主义为根据，要求创作自由，表现个性，突出了个体和社会的冲突。他用科学方法研究中国戏曲史、批评中国小说，为通俗文学正名。这都开辟了20世纪中国美学精神，成为"五四""文学革命"的先声。

其三，王国维把心理学的方法引进了美学和文艺批评，使美学摆脱了直觉感悟的传统，使美学逐渐走向科学化，使20世纪初的中国美学摆脱了用阴阳五行和道德伦理来附会艺术审美现象的束缚。

王国维所做的这一切，无疑可作为20世纪中国美学精神的开端。从此，中国现代美学一方面吸收、借鉴西方美学中有益的东西；另一方面继承传统美学思想中的精华，从而掀开了波澜壮阔的一页。

三、感性的解放：新时代的精神表征

20世纪初，中国人把研究感性科学的美学引进中国，这不仅使中国人从理性上来认识什么是美，而且促进了中国人感性生命的大解放。理论本来既来源于现实又可以指导现实。美学学科的逐步形成，使人的感性生命活动得到了前所未有的重视。重视感性生命的结果是使人的肉体的欲望、情感的需要、潜意识中的压抑、生命的悲观、对现实的不满、对理想的渴望等，都在人的形象生活中表现出来。感性生命一旦获得了合法的地位，并作为一种美来研究，就如开闸的洪水，一泻千里。20世纪中国人感性生命的历程，是通过文学艺术等形式体现出来的。这构成了20世纪中国美学精神的一部分。

感性的解放不仅是理论家们提倡的问题，还是科学技术发展带来的问题。中国工业化的步伐不仅使宗法的农村的社会结构解体，而且带来了人的生活质量的变化。如摄影技术的发明，无疑是对手工绘画的冲击，连慈禧太后这样的封建遗老都曾大为感叹并产生兴趣。再如机械复制时代的艺术创作，包括大量印刷报纸、杂志，特别是在电影发明以后，使人类囿于眼前的感性生活得到空前的冲击，感性生命被形象直观的艺术市场所引导。

从晚清到"五四"这一段时间里，中国人开始学技术、办工厂，社会生活为之一变。中国人开始办报纸、编杂志，思想文化又为之一变。中国人大量翻译外国的文学作品，形象感觉又为之一变。中国人借外来的刺激,自己也开始写一些过去不被重视的世俗小说,其叙事模式和接受模式又为之一变。在种种变化中,中国人的感性欲望在沉睡中觉醒。过去,从政治潜意识出发,对由感性生命觉醒所带来的从晚清到"五四"这一段历史中出现的小说,如感伤及艳情、科幻到狭邪、谴责与讽刺等,许多人持批评态度,并将其统统归为封建文学的余绪。现在从20世纪感性的解放来看,应该予以重新审视。

20世纪初的感性解放从三个方面表现出来。

第一,报刊的出版促进了日常生活的感性化。1858年伍廷芳在香港创办的《中外新报》是中国人自办的近代化的报纸的开端。到19世纪下半叶,中国人办的报纸开始大量涌现。1902年梁启超统计全国存佚报刊时,列有124种。辛亥革命后"人民有言论著作刊行之自由",一时报纸风起云涌,蔚为大观,全国报刊达500家之多。到1921年,全国已有报刊1104种,到1927年,据统计则有2000种以上。1901年全国杂志(周刊、月刊、季刊)有44种,1911年有203种,1921年有548种,到1927年就有638种之多。①

同时,专门的小说杂志也应运而生,一些其他类的杂志也登小说以招徕读者,一些报纸还开辟了文艺副刊。1897年上海《字林沪报》设副刊《消闲报》,日出一张,随报分送。中国最早的报纸《申报》(1872—1949)在1870年就有文学专刊出版。到了梁启超提倡"新小说"的热潮后,就有21种以"小说"为名的刊物,如著名的《新小说》《月月小说》《绣像小说》《小说林》等。据统

---

① 陈平原:《中国小说叙述模式的转变》,上海人民出版社1983年版。

计，1902—1916年创刊的文艺期刊有57种，从1917—1927年的10年间创刊的文艺期刊有143种，1902—1917年以小说命名的杂志有27种。① 这些报刊一共印过多少份已无法统计，但据推测，晚清的最后10年里，读者群在200万到400万之间。有资料表明，在上海出版的《万国公报》杂志（1874创刊，1907停刊）最高印数达5.4396万份，《礼拜六》杂志则在20万份。以上叙述，读起来无味，但从中可以看出报刊，特别是小说杂志的大量涌现，给20世纪初中国人带来的生活变化。

第二，翻译文学的盛行给感性生活带来的解放。晚清也是翻译文学大盛行的时代。阿英早就指出，晚清的译作不在创作之下。据现代学者的统计，1899—1911年，有615种小说译介到中国。日籍学者樽本照雄推论，中国在1840—1911年小说出版计2304种，其中创作1288种，翻译1016种。② 林纾1899年出版了译作《茶花女遗事》，国人心目中的域外小说形象完全改变，翻译小说更加盛行。徐念慈统计1908年的小说出版情况时说："则著作者十不得一二，翻译常居八九。"这一年出版小说有120种，其中翻译的就占80种，可见当时翻译小说的流行程度。鲁迅早期也是从翻译进入文学的，1903年他就译了《斯巴达之魂》《哀尘》，1909年出版翻译作品《域外小说集》二集。那时狄更斯、雨果、大仲马、小仲马、托尔斯泰等作家，都是耳熟能详的名字。畅销作家则有福尔摩斯的创造者柯南道尔、感伤奇情作家哈葛德，以及科幻小说家凡尔纳。

---

① 鲁深：《晚清以来文学期刊目录简编》，载《中国现代出版史料丁编》（下），中华书局1959年版。
② ［日］樽本照雄：《清末民初小说目录》，大阪经大出版社1988年版。

从今天看,那时的翻译不具有今天"翻译"的内涵,概念比今天宽泛得多。可以说它包括了意译、重写、删改、合译等形式。如林纾的翻译,往往借题发挥,所译作品的意识及感情指向,与原作有很大的不同,译者在有意和无意之间开拓出另一种视野。就在作者、读者热烈欢迎外国译作,作为一种新的感性表现方式时,中国传统的章回小说也产生了质变。

第三,中国人创作的文学作品也表现了感性生活解放的趋势。这与报刊的大量发行、翻译外国小说是有密切联系的。晚清的最后10年里,至少有170余家出版机构此起彼落。当时的世俗文体——小说,多经由报纸、杂志与成书发表。1892年,《海上花列传》的作者韩邦庆(1856—1894)一手包办的《海上奇书》的出版,是现代小说专业杂志的滥觞。一些标榜"游戏"及"清闲"的风月小报上,小说也找到了一种生存方式。这些刊物可查者仍有32种之多。晚清红极一时的作家如吴趼人(1866—1910)、李伯元(1867—1906),都是由此起家的。

中国社会发展的自我需要,加上西方文学的影响,使中国传统的小说渐渐发生变化,多表现感性生命的丰富多彩。一方面传统世俗小说的内容不断遭到谐仿;另一方面又力图冲破藩篱、颠覆旧的窠臼,显示出一种20世纪现代性的先声。这种先声是一种消解大一统、消解权威性,以情欲本体作为追求的欲望,是一种时代的跃跃欲动。这形成了从晚清、"五四"到20世纪30年代以来一些不入流的文艺试验,如从科幻到狭邪、从鸳鸯蝴蝶派到新感觉派、从沈从文到张爱玲。到了新时期以来,终于在长期被压抑了以后,又被重新评价和被重新审视。它以不断渗透、挪移及变形的方式,追述主流文学以外的感性生命的欲望及冲动。

晚清小说，类别繁多，其中有四种最能表现感性解放的影响，显示了中国人20世纪初前后几十年的审美精神。

第一，19世纪中叶以来的狭邪小说，在开拓中国情欲主体想象上，影响深远。这些作品杂糅了古典色情小说感伤与艳情的传统，而又赋予新意，从《品花宝鉴》（1849年）、《花月痕》（1872年）到《海上花列传》（1892年）、《孽海花》（1905年），竟向《红楼梦》和《牡丹亭》借鉴，敷衍成一大型浪漫说部。假凤虚凰，阴阳交错；才子落魄，佳人蒙尘；逢场作戏，情如战场。贵族男女的真情挚爱，从未如此被大规模地颠覆过。想象中的爱欲纵横挥洒，早已压倒了生理原欲的爱欲。20世纪初发表的《孽海花》以花榜状元赛金花的艳史为经，以庚子前后30年历史为纬，交织成一部政治小说。赛金花以淫邪之身，颠倒八国联军统帅，扭转国运，是20世纪中国最暧昧的"神话"之一。国体与女体、政治与欲望相生相克；日后多少时新的女权论者，自此得到灵感。过去，批评者每每认为狭邪小说海淫诲盗，却忽略了在历史危急关头，中国人的感性欲望与恐惧，在流入一己身体的放肆想象上而曝光。这从中已预示了下一代郁达夫等人颓废美学的先声。到20世纪20—30年代，终于形成了中国20世纪的唯美—颓废主义的文艺思潮。在十里洋场的艺术狂欢中，更沉迷于"颓加荡"的美的偏执之中，以不合主流而显示另一种的现代审美精神。

第二，公案侠义小说的热潮，实已暗暗重塑传统对法律正义与诗学正义的论述。像《荡寇志》《三侠五义》（1878年）般的作品，写江湖侠客、保皇勤王，一向被视为《水浒传》以降侠义说部的末流。过去，我们从此类作品中看到清室颓败，民心寄望清官豪侠扭转乾坤的幻想。但换个角度，我们也可见晚清审美心态中犬儒的自嘲。当庙堂与江湖、执法者与玩法者混淆不分时，所有关于正义的演述面临崩解危机。刘鹗《老残游记》中的老残，本来一心想仗剑治天下，只是时不我与，到后来只落得以笔代剑，成为浪迹江湖的郎中，而非侠客。但他仍要与官府周旋，力申"清官比赃官可恨"论，无疑仍暗含公案说部的底线。刘鹗心中的侠，已沦为治病的大夫。就在《老残游记》于华夏大地风行的时候，旅日的医科学生鲁迅正要舍医从文，要以笔代剑，以墨水换取血水。20世纪初一批有革命心怀的人为自己造像时，却自然援引了游侠刺客的原型。鲁迅的《故事新编》中就有《铸剑》，郭沫若更是以游侠故事直接作为自己文学创作的题材。看看清末另一类型侠义革命小说，如《东欧女豪杰》《女娲石》《新中国未来记》等，则可知民主斗士去古未远的根基。

　　第三，谴责小说一向被奉为晚清小说的研究样本，如《二十年目睹之怪现状》《官场现形记》等。小说的作者吴趼人、李伯元讽刺时事，笑谑人情，确是辛辣油滑。鲁迅批评这种小说"辞气浮露、笔无藏锋"。造成这种美学特征的，不仅在于作者个人的艺术趣味，更在于整个时代的文学市场机制的剧变。李伯元、吴趼人的时代已经是学术价值分崩离析，书刊杂志铺天盖地，写作不仅是寄情托志，更是谋生之道的境况了。他们讽刺世道，自己却也要为这样的世道负责。吴趼人与李伯元应该是20世纪中国第一批"下海"的职业文人。对他们来说，写作是一种企业而非事业，是言不及义而非文以载道。他们身上，较早表现了一股现代的商业意识。他们是一批玩世文人，早已看透虚无的一切，因此除了插科打诨、文字游戏以外，根本没想本着面孔，正儿八经地"谴责"。他们作品的情感标记是笑——嘲笑、苦笑、冷笑、讪笑。这种笑声在"五四"时期的典范作品中难得听闻。老舍、张天翼、钱钟书的部分作品，算是聊胜于无。笑其实比泪更有道德的颠覆力。一直到20世纪80年代，晚清的种种笑声，突然又在海峡两岸的文学中响起。

第四，科幻小说曾在晚清风靡一时，小说家借助科学技术，幻想着"未来完成式"的憧憬。中国古典小说，如《西游记》《封神榜》等，不乏志怪神魔斗法、腾云驾雾、上天入地，但对机械发明，从未产生过兴趣。借着翻译作品的灵感，承袭凡尔纳之流的余韵，晚清作家展开了科学的幻想，搬演飞车潜艇、遨游太空，描写贾宝玉漫游时光隧道（吴趼人《新石头记》）、法螺先生则航向太阳系诸星球（徐念慈《新法螺先生谭》）等。

晚清还有一批乌托邦小说，从《新中国未来记》《月球殖民地》《乌托邦游记》到《新石头记》，设计了理想的国度，假托世外桃源，想象虽然高渺，却仍有现实的基础。作者对现实困境的解脱，都投诸到另一世界，用时间回溯法列叙今后可能发生的种种。如《新中国未来记》书成于1902年，却以1962年为时间坐标，只是作者没有想到那时中国正在进行的美学大讨论；《新纪元》则遥想到公元2000年大中华民主国的盖世盛况，当我们跨入2000年的时候，大家高唱着"勤劳勇敢的中国人，意气风发走进新时代"的赞歌时，我们不由得惊叹这种赎回历史、典借将来的叙事策略，竟也有言中的时候。

旅美华人王德威博士对晚清的"小说中国"有精深的研究，多

发表与大陆学者不同的见解。他对晚清小说分析入微,笔者难以速达其意,故摘录如次:

> 我以晚清小说的四个文类——狭邪、公案侠义、谴责、科幻——来说明彼时文人丰沛的创作力,已使他们在西潮涌至之前,大有斩获。而这四个文类其实已预告了 20 世纪中国"正宗"现代文学的四个方向:对欲望、正义、价值、知识范畴的批判性思考,以及对如何叙述欲望、正义、价值、知识的形式性琢磨。奇怪的是,五四以来的作者或许暗受这些作品启发,却终要挟洋自重。他(她)们视狭邪小说为欲望的污染、侠义公案小说为正义的堕落、谴责小说为价值的浪费、科幻小说为知识的扭曲。从为人生而文学到为革命而文学,五四的作家别有怀抱,但却将前此五花八门的题材及风格,逐渐化约为写实/现实主义的金科玉律。
>
> 然而那些被压抑的现代性岂真无影无踪?在鸳鸯蝴蝶派、新感觉派,甚或武侠小说里,潜存的非主流创作力依稀可辨;而即使是正统五四典律内的作品,作家又何尝不有意无意泄露对欲望尺度以外的欲望,对正义实践的辩证,对价值流动的注目,对真理/知识的疑惑?这些时刻才是作家追求、发掘中国文学现代性的重要指标。在 20 世纪末,从典范边缘、经典缝隙间,重新认知中国文学现代之路的千头万绪,可谓此其时也。而这项福柯式(Foucault)的探源、考掘的工作,都将引领我们至晚清的断层。抚摸那几十年间突然涌起,却又突然被遗忘、埋藏的创新痕迹,我们要感叹以

五四为主轴的现代性视野,是怎样错过了晚清一代更为混沌喧哗的求新声音。①

20世纪从晚清开始的感性解放浪潮,从其时代所产生的小说中可见一斑,感性解放造成的小说部类精神内涵的变化已预示了20世纪的中国人感性生活的几个断面。当多元价值趋向渐被国人接受,再重新审视上一段历史,我们则发现了许多新的趋向。经过历史的沉淀,当烟云消逝后,我们看到了新的真实。

四、"两界革命":向现代美学转型

20世纪中国美学精神向现代性的转型,我们在以梁启超为代表的改良派那里就已经看到。从19世纪末到20世纪初所经历的"诗界革命"和"小说界革命"就是这一精神的体现。

1. 诗界革命

"诗界革命"是戊戌变法前后的诗歌改良运动。中国诗歌源远流长,有人把中国称为"诗的国度"是毫不夸张的。但是,唐以后中国诗歌由峰巅开始走下坡路,迄清已成强弩之末了。晚清中国社会发生了翻天覆地的变化,因此旧诗已不能适应改革者的需要。在

---

① 王德威:《想像中国的方法——历史·小说·叙事》,生活·读书·新知三联书店1998年版,第16页。

"诗界革命"的口号提出以前,像黄遵宪那样的诗人已经开始提出一些推陈出新的诗论,如"我手写我口",并努力实践之。诗界革命的真正提倡者是夏曾佑、谭嗣同、梁启超。在戊戌变法以前,夏曾佑、谭嗣同已在诗歌创作上尝试创新,但理论的倡导则在戊戌变法以后。"诗界革命"概念的提出最早见于梁启超《夏威夷游记》,他说:"非有诗界革命,则诗运殆将绝矣。"他的《饮冰室诗话》是他的诗歌理论的集中表现,其基本精神是抑古而崇今、重内容而轻形式、主宣传教育而轻审美娱乐。

先说抑古而崇今。《饮冰室诗话》的写作目的,完全是服务于现实的。改良者的目的是通过最能改变人情感的诗歌的革命,而达到对百姓启蒙的作用。因此,梁启超只谈当时代人,只谈改良派中的人,同别的诗话泛论古今完全不同。《饮冰室诗话》开宗明义就讲:"我生爱朋友,又爱文学,每于诗友之诗文辞,芳馨悱恻,辄讽诵之,以印于脑。自忖于古人之诗,能成诵者寥寥,而近人诗则数倍之,殆所谓丰于昵者耶。"[1] 其第八则又说道:"中国结习,薄今爱古,无论学问文章事业,皆以古人为不可几及。余生平最恶闻此言。窃谓自今以往,其进步之远轶前代,固不待蓍龟,即并世人物亦何遽让于古所云哉?"[2] 他推崇谭嗣同:"为我中国二十世纪开幕第一人,不待言矣。其诗亦独辟新界而渊含古声。"[3] 他尤其推崇黄遵宪:"公度之诗,独辟境界,卓然自立于二十世纪诗界中,

---

[1] 梁启超:《饮冰室诗话》,人民文学出版社1959年版,第1页。
[2] 梁启超:《饮冰室诗话》,人民文学出版社1959年版,第4页。
[3] 梁启超:《饮冰室诗话》,人民文学出版社1959年版,第1页。

群推为大家，公论不容诬也。"① 他还把黄遵宪、夏曾佑、蒋智由并列为"近世诗家三杰"。他做出这样的评价，完全是从政治出发，以宣传改良思想、抒发改良抱负为评价标准的。这虽有古典"文以载道"说之嫌，但也开了以后政治标准第一的世纪先声。梁启超还较早地进行了中西诗歌传统的比较，认为中国自古长诗很少，没有史诗；诗教传统到近世已衰竭，因此他们才举起"革命"的旗帜。在创作上，他们写史诗、作长篇、谱军歌、唱儿歌、引民谣，显示了诗歌的新气象，开世纪诗界新风。

再谈重内容轻形式。梁启超认为"诗界革命""当革其精神，非革其形式"。他反对没有内容的只玩弄新名词的所谓"新诗"。后期"诗界革命"要求"以旧风格含新意境"。梁启超说："欲为诗界之哥伦布、玛赛郎，不可不备三长：第一要新意境，第二要新语句，而又须以古人之风格入之，然后成其为诗。"前期"诗界革命"的诗歌，有些只玩弄辞藻，梁启超针对其毛病，提出了精神的重要性。但他又认为"非革其形式"而否定了形式革新的重要性，这就走到了另一极端。实际上，内容和形式是不可截然分开的，他提出的旧风格、新语句、以民间歌谣体入诗，也都包含有形式上的美学内容，只是由于时代的需要，他才没在这方面发挥。

梁启超还强调诗教传统，以发挥诗的教育作用。这颇有些改良主义者的托古改制之遗韵。梁启超认为，中国古代有诗乐结合的传统，但唐宋科举取士以降，文人或正衣冠、习理学；或迷考据、耽笺疏；诗、词、曲皆成古玩，文章辞赋家不通音律也无愧色，并认

---

① 梁启超：《饮冰室诗话》，人民文学出版社1959年版，第24页。

为黄公度不解音律也是一"病"。因此他要恢复诗乐合流、亦诗亦歌,以发挥"诗教"的作用。

"诗界革命"在20世纪之初,顺应时代的呼唤,以表现时代的新思想、新特点而冲击了长期统治诗坛的拟古主义、形式主义的倾向,解放了诗人的手脚,使他们大胆地为改良主义呼吁,从而促进了中国古典诗歌改革的步伐。从"五四"时期的白话诗运动中,可见端倪。"诗界革命"的历史意义还在于早期的启蒙主义者已明确地把表现人们感情生命的诗作为启蒙的手段,已经认识到诗的意义,认识到"诗的革命"与社会革命、人的革命之间的关系。尽管有其局限性,如忽视形式美、轻视文艺的审美娱乐功用等,但当革命作为时代主要精神的时候,革命者也无暇顾及这么多。梁启超处在时代剧变的旋涡中,对美的阐发只是从实际的需要出发,还没能够像王国维那样静下心来进行真正的哲学沉思。时代需要哲学家,也需要呼唤者、改革家。

2. 小说界革命

"小说界革命"与"诗界革命"的美学精神是一脉相承的,都是为了解放感情、启蒙民众。改良派诸人,从日本近代革命的经验中,看到小说对社会、道德、政治、舆论等的影响。戊戌变法前夕,他们已把欧美、日本的"政治小说"译介到中国,并在理论上给小说正名。梁启超说:"仅识字之人,有不读经,无有不读小说者。故《六经》不能教,当以小说教之;正史不能入,当以小说入之;语录不能谕,当以小说谕之;律例不能治,当以小说治之。"①严复、夏曾佑则详细分析了小说在文字、语言、描写、虚构方面的美学特征,都比经史更能深入人心。"夫说部之兴,其入人之深,行世之远,几几出于经史上。而天下之人心风俗,遂不免为说部所持。"20世纪之初,当国人认识到中国落后的改变,应从启发民智开始时,他们便把小说从卑下的地位提到与经史相提并论的高度,显示了20世纪之初的现代性特征。

1902年,梁启超发表了《论小说与群治之关系》的论文,文章开宗明义就说:"欲新一国之民,不可不先新一国之小说……欲新风俗,必新小说……欲新学艺,必新小说;乃至欲新人心,欲新人格,必新小说。"② 这是因为"小说有不可思议之力支配人道"。改良者梁启超等人已经认识到小说的审美教育的力量,它不是诉诸人的理智,而是诉诸人的情感,能通过形象的"熏""浸""刺""提"传播启蒙的思想。并且,小说"浅而易解""乐而多趣",能像磁石一样吸引读者,并不需要多深的学力就能读。因此小说感化人的力量,比圣经贤传、诗文古辞更胜一筹。小说不像官样文牍那样艰深难读,而是往往以令人可悲、可惊、可愕、可感之故事,演绎出人生的悲欢离合,写尽人情的曲直虚伪,描摹人性的隐秘彰露,令读者而生无量噩梦,抹出无量眼泪。"夫使以欲乐故而嗜此也,而何为偏取此反比例之物而自苦也?"梁启超从审美心理角度

---

① 梁启超:《译印政治小说序》,载《中国近代文论选》,人民文学出版社1959年版,第155页。
② 梁启超:《论小说与群治之关系》,载《中国近代文论选》,人民文学出版社1959年版,第157页。

予以阐发，认为这是人之情感使然。虽然人都有情感，但自己往往行之不知、习之不察；虽然人人都有哀、乐、悲、喜、怨、怒、骇、惭之情感，但人们往往知其然，不知其所以然。小说家把人的各种情感和盘托出，发而露之，则令普通人拍案叫绝、连连称是。梁启超从人的心理感受、情感表现及欲望宣泄等方面对小说的美学特征进行了阐释，已见近代西方心理学美学的影响。如前所述，"小说界革命"的理论和创作实践是相辅相成的。如果说小说创作实践展示了"小说界革命"的实绩的话，那么，它的理论的倡导，则表现了一种自觉的美学追求。在这种理论的倡导下，一时小说的翻译、创作、出版都得到空前的发展，抨击时弊、鞭挞腐败、揭露黑暗、描摹世情、泄露欲望遂成一时风潮。但正如后世批评家所指出的那样，此时的小说粗制滥造的很多，有些"污贱龌龊"，给社会也带来不良影响。所以后来梁启超又写了《告小说家》一文严厉批评小说创作中的不良倾向。他指出近十年的小说，"其什九则诲盗诲淫而已"[1]。就这样，梁启超又走到另一极端。

20世纪之初的"两界革命"，在中西文化的冲击中开始引进西方的审美观念来解决中国的问题，突破了传统的审美观的束缚，要求文艺要反映社会，予以人的感性生活以较高的地位，从而促进了社会的进步。但"两界革命"在解放感性生命的同时，也打开了潘多拉的匣子，一时人性之恶的一面也借文学得以显现。在理论的本质上，也没能完全摆脱旧传统的束缚，理论模式仍然与"文以载

---

[1] 梁启超：《告小说家》，载《饮冰室合集》第12册，中华书局1941年版，第67页。

道"没有多大区别，只是"道"的内容变为改良主义罢了。"两界革命"认识到精神在社会发展中的地位和作用，但过分夸大了这一点，就走到了唯心主义的观点上去了。这一点早就受到马克思主义者的批评。梁启超等人，为了改良的需要，也忽视了文艺的审美特征；急功近利的政治目的，使他们无暇深究艺术的形式、非功利、娱乐等现代性特征。但毕竟在20世纪初，"两界革命"的理论和实践已显现了某种新的气象、新的追求、新的精神。它标志着20世纪中国美学精神伴随着时代的呼唤，在中西文化交流中开始了自己漫长的过程。

第三章　第一块界碑

20世纪中国从社会、生活到精神都开始发生翻天覆地的变化。新的时代呼唤新的美学精神。中国传统的美的观念，在现实和西方文化的冲击面前，面临新的分化改组和重建的逼迫；西方的美学观念也愈发受人重视。传统的国门一旦被别人踢开，精神的领域一旦被外人侵入，给国人带来的先是愤怒，接着是迷惑，再是反思，然后便是学习。这个学习的过程是充满艰难的，20世纪之初的民族精英们呼唤的是社会的改良，因而不可能沉思一些美学理论问题。对他们来讲，能首先把美学理论引进并运用就算不错了。在这个时期想找到系统的、思辨的、周详的美学著作，实在是一种奢望。这个阶段，对西方美学还处在一个翻译、介绍和实用的过程，不可能融汇历史和现实、中国传统与西方文化而建立自己的美学，这要经过几代美学家的努力才行。

20世纪又是中国美学值得骄傲的时期。经过屈辱后的奋发，经过直接拿来和合理的消化，经过几代美学家殚尽心力的探索，在向

21世纪的转折点上,我们看到中国美学正以自己经过曲折探索后的系统性、思辨性而走向和世界美学对话的阶段。中国现实的发展中激发出无数的美学探索,中国传统美学在信息时代到来之时展示了新的生机和蜕变,一种新的审美精神价值在思辨者的笔下熠熠生辉,成为新的精神守护神。

时代总会创造出一批理论家,理论家的实践又会对时代起到推动作用。当我们对20世纪中国美学进行审视时,就发现不少这样的精神斗士。黑格尔说过:"哲学史的外表形象是由个别人物构成的。"① 美学史当然也如此。当我们对20世纪中国美学精神进行审视时,就不得不去分析那些灿若星辰的美学家的思想。一个伟大的美学家,在时代脉搏的感受下,在继承先辈的思想的基础上,在他独特的思想创造中,便会开辟出一个时代的精神风貌。

一、启蒙与情感的合奏:梁启超的美学思想

打开20世纪中国美学史,首先映入我们眼帘的就是梁启超。这不仅因为他的美学活动要比王国维早,而且他对美学的情感与启蒙的认识和实践,都是那个时代最有影响力的。

关于梁启超的生平,《饮冰室合集》有其小传,言简意赅,特录以飨读者:

---

① [德]黑格尔:《哲学史讲演录》,贺麟、王太庆译,商务印书馆1995年版,第52页。

梁启超（1873—1929），字卓如，号任公，广东新会人。年十六，入学海堂为正科生。十九入万木草堂。甲午以后，加入国事运动。年廿四，创《时务报》于上海。翌年冬，主讲长沙时务学堂。年廿六，值戊戌政变，走日本。又二年，自檀香山赴唐才常汉口之役，抵沪而事败，避地澳洲，旋适日本。四十岁，始归国，参与民国新政。洪宪及复辟两役，奔走反抗甚力。欧战起，主张加入协约国。年四十六，漫游欧洲。翌年东归，萃精力于讲学著述。卒于民国十八年己巳，溯生于同治十二年癸酉，得年五十六。乙亥冬，启勋谨记。[①]

梁启超

梁启超的美学思想，可以分为两个时期：辛亥革命前主要受儒道影响，从改良者的立场出发，提倡"三界革命"，具有功利主义的倾向；后期退居讲堂，思考美的问题，以情感出发，张扬美的超脱性、愉悦性、趣味性。他的美学思想，在儒、道、释之外，还吸收了西方近代的美学思想，显得博杂而无系统。分析其精神实质，只能在其启蒙和情感上下工夫。但他实践了美学的启蒙任务，张扬

---

① 梁启超：《饮冰室合集》，中华书局1989年影印版。

了人性的情感因素，把美提到人生命的内容加以认识，其思想的现代性已隐约地显示出来。

1. 思想启蒙，造就新人

梁启超的美学思想，是为他启蒙的目的服务的。要造就实践性人格的人，使国民摆脱传统的束缚而形成自由独立的人格，焕发出改造社会的强大的精神力量，这就是20世纪初中国历史发展提出的重大任务。梁启超认识到艺术的形象化、情感化、通俗化的感性特点，认为通过"诗界革命""文界革命""小说界革命"以及"戏剧改良"，可以做到这一点。但事实的发生则往往在其预料之外。

梁启超对美的分析，出发点是社会生活的需要。他把美视为人类社会生活中不可缺少的最重要因素之一，人人都具有爱美的天性，人类就生活在趣味中，"没趣便不能生活"。

梁启超以儒学和佛学来阐发他实践性人格的"新人"理想的最高境界。这种人格要有对客观世界取得独立地位和优胜姿态的主体性，要有摆脱中国古典文化的感性束缚，走向社会伦理的普遍性，最终表现为一种意志的情感化。他多次谈到人与动物的不同，认为动物的活动是本能的，而人的生活是有目的的，人只有在劳动中才能获得趣味。但他所指的"劳动"或"活动"，乃是指宇宙与人生融合为一的人类自由意识流转，而这种意识流转之权又操纵在每个人的手中。1919年旅居欧洲期间，他读了柏格森的著作，深受影响，认为"生命即宇宙，宇宙即生活"，这才是人生兴味的根源。他把审美趣味放入生命哲学的角度进行了考察。他的改革社会、促进社会进步的要求，在这种人格的意志情感状态中找到了寄托。

对梁启超本人来说，"趣味主义"成为他的精神支柱。他以审美的态度看待社会和人生，借用了佛家的世界观，并融合了西方自由、平等、博爱等观念，建立了他的审美理想。他说："假如有人问我，你信仰的什么主义？我便答道，我信仰的是趣味主义。有人问我，你的人生观拿什么做根柢？我便答道，拿趣味做根柢！"①他的"趣味主义"的实质就是超现实、超利害得失、超官能欲望。以此看待人生，人生就是有趣的了。胜利是一种"趣味"，失败也是另一种"趣味"。正因为他有这种审美理想，所以从未见他有过消极、悲观、绝望的时候。就在他遭到失败、亡命异国他乡的时候，仍然满怀希望地去工作、生活、奋斗。改良受挫，"此路不通"，他便退出政治舞台从事学术教育。他能做到这一点，关键在于"把人类无聊的计较一扫而空，喜欢做便做，不必瞻前顾后"，采取"无所为而为"的态度，使"生活艺术化"。他的这种"趣味"与"责任心"又是密切相关的，他说："我平生最爱用的有两句话：一是'责任心'，二是'趣味'。我自己常常力求这两句话之实现与调和。"②这表现了梁启超把传统儒家入世的人生态度和道家出世的人生态度在自己身上结合于一的理想主义。

这种有"责任心"的"趣味"人生观，就是梁启超对新人的要求。实际上他就是这种"新人"的典型代表。梁启超去世后，胡

---

① 梁启超：《饮冰室文集·趣味教育与教育趣味》，卷38，转引自《中国美学史资料选编》（下），中华书局1981年版，第420页。
② 梁启超：《敬业与乐业》，载《饮冰室合集》文集第14册，中华书局1941年版，第28页。

适作挽梁任公联曰:

> 文字收功,神州革命。
> 生平自许,中国新民。①

2. 张扬精神,注重情感

梁启超是在现实的教育下,较早认识到精神生活重要性的启蒙者。20世纪初,他把主要精力用在办报纸上,就是这种认识的实践。他深有感触地说:

> 求文明而从形质入,如行死巷,处处遇窒碍,而更无他路可以别通,其势必不能达其目的,至尽弃其前功而已。求文明而从精神入,如导大川,一清其源,则千里直泻,沛然莫之能御也。

正因为梁启超重精神,所以才有"三界革命"的呼唤。到了后期,他从文化上来看待人类精神的作用。1922年,他借用佛教思想陈述自己的观点,在《什么是文化》一文中认为,人类的文化可以分为物质的文化与精神的文化。物质文化的"业果"是衣、食、住、行等;精神文化的"业果"是言论、伦理、政治、宗教、美术、学术,等等。他认为,"人之所以异于禽兽者"在其精神生活,

---

① 胡适:《胡适的日记(选录)》,载《追记梁启超》,中国广播电视出版社1997年版,第434页。

但人又不能离开物质生活而独立存在。物质生活太奢侈和太贫乏，都有妨害精神生活的可能，要以不损害人的精神生活为前提来使人享受物质生活。他主张精神生活和物质生活的调和。美感和美感的"结晶"——文学艺术，就是精神的表现形态之一。它能使人达到"解放""解脱"的自由状态，这便是他倡导的东方的审美的人生观。他说：

> 物质生活为第二位，第一，就是精神生活。物质生活仅视为辅助精神生活的一种工具。求能保持肉体生存为已足，最要，在求精神生活的绝对自由。精神生活贵能对物质界宣告独立，至少，要不受其牵制……东方的学问道德，几全都是教人如何方能将精神生活对客观的物质或已身的肉体宣告独立。佛家所谓解脱，近日所谓解放亦即此意。客观事物的解放尚易，最难的为自身——耳目口鼻……的解放。①

梁启超的这种思想的来源，一方面是来自佛教的解脱观，同时也受到中国老庄哲学的影响。他和王国维一样，还接受了叔本华等西方哲学家的唯意志论的"欲绝灭"的观点。他用这种观点分析美的超越性，说明审美可以使人摆脱现实的、肉体的苦恼和不满。通过审美，可以进入"文学家的世外桃源""哲学家的乌托邦""宗教家的天堂净土"，达到人的自由理想的天地。梁启超在20世纪初

---

① 梁启超：《东南大学课毕告别辞》，载《饮冰室合集》文集第40册，中华书局1989年版。

面对追求工业化、物质化的社会已开出解救的药方，到了20世纪末，这个问题不是解决了，而是更尖锐地摆在了世人的面前。人们呼唤寻找的"精神的家园"成为跨世纪的呐喊。在物欲膨胀的时代，人类置精神于何地，仍是美学家要解决的问题。

在张扬精神价值、要用美来达到人生的解放以外，梁启超的美学思想中，特别注意到人类的情感。他不仅论述了情感的地位、作用，而且分析了情感与理智的关系，提出了情感教育的问题。

梁启超认为，"天下最神圣的莫过于情感"，情感"是生活的原动力"，是"生命之奥"的东西，是一种人的本能、实际存在，又能超越本能、超越实际存在的东西。梁启超提出了感情、生命一体说，这虽然来源于儒家、《易传》和柏格森的生命哲学，却也包含他对美和艺术的理解。他强调了情感能够构成一种既含现在，又超越现在的境界。在情感的艺术创造和欣赏中，多少与人的生命力发生关系，这是很有价值的理论。

梁启超认为美学具有情感的特征，而情感与理智不同，往往"无判断""无标准"。人生离不开理智，但不能说理智包括人类生活的全部内容。人还有更原始的力量，那就是"感情"。情感表达出的方向很少，其中至少有两件的确带有神秘性，那就是"爱"和"美"。他看到美作为一种情感的表现，带有理智不能完全规范的内容，带有"直感"的性质，往往不能离开形象的具体性。梁启超后期的美学思想，已超出他早期功利主义的美学观，逐渐走向一种科学精神。

后期的梁启超自诩为"非唯"主义者，他想超越唯心主义和唯物主义的限制，从心物两界的融合上找到第三条路。他把两者结合

而成的生活称作"人生"。人生的真假、美丑的审美观照,全靠"自我内省"的自我创造。这种自我创造就是"境界"。他说:

> 境界,心造也。一切物境皆虚幻,惟心所造之境为真实。①

梁启超的境界说,依据的是禅宗思想,他以公案"风动、幡动和心动"为例来说明审美主体在创造审美境界中的作用,实际上讨论了美感的差异性和美的相对性。他又说:

> 同一月夜也,琼筵羽觞,清歌妙舞,绣帘半开,素手相携,则有余乐;劳人思妇,对影独坐,促织鸣壁,枫叶绕船,则有余悲。同一风雨也,三两知己,围炉茅屋,谈今道故,饮酒击剑,则有余兴;独客远行,马头郎当,峭寒侵肌,流潦妨毂,则有余闷。"月上柳梢头,人约黄昏后",与"杜宇声声不忍闻,欲黄昏,雨打梨花深闭门",同一黄昏也,而一为欢憨,一为愁惨,其境绝异。"桃花流水杳然去,别有天地非人间。"与"人面不知何处去,桃花依旧笑春风。"同一桃花也,而一为清净,一为爱恋,其境绝异。"舳舻千里,旌旗蔽空,酾酒临江,横槊赋诗。"与"浔阳江头夜送客,枫叶荻花秋瑟瑟,主人下马客在船,举酒欲饮无管

---

① 梁启超:《饮冰室专集·自由书·惟心》,卷2,转引自《中国美学史资料选编》(下),中华书局1981年版,第415页。

弦。"同一江也，同一舟也，同一酒也，而一为雄壮，一为冷落，其境绝异。然则天下岂有物境哉，但有心境而已。戴绿眼镜者，所见物一切皆绿；戴黄眼镜者，所见一切皆黄。……其分别不在物而在我，故曰：三界惟心。①

当然，我们可以批评梁启超的观点是唯心主义的，否定了客观的美，但他的动机不在哲学上的争论，而在于从情感、情绪的不同，来看待人生的境界的不同，而美感就在这情感的表现中。他认为就在我们欣赏自然美时也是如此。自然的美，也在于我们"内发的情感"与"外受的环境"的洽合。他说："人类任操何种卑下职业，任处何种烦劳境界，要之总有机会和自然之美相接触，所谓水流花放，云卷月明，美景良辰，赏心乐事。只要你在一刹那间领略出来，可以把一天的疲劳忽然恢复，把多少时的烦恼丢在九霄云外。倘若能把这些影像印在脑里头令他不时复现，每复现一回，亦可以发生与初次领略时同等或仅较差的效用。"② 从中可见他并没有否定自然之美的客观性。

在西方美学中，美就是情感的表现，美学就是研究情感的感性学。梁启超的美学思想，就是紧紧围绕这一宗旨展开的。在对中国古代"美文"的研究中，他就是用情感的表现作为批评标准的。如他的论文《屈原研究》《陶渊明》《情圣杜甫》《中国韵文里头所表

---

① 梁启超：《饮冰室专集·自由书·惟心》，卷2，转引自《中国美学史资料选编》（下），中华书局1981年版，第415—416页。
② 梁启超：《饮冰室文集·美术与生活》，卷39，转引自《中国美学史资料选编》（下），中华书局1981年版，第421页。

现的情感》,就是这方面的代表作。他所谓的"美文",就是指文学中的韵文,特别是民谣与诗歌。他生动深刻地论述了中国"美文"中的情感表现的美学特征,认为情感贯穿在从创作到欣赏的整个过程中,各门艺术都是情感的表现。他说:

> 音乐、美术、文学这三件法宝,把"情感秘密"的钥匙都掌握了。艺术的权威,是把那霎时间便过去的情感,捉住他令他随时再现,是把艺术家自己个性的情感,打进别人们的情阈里头,在若干期内占领了他心的位置。①

梁启超评论中国古代"美文",是以看其是不是人性所需要着眼的。他认为,歌谣和诗都是表现"纯属自然美"和"人工的美"的创造。他所谓的"自然美",是指不经文饰、自然而然所表现的真情实感。歌谣是人情感的自然流露,诗则偏向人的加工之美,两者都是人性所必需的。

在艺术创造方面,梁启超把中国韵文的表情法归为三种:"奔迸的""回荡的""含蓄蕴藉的"。他特别推崇杜甫的诗,称他为"情圣"。他分析"诗"与"史"的差别就在于"史"是对已发生的事实的复写,而诗却是作者情感的表现,字里行间有作者的主观态度和生命的活动。无论诗人采用哪种表情法,是含蓄还是直露,是回荡还是奔迸,是烘托还是象征,有一点是共同的,那就是要写

---

① 梁启超:《中国韵文里头所表现的情感》,载《饮冰室合集》文集第13册,中华书局1941年版,第72页。

"真性情",创造出"新意境"。因此,诗人不仅要具备天才的创造力,要有伟大的想象力,还要涵养自己的感情,使之向善求美;同时,还要学习提高艺术表现的技巧,才能创造出美的艺术作品。

作为早期启蒙主义者,梁启超还特别注重"趣味教育""艺术教育"和"情感教育",认为它是科学教育和道德教育代替不了的。它可以引导人们从平凡的境界压力下解放出来,引导我们到达一个"超越的自由天地"里。这表现了他的启蒙的主题,而情感教育是为培养他理想中的"新民"服务的。

在20世纪美学精神中,梁启超的美学实践和理论探讨有一定的地位。主要表现在:他把美学作为启蒙的工具,作为改良社会、造就新民的工具。这一点是建立在他对美的理想认识之上的,他突出了审美中人的情感的重要性,以情感出发来建立他审美的人生观及对文艺批评的标准,已显示了西方美学影响的痕迹。他后期运用美学理论分析了中国古代"美文"的情感特征,开始了中西美学的融合的尝试。他注重审美的情感教育,使美学的研究建立在社会现实之上。可见,梁启超的美学已经随着时代的发展走进了20世纪的视野,某些方面已具有现代性的特征。但他的一切唯心的佛学观,唯意志论的人生观,以趣味为中心的审美观也包含一些杂质。他结合具体审美现象的分析较中肯,但还缺乏系统的理论的建设。

尽管如此,20世纪初梁启超的美学思想产生了极大的影响。鲁迅、周作人、郭沫若、毛泽东和周恩来都表示过喜欢他的文章。百年风云过后,重读梁启超的一些文章,仍感到他提出的问题的重要性。

二、人生的悲剧与崇高：王国维的美学思想

20世纪中国人美学精神的自觉意识以及美学理论的奠基工作，是以王国维美学思想的出现为标志的。他深受德国古典哲学，特别是康德、叔本华哲学的影响，这就使他具有了与中国古典美学完全不同的美学观。中国20世纪美学的起点就是在中西文化交流中产生并发展起来的，这意味着中国古典美学走出了自我封闭的圈子而走向与世界美学共同发展的道路。他对人生悲剧的理解，对美的超功利与形式的阐释，对中国"古雅"之美、"意境"之美的分析，都给中国美学注入了生命的活力，成为一个新的历史阶段的开端。

王国维（1877—1927），字静安，号观堂，浙江海宁人。他是20世纪初期中国著名的学者，在哲学、美学、文艺、史学、小学等方面的研究中都取得了重大的成就，对后世有很大的影响。王国维4岁丧母，自幼体弱多病，幼小的心灵就埋下了忧郁的种子。其父王乃誉早年习儒，爱好金石书画，对王国维影响很大。王国维6岁入私塾，16岁为秀才，两次乡试未中，以后慨然弃绝科举，自奋"新学"。1898年到上海《时务报》为书记、校对，业余就读于罗振玉创办的"东文学社"学日语、英语，从而接触到康德、叔本华的哲学思想。后来又到通州师范学堂和苏州师范学堂讲授社会学、心理学、伦理学等。1901—1904年他创作了大量诗词，写了不少论文和译著。1906年到北京，为清政府学部总务司行走，兼任学部图书馆编辑。辛亥革命后流亡日本，从事古代文化研究，并编辑

《国学丛刊》。1915年回国后,在上海哈同花园编辑《学术丛编》,兼仓圣明智大学教授、北京大学国学通讯导师,并汇编《观堂集林》。1923年充当逊帝溥仪的南书房行走。1925年为清华大学研究院导师。1927年自沉于颐和园昆明湖,享年51岁。

王国维

王国维的学术成就是多方面的,不仅仅局限于美学。他的学术生涯,大致可以分为三个时期。30岁以前(1905年)主要从事哲学、美学等研究,受康德、叔本华的影响较深;1906—1911年,主要运用美学思想从事文艺理论和戏曲史的研究;1912—1927年,以实证科学的方法,研究小学和古史地,取得了辉煌成就。

在晚清时期,尽管西方文化如潮水般涌来,但改良派等人多关心政治革命,唤起民众,很少有从纯哲学即思辨哲学进行研究的,因此不免流于浮光掠影。王国维不参与政治斗争,他以学者的身份,从事的是"纯哲学""纯文学"的研究,追求的也是"纯学术",因而就显示了其理论的思辨性和超脱性。他重视美学研究的久远的价值,促使了美学理论向纵深发展,将中国美学开辟为一门独立的学科。在20世纪初的中国美学思想的发展中,他的贡献是最大的,是近代中国第一个引进西方美学理论的学者。他不仅介绍了康德、叔本华、尼采的美学理论,还介绍了德国的歌德、席勒,英国的博克、洛克、休谟,法国的经验主义美学理论,并以此与中国传统美学思想结合起来考察中国的文学艺术作品。他对一些作品的分析,甚至达到了一定哲学的高度,如《红楼梦评论》《屈子文学之精神》等。他在《人间词话》里提出了著名的"境界说",强调"真"和"自然"。《宋元戏曲考》则开辟了戏曲史的道路。他还结合中国的审美心理和审美习惯提出了"古雅"说。王国维的美学思想基于康德的超功利的形式主义的美学理论,尽管包含杂质,但对20世纪中国美学的影响是极其深远的。

王国维的美学思想博大精深,是一笔丰富的文化遗产,我们仅掇取几个重要问题加以解说。

1. 美和美感

王国维对美和美感的论述,主要的来源是康德、叔本华的美学思想,又融合了道家的一些观点。他认为一切之美皆形式之美,美只在形式,这是康德在《判断力批判》中对美的规定之一。康德说:"美,它的判定只以一单纯形式的合目的性,即无目的的合目的性为根据。"① 这就是说,美是没有现实目的和内容的,只是形式上合乎审美的目的。王国维接受了这种观点,认为凡属审美的对象只在于形式,无关内容。他说:

> 一切之美,皆形式之美也。就美之自身言之,则一切优美皆存于形式之对称、变化及调和。至宏壮之对象,汙德(康德)虽谓之无形式,然此种无形式之形式,能唤起宏壮

---

① [德]康德:《判断力批判》(上卷),宗白华译,商务印书馆1964年版,第64页。

之美，故谓之形式之一种，无不可也。就美之种类言之，则建筑、雕刻、音乐之美之存于形式，固不俟论。即图画、诗歌之美之兼存于材质之意义者，亦以此材质适于唤起美情故，故亦得视为一种之形式焉。①

王国维借康德哲学认识到"美之自身"就是事物的形式诸因素，美的本质就存在于形式之中，而不存在于事物的"材质"中。就审美主体而言，也得在离开事物的"材质"而面对形式时，才能获得无限的美感愉悦。无论自然美还是艺术美，都是形式之美，都是以其形式唤起人们的美感的。他进一步把美分为第一形式和第二形式。第一形式是指事物本身具有的美的形式，实际上就是我们所说的内容或素材，一般指自然美或社会美；第二形式是指表达第一形式之美的形式美，一般指艺术美。这个观点来自叔本华。叔本华继承了康德的形式主义美学，进一步向唯心主义方面发展。他的著作《作为意志和表象的世界》，开宗明义指出"世界是我的表象"，表象的根本形式是理念，理念也是现象的本质形式。王国维在《叔本华之哲学及其教育学说》中说："美之对象非特别之物，而是物之种类之形式。"这种"种类之形式"被王国维称为实念，即理念。而艺术对此"以记号表之"，所以艺术就是"形式之美之形式之美"。

既然美和艺术只在形式，因此美和艺术必然是超功利的。王国

---

① 王国维：《古雅之在美学上之位置》，载《中国美学史资料选编》（下），商务印书馆1981年版，第435页。

维说:"美之性质,一言以蔽之曰,可爱玩而不可利用者是已。"①"使吾人超然于利害之外,而忘物与我之关系。此时也,吾人之心无希望、无恐惧,非复欲之我,而但知之我也。"王国维认为,审美活动就是排除一切功利欲望,从形式中直接感受到愉悦。这也是继承了康德的观点。康德说:"一个关于美的判断,只要夹杂着极少的利害感在里面,就会有偏爱而不是纯粹的欣赏判断了。"② 叔本华也认为,人们在审美过程中,"把我们从欲求的无尽之流中托出",使"人们自失于对象之中",③ 从而达到审美主体与审美客体合一,就是超越于利欲之外了。

超功利的形式主义美学是王国维美学的核心观点,从这一观点出发,王国维对其他一些美学范畴也进行了论述。

2. 自然美与艺术美

王国维借鉴西方的美学理论,对美的分类和美感与艺术做了明确的界说,并对其他的美进行了分析,这在中国古代美学史上是没有的,为20世纪中国美学对美的分类奠定了基础。自然美和艺术美的提出,就是对中国古典美学的突破,虽然在中国古代有许多关于自然美和艺术美的论述和描述,但作为一对美学范畴,则是从王国维的分析开始的。

---

① 王国维:《王国维遗书·静安文集续编》第5册,商务印书馆1940年版,第23页。
② [德]康德:《判断力批判》(上卷),宗白华译,商务印书馆1964年版,第41页。
③ [德]叔本华:《作为意志和表象的世界》,石冲白译,商务印书馆1982年版,第274、250页。

王国维在《红楼梦评论》中，吸取了西方美学理论，提出了自然美和艺术美。康德说："自然美是一个美的物品；艺术美是物品的一个美的表象。"又说，评定一个自然美作为自然美，不需要知道它是什么物品，而只是那单纯的形式。康德肯定了自然美来自于客观存在的自然物品，但审美者感受到的只是自然物品的形式，而不是它的内容。艺术美是艺术家从自然物品的形式中撷取美的因素再现于艺术作品中的。

王国维认为自然美侧重于事物的美，是"美之第一形式"，而艺术美是根据自然之美的第一形式而创造出的第二形式之美。艺术美在于要么再现自然中固有的某一形式美，要么根据艺术家的主观美感情趣创造某一形式美。他认为艺术美离不开自然美，包括社会美。

经过比较，王国维认为艺术美高于自然美。因为艺术美是从纯粹美的观赏角度，完全脱离事物的实用价值而创造出来的"物之种类之形式"，是"形式之美之形式之美"；艺术美表现了事物的典型性，这种典型性在纯自然中是很少见的，而艺术家可以经过加工制作，使美的典型再现出来，从而比自然美更美；艺术美更便于使审美主体与审美客体相融合，而达到物我同一的境界。

王国维从"美在形式"和美的超功利性出发，认为艺术美更能使审美主体脱离人生功利欲望，使人陶醉于美的感染之中，忘却物我的对立，融物我于一体，所以他更重视艺术美的审美价值。但他并不否认自然美的客观性及其价值，认为自然美也能使人超脱现实生活，成为无欲之我的对象。王国维关于自然美与艺术美的论述，比较早地涉及两者的关系，把两者作为一对有一定联系的范畴加以考察，并对艺术美做了较深入的研究。

关于艺术，康德认为它是由天才所制作。他认为天才就是天赋的才能，它给艺术制定法则。天才不是通过后天培养所能奏效的，而是一种天生的禀赋。王国维接受了康德的天才论，但又进行了改造。他说：

"美术者，天才之制作也。"此自康德以来，百余年间学者之定论也。然天下之物，有决非真正之美术品而又决非利用品；又其制作之人，决非必为天才，而吾人之视之也，若与天下之所制作之美术无异者，无以名之名，曰古雅。①

王国维首先承认天才的存在，但他又认为把一切艺术都归之于天才是不对的。从制作者说，有天才与非天才之别，天才为一流的艺术家，二流以下都是非天才艺术家，占大多数；从作品说，少数为天才之作，乃是真正美的作品，即康德所谓的优美与崇高，多数虽非天才之作，却可以当成艺术赏玩，这一部分王国维称之为"古雅"，以补康德天才论的不足。他在《文学小言》中指出："苟无锐敏之知识与深邃之感情者，不足与于文学之事。""天才者……而又须济之以学问，助之以德兴，始能产真正之大文学。"他借用宋词名句生动形象地描绘了天才人物进行艰苦学习、探索和创造的曲折过程：

---

① 王国维：《王国维遗书·静安文集续编》第 5 册，商务印书馆 1940 年版，第 23 页。

> 古今之成大事业、大学问者，必经过三种之境界："昨夜西风凋碧树。独上高楼，望尽天涯路"，此第一境也。"衣带渐宽终不悔，为伊消得人憔悴"，此第二境也。"众里寻他千百度，回头蓦见，那人正在灯火阑珊处"，此第三境也。①

王国维承认有天才，同时又认为天才又需后天的"莫大之修养"，这的确比康德的观点更接近真实，对今人仍有启示作用。

3. 悲剧与崇高

中国古代戏曲中有悲剧这种艺术形式，但没有西方美学史中"悲剧"的概念，更缺乏真正的悲剧精神。王国维是比较早引进悲剧概念，并用悲剧精神来分析中国文艺作品的。这不仅是一个方法的问题，而且是王国维世界观的一部分。他的悲剧的人生观，最终使他走上了绝路，完成了他作为悲观主义者最后的生命历程。如果一个人认为死了比活着更好，并有足够的勇气慷慨赴死，无疑是真正的悲剧精神的体现。这样的行为是悲壮的，对普通人来讲就具有了崇高感。王国维美学中最具现代性的美学精神，大概就是这种悲剧精神了。他是用生命来完成美学的。当然，对王国维的自沉，许多人有着种种猜测，很多人从政治的角度对此是予以否定的。这里，我们不进行一厢情愿的猜测，也无暇对其政治活动动机进行审察，我们只是在美学家的慷慨赴死中看到了一种崇高的精神。

王国维的悲剧观，是受了叔本华的影响。他开始从事哲学、美

---

① 王国维：《人间词话》，上海古籍出版社1998年版，第6页。

学研究是从读康德的书开始的，因读不懂，转而读叔本华的《作为意志和表象的世界》，深深受其影响。1904 年，他以叔本华哲学为标准，重新审视了《红楼梦》这部伟大的作品，阐发了这部伟大作品的悲剧精神。他把叔本华的悲剧观与老庄的厌世哲学结合起来进行发挥，认为悲剧产生的根源在人类自身的"生活之欲"，悲剧所描写的就是人生的可怕一面，演出人生的痛苦、悲伤、恶的胜利，嘲笑人的偶然性的统治。《红楼梦》作为中国封建社会临终前的回光返照，从人生和社会等方面描写了其悲剧性，正与叔本华的观点不谋而合。王国维从其描写的是"大背于吾国人之精神"，亦即盲目的"乐天"精神，对其价值进行了阐发。王国维接受了叔本华对悲剧的分类：一是由恶人造成的悲剧，二是由命运造成的悲剧，三是由平凡生活中伦理关系造成的悲剧。《红楼梦》即属于第三种悲剧，这种悲剧最贴近我们的生活，也最难写。因此王国维称其为"悲剧中之悲剧"。

悲剧的根本目的，就是解脱人生的苦痛。揭示人生之真相，就是使人看到人生痛苦的一面，人要摆脱痛苦，唯一的出路就是遁世解脱。但人的解脱只是暂时的，因为"生活之欲"是无限的，而极有限的享用之物永远也满足不了它，因此人生痛苦永远无法解除。王国维认为，《红楼梦》的伟大之处，就在于彻头彻尾地揭示了这一人生的真谛。他还以《红楼梦》为镜子，批评了中国传统文学中的"大团圆"结局的平庸、肤浅。王国维的《红楼梦》研究，对当时无聊文人不敢正视人生悲剧的现实，总把悲剧改造成"大团圆"结局的陋习，进行了致命的一击，成了"五四""文学革命"的先声。

王国维美学及其人生观中的悲剧精神，本质上讲是对古代封建社会的大胆的反叛和严峻的挑战，是对乐天知命、安分守己的人生态度和入世精神的揭露和批判，是对中国古代审美乌托邦幻觉的全面破坏。王国维掀开了被秩序和关系所掩盖起来的充满矛盾和痛苦的现实人生的真相，他视人生为虚幻、要求解脱的意识，具有反传统的巨大的破坏力。因此，他的悲剧精神早已超出体裁的范围而成为一个美学范畴。

王国维不仅把悲剧升至一个美学的范畴来进行研究，开辟了20世纪中国的悲剧精神，而且还对崇高进行了论述。他首先把中国古代就有的崇高精神，上升为一个美学范畴。他对崇高的论述，主要体现在他对优美与壮美的论述中。他往往用"壮美"一词，来指代崇高的美学范畴。

鲍桑葵在他的《美学史》中认为，在古代人中间美的基本理论是与"和谐"的观念分不开的，到了近代社会，随着浪漫主义美感的觉醒，才"出现了关于崇高的理论"①。国内一些研究美学的人受其影响也认为，世界美学的发展也是由古代和谐的美向现代崇高的美发展，20世纪就是一个崇高美占上风的时代，这是值得进一步探讨的。不仅古罗马就有朗吉弩斯《论崇高》的理论，更有充满"崇高感"的古代艺术。如果把20世纪中国美学精神仅看成"崇高型"的也是片面的，但这并不能说明我们反对20世纪中国美学中有崇高美。王国维关于悲剧的论述中，就表现了悲剧与崇高的关系，他认为《红楼梦》是彻头彻尾的悲剧，因而壮美部分多于优美

---

① [英]鲍桑葵：《美学史》，张今译，商务印书馆1985年版，第10页。

部分。

在西方美学史中,优美与崇高往往是一对概念,表现不同形态的美。王国维结合中国古代阳刚、阴柔之美的理论,概括为优美与壮美(宏壮)。他说:"美学上之区别美也,大率分为二种:曰优美,曰宏壮。自巴克(今译博克)及汉德(康德)之书出,学者殆视此为精密之分类矣。"[①] 王国维认为,优美及宏壮都是超利害的,它们的不同,主要是形式结构的不同。若吾人与审美对象无利害关系,又毫无生活之欲存在,则"此时吾心宁静之状态,名之曰优美之情,而谓此物曰优美;若此物大不利于吾人,而吾人生活之意志为之破裂,因之意志遁去,而知力得为独立之作用,以深观其物,吾人谓此物曰壮美,而谓其感情曰壮美之情"[②]。在论意境美时,王国维认为"无我之境"表现出一种"静"态,属于优美;"有我之境"表现出一种"动"态,属于宏壮。因此,优美与宏壮的区别,不仅表现在审美主体心理上的"静"与"动",也表现在形式的有限与无限上。

4. 古雅、眩惑与意境

王国维有《古雅之在美学上之位置》一文来阐述"古雅"这一美学范畴。这个范畴是王国维根据"天才说"来解释艺术美所独创的。他认为"一切美皆形式之美也"。艺术美为天才所创造的、

[①] 王国维:《王国维遗书·静安文集续编》第5册,商务印书馆1940年版,第23页。
[②] 王国维:《红楼梦评论》,载《王国维文学美学论著集》,北岳文艺出版社1987年版,第4页。

素朴的美,是自然的,优美和壮美就是属于天才自然创造的"第一形式";王国维认为"古雅"则属于"第二形式","古雅之致,存于艺术而不存于自然"。"古雅"的特征在于它是后天的、人为的,仅存在于艺术中,可以靠后天的学习、模仿,靠人工的技巧得到。除了少数天才人物外,大多数艺术家和艺术品都属于"古雅"。王国维用"古雅"的范畴,纠正了康德只承认天才的艺术,不承认后天学习、修养在艺术中的作用的片面性。

王国维的"古雅",也含有非功利的内涵。他认为艺术一古,便超脱了功利,便仅表现为"第二形式",具有了"可爱玩而不可利用"的"公性"。如古代的实物钟鼎、摹印、碑帖、书籍以及许多作家的作品,它们的趣味都是来自其"古雅"。随着时代的变化,原来一些实用的东西,便超出了功利关系而成为人们的"可爱玩"的东西。"雅"是指人力的雕饰、加工而创造的一种美或美的表现,它不是天生的,而是来自一定的文化、德性、人格等方面的修养。"古雅"可以通过审美教育普及到社会大众中去,发挥其社会功效。

"眩惑"是王国维独自提出的另一个美学范畴,它的性质及作用与"古雅"正好相反。它不仅不能超越功利目的和官能欲望,反而把人从美的境界拉回到官能欲望的追逐之中。长期以来,这个美学范畴没有引起研究者的注意。在20世纪末,中国社会发生了重大的变化,追逐功利、官能享乐的风气甚嚣尘上时,重新发掘其意义便显出突出的现实意义。

王国维的"眩惑",与叔本华所批评的"媚美"有着相同的意思。"媚美是直接对意志自荐,许以满足而激动意志的东西",它"将鉴赏者从任何时候领略美都必需的纯粹观赏中拖出来","激起鉴赏人的肉感"，"令人厌恶作呕"，这都违反了艺术的目的。① 王国维在分析《红楼梦》时说："此书中壮美之部分较多于优美部分，而眩惑之原质殆绝焉。"《红楼梦》中对"扒灰""养小叔子"等丑行，以暗示、曲折的手法进行揭露、鞭挞，既达到了批判的目的，亦不引起"眩惑"之感，所以是十分成功的，王国维对此给予很高的评价。

"眩惑"的"原质"是什么意思呢？实际上就是利害关系，这利害关系在文艺作品中的具体表现就是那些对肉感、情欲、物质享乐等的如实复现。这种描写，以刺激读者的官能欲望为目的，把人从美的境界引到现实的"生活之欲"的领域，从而抵消了美的"解脱"作用。所以"眩惑"是与优美、崇高、古雅相对立的一个审美范畴。

"意境"的概念古已有之，但王国维是中国"意境说"的集大成者。一般的研究者把意境当作风格论、技巧论、趣味论，王国维把其变为本质性。意境的审美精神，主要集中在他的《人间词话》中，这是一部文学批评的著作，却赋予"意境"以较为系统的理论。后期的王国维放弃了哲学的研究，为解决思想的痛苦到诗词中去找"慰藉"。他放弃了哲学的思辨，却通过直观进入艺术的境界，以体味什么是美。

王国维的"意境论"，是与他对文学的本质分析分不开的。他说：

---

① ［德］叔本华：《作为意志和表象的世界》，石冲白译，商务印书馆1982年版，第289—290页。

> 文学中有二原质焉：曰景，曰情。前者以描写自然及人生之事实为主，后者则吾人对此种事实之精神的态度也。故前者客观的，后者主观的也；前者知识的，后者感情的也。①

王国维认为，构成文学的基本因素——"原质"有两个方面：一是"景"；一是"情"。这里包含着主客观的统一，"景"指"自然及人生之事实"，"情"指对自然及社会生活的情感，表现为"精神的态度"。在景与情构成的原质中，王国维认为在客观方面还需要有"知识"，在主观方面还需要有想象力。他说："要之，诗歌者感情的产物也，虽其中之想象的原质（即知力的原质）亦须有纯挚之感情为之素地，而后此原质乃显。"他又特别注重情感的因素，认为"情"是一个最活跃的因素，由于它才沟通了主客观的关系，情感在整个审美过程中贯彻始终。但他又认为感情必须和其他因素，如知识等结合起来，才能使其深邃而避免肤浅。所以他提倡诗人对宇宙人生，须入乎其内，又须出乎其外，才能写出好的作品。

文学的本质在于景与情，它表现为两个基本的特征，就是形象性和情感性。在《人间词乙稿序》中，王国维把情与景置换成意与境。他说："文学之事，其内足以摅己，而外足以感人者，意与境二者而已。上焉者意与境浑，其次或以境胜，或以意胜。苟缺其一，不足以言文学。"他所说的"意"，包括了感情、理解、想象、

---

① 王国维：《文学小言》，载《王国维文学美学论著集》，北岳文艺出版社1987年版，第25页。

志趣等多种主观因素,并以感情为依托或形式的综合形态;"境"则是含有生命、气势的景象,二者的和谐统一就构成了美。王国维从物我的关系出发,认为意境有"有我之境"与"无我之境";"写境"与"造境"不同。文学艺术有意境者,就是好的作品。他用意境的观点分析了中国古代诗词的审美精神,取得了令世人瞩目的成就。"意境说"是王国维美学理论的中心范畴,内涵十分丰富,影响极其深远。王国维之后,梁启超受其影响提出"新意境说",朱光潜、俞平伯也都受到他的影响。可以说,王国维的"意境说"是吸收了西方的美学理论,研究了中国古代审美实践而创造出的最能代表20世纪中国美学精神的理论之一。

三、美育救国与美的超脱:蔡元培的美学思想

蔡元培是20世纪初期中国文化知识界的"泰斗"。他不仅是著名的教育家、思想家,而且是一个美学家。他从封建教育中挣脱出来,接受了西方的教育,找到了美学这一启蒙工具。回国后以自己所处的教育总长、北大校长之高位而提倡美育,以此来反对封建思想,提倡感性解放,试图通过培养情感而走一条教育救国的道路。在美学领域,他全面吸收了德国古典美学,特别是康德美学的合理内核,对美学的对象与方法做了系统的阐释,论述了美的普遍性和超脱性,对文艺进行了中西比较,较早引进人类学的方法来研究艺术的起源,并对文艺批评提出一些自己的看法。尽管他的思想带有那个时代的痕迹,由于他公务缠身许多理论问题无法展开详尽

蔡元培雕像　　　　《蔡元培美学文选》书影，1983年版

论述，以至到了晚年他自己也感到遗憾，但他的美学思想，无疑在理论和实践方面，都对20世纪中国美学精神的形成和发展起到了不可磨灭的作用。

1. "教育救国"与"美育"实施

蔡元培，字鹤卿，又字孑民，浙江绍兴人。年轻时走的是科举道路，16岁中秀才，22岁中举人，25岁进士及第，入翰林院被点为庶吉士，27岁又考上翰林院编修，真可谓仕途顺利，步步高升。但巨变中的世纪风潮，使他幡然醒悟而投身革命。他选择的革命道路，不是"康梁"式的政治改良，也不是孙中山式的暴力革命，也不同于王国维的纯学术道路，他走的是一条"教育救国"的道路。

他先是同情变法运动，后来感到清政府已"无可希望"，不如"先培养革新之人材"，遂毅然辞官离京，到上海办教育。他说：

"吾人苟切从教育入手，未尝不可使吾国转危为安。"① 那时的现实使他认识到，西方的机器、技术、法律、制度，确实比我们先进得多，然而我们不首先培养出一批能使用机器、掌握技术、执行法律的人，即使把先进的东西引进来，照样会变成废物。因此要通过教育、培养人才来改变社会。而办好教育，首先要学习西方的科学与哲学，于是他一再放弃高官厚禄，毅然漂洋过海到异域做一名穷学生。

在德国莱比锡大学，他喜欢听美学、美术史、文学史的课；文化环境上又受音乐、美术的熏陶，不知不觉渐渐集中于美学方面。他从冯德讲授的哲学史中，了解到康德的美学见解，便受其影响，找来康德的著作研读，从而看到了美学对社会、人生和教育的重要性。这为他回国提倡美育打下了坚实的理论基础。

辛亥革命以后，蔡元培被任命为教育总长，后来又长期担任北京大学校长。他首先对全国教育进行改革，采用西方资本主义国家的教育方针和教育制度代替中国的封建教育体系，主张"五育"②并重，培养"健全之人格"。1916 年他任北京大学校长，采用"思想自由、兼容并包"的方针，提倡学术自由，只要言之成理，持之有据，都有存在的理由和价值，这对今天的教育改革，仍然具有启发意义。王国维虽然提出了"美育"的问题，但他不可能实施。蔡元培则极力提倡美育与美术。蔡元培的美学研究并不是为了学术而

---

① 蔡元培：《致江静卫君书》，载《蔡子民先生言行录》（下），新潮社 1920 年版，第 291 页。
② "五育"为"军国民教育、实利主义教育、公民道德教育、世界观教育、美感教育"。

学术，他的美学思想是与现实紧密联系在一起的。他对美的性质、范畴、特征、功能等的论述，都与他的"美育"思想密切相关，都是围绕美育而展开的。在他的"五育"中，他对美育特别重视。如1912年他就提出："教育上应特别重视美育。"1917年他发表了《以美育代宗教说》，提倡"舍宗教而易以纯粹之美育"。1920年发表的《美术的起源》一文认为，"美术是改进社会的工具"。1921年9月他在北京大学开始讲授《美育》课。1922年发表了《美育的实施方法》一文。蔡元培生前到处被邀请演讲，一有机会他就倡导、论述他的"美育"观。到1938年2月离他去世还有两年时，他还在一篇序文中，深为自己为"人事牵制"而未能写出系统的著作来论证"以美育代宗教"的命题而遗憾。

美育是审美教育的总称，蔡元培称之为"美感教育"。最早提出审美教育的是德国美学家席勒（Schiller，1759—1805），他在《审美教育书简》一书中从改造社会、改造人性的高度提倡美育，认为美育可以恢复人性的和谐，使人从自然的物质世界上升到理性的世界，成为"审美的人"。同时，只有通过美育和美的交流，才能实现社会的和谐与政治的自由。蔡元培接受了这种思想，把美育作为启蒙的工具，认为美育可以改变人的思想，治理社会。他突出了美育的性质和特点，对美育做了心理学的分析，认为美育不同于知识教育，也不是道德教育，而是情感教育。他说："人人都有感情，而并非都有伟大而高尚的行为，这是由于感情推动力的薄弱。要转弱而为强，转薄而为厚，有待于陶养。陶养的工具，为美的对象;陶养的作用,叫作美育。"① 1930 年他为《教育大辞典》撰写了词条"美育",给美育下了定义:"美育者,应用美学之理论于教育,以陶养感情为目的者也。"② 我们知道,美学是研究情感的科学,美育当然着重在情感教育。而艺术是人类最美好感情的表现,最具普遍和超脱性,当然是美育最好的形式。蔡元培提倡美育是一种普遍的情感教育,切中了美育最本质、最核心的观点,但正是在这个问题上受到一些人的非难,认为他忽视了美育中的知识和道德的作用。实际上并非如此,蔡元培是从美的学科分类上来谈其情感性的,并没有忽视知识和道德的作用。如他所说:"感情的陶养,就是不源于智育,而源于美育。"③ 蔡元培认为,美育在理论上属于美学,在实践上属于教育,它与智育相辅相成,以养成高尚的道德为目的。但美育不是理论教育,而是感化、培养,通过作用于情感而发挥作用。

不可否认,在 20 世纪中国美学精神的形成中,蔡元培提倡美育功不可没。正是在他的引导下,美育的精神在中华大地上生根、开花、结果,美育的思想不仅得到传播,而且走向了实践,培养了一代又一代人的审美精神,从而使美育不仅在学校、家庭中得到实施,而且也走向了社会。蔡元培想以美育来陶冶人的情感,要以美育来代替宗教,提倡高尚无私的精神,对中国社会起到了改造、净

---

① 蔡元培:《美育与人生》,载《蔡元培美学文选》,北京大学出版社 1983 年版,第 220 页。
② 蔡元培:《美育》,载《蔡元培美学文选》,北京大学出版社 1983 年版,第 174 页。
③ 蔡元培:《美育与人生》,载《蔡元培美学文选》,北京大学出版社 1983 年版,第 221 页。

化的作用；他的美育实践，反映了劳动人民要求改变生活环境和条件、获得美感享受的良好愿望。虽然他的美育观中有一些是属于审美的乌托邦，不可能完全实现，但它对我们今天的启示仍然是十分重要的。

2. 美学的对象与方法

王国维首先把美学介绍到中国，但他的介绍仅局限在康德、叔本华、尼采少数几个美学家的身上。蔡元培则赴德国专门研究了美学，他对美学的由来，美学的对象、范围和方法的介绍都渐趋全面而深入。

蔡元培在《美学的进化》中，介绍了美学学科的由来及研究的范围与方法。他认为在西方，"与中国一样"，古代虽有美的观念，但没有独立的美学，美学理论"都附属在哲学或美术的著作中"。他介绍了古希腊的柏拉图、亚里士多德的观点，以及后来的达·芬奇、休谟、博克、席勒、谢林、立普斯、斯宾塞等人的美学思想。他把美学学科的形成定在1750年，这一年德国哲学家鲍姆嘉通出版了 Äesthetik 一书，美学才形成一门独立的科学。蔡元培说："'爱斯推替克'（美学）一字，在希腊文本是感觉的意义；经鲍氏著书后，就成美学专名；各国的学者都沿用了。这是美学上第一新纪元。"像这样系统介绍美学学科由来的，蔡元培是第一人。

按鲍姆嘉通与康德的观点，在德国古典哲学中，把人的心理功能分为三个方面，就是知、情、意。研究知识的是认识论（理性），研究意志的是伦理学，研究情感的是感性学（美学），分别以达到真、善、美为标准。正是在这种划分下，美学才形成了一门独立的

学科。蔡元培说:

> 美学观念者,基本于快与不快之感,与科学之属于知见,道德之发于意志者,相为对待。科学在乎探究,故论理学之判断,所以别真伪;道德在乎执行,故伦理之判断,所以别善恶;美感在于鉴赏,故美学之判断,所以别美丑,是吾人意识发展之各方面也。人类开化之始,常以美术品为巫祝之器具,或以供激情导欲之用。文化渐进,则择其雅驯者,以为教育,如我国唐、虞之典乐、希腊之美育,是也。其紬绎纯粹美感之真相,发挥美学判断之关系者,始于近世哲学家,而尤以康德为最著。①

蔡元培接受了德国古典哲学中知、情、意划分的观点,论述了美学、科学与伦理的区别,这种区别主要体现在美学与认识论或伦理学的区别中,而不在其相互交叉中。这一点在走向21世纪的中国美学精神中,仍区别得不够。有些美学家把美学看作认识论,或特别注重美中的道德因素,导致真、善、美不分,影响了独立的美学学科的建立。因此,蔡元培的论述现在仍有一定的现实意义。他又说:"概念也,理想也,皆毗于抽象者也。而美学观念,以具体者济之,使吾人意识中,有所谓宁静之人生观,而不至疲于奔命,

---

① 蔡元培:《哲学大纲》,载《蔡元培哲学论著》,河北人民出版社1985年版,第155页。

是谓美学观念惟一之价值。"① 他认为科学理论是通过概念、推理、判断的逻辑方式掌握世界；美学观念则通过形象、直观、美感的方式掌握世界。两者以不同的形式，各自发挥不同的作用。儿童时代，形成概念之力尚弱，则尤倾向于直观教育。美的直观性对丰富人的精神生活，提高人生的情趣有重大的意义。

蔡元培对美学对象的确定以及其他的美学思想，直接继承了康德哲学的遗产。正是康德在他的三大批判著作中，用"审美判断"来连接人的"理性"与"悟性"，用"愉快或不快的情感机能"来连接"认识的机能"和"欲求的机能"，用"艺术"来连接"自然"与"自由"的探索，才确定了美学的对象。② 蔡元培深受其影响，把这种科学的学科规范系统地介绍到中国。

关于美学的方法，一直有理论的方法和实证的方法。像康德这样从哲学的高度直接推导出美学命题的就是理论的方法。但到了19世纪末，随着实证哲学的流行和实验心理学的发展，实验的方法便流行开来。蔡元培在德国留学时，受到他的老师摩曼所著《美学的系统》一书的影响，提出美学的研究方法有4个方面、共27种具体的方法。概括为：艺术家的动机研究法、鉴赏者的心理研究法、美术的研究法、美的文化的研究法。③ 此方法所列较细，在此不再一一列举。他的方法，有些至今仍在运用。特别值得一提的是，他

---

① 蔡元培：《哲学大纲》，载《蔡元培哲学论著》，河北人民出版社1985年版，第156页。
② ［德］康德：《判断力批判》（上卷），宗白华译，商务印书馆1964年版，第36页。
③ 蔡元培：《美学的研究方法》，载《蔡元培美学文选》，北京大学出版社1983年版，第128—133页。

对"美的文化"研究方法的提出,使20世纪末"审美文化"的研究看到了其历史的根源。在走向21世纪的过程中,有人提出要建立审美文化学,建立人类学的美学,蔡元培无疑是这方面较早的开拓者。如他在1921年的演讲中,就提倡研究美学要采用人类学、民族学、宗教学等的知识,而且他对美术起源的论述,就采用了这种方法。

3. 美的普遍性与超脱性

蔡元培从美的对象的特殊性出发,吸收了康德美学的观点,认为美具有两种特性:一是普遍;二是超脱。这个判断,不仅是关于美的特性的界定,实际上也是对美的本质的回答。在他看来,美必须是普遍有效的,如自然美、社会美与艺术美等;美又是超脱的,要从实用的功利中解放出来。因此,美就不是一种纯粹的自然现象,也不是一种纯粹的精神现象,而是主客观结合的现象,是人类社会实践的现象。

关于美的普遍性,蔡元培论证得很清晰。他说:

> 一瓢之水,一人饮之,他人就没有分润;容足之地,一人占了,他人就没得并立;这种物质上不相入的成例,是助长人我的区别、自私自利的计较的。转而观美的对象,就大不相同。凡味觉、臭觉、肤觉之含有质的关系者,均不以美论;而美感的发动,乃以摄影及音波辗转传达之视觉为限,所以纯然有"天下为公"之概。名川大山,人人得而游览;夕阳明月,人人得以赏玩;公园的造象,美术馆的图画,人

人得而畅观。齐宣王称"独乐乐，不若与人乐乐"，"与少乐乐，不若与众乐乐"；陶渊明称"奇文共欣赏"，这都是美的普遍性的证明。①

他认为物质只能满足人的生理欲望，只有形象才能满足人的精神生活的需要。如花鸟山水、风景名胜、云霞星月，"我游之，人亦游之；我无损于人，人亦无损于我"。"隔千里兮共明月，我与人均不得私之。"艺术中的如建筑、雕刻、绘画、书法等；如仕女图、裸体画并不引起自私的生理欲望，只能产生普遍的审美愉悦。

与普遍性相关联的是美的超脱性。"超脱"，就是超越现实的利害生死之上，进入绝对自由的观念世界。蔡元培叙述得也很形象，他说：

马牛，人之所利用者；而戴嵩所画之牛，韩干所画之马，决无对之而作服乘之想者。狮虎，人之所畏也；而芦沟桥之石狮，神虎桥之石虎，决无对之而生抟噬之恐者。植物之花，所以成实也，而吾人赏花，决非作果实可食之想。善歌之鸟，恒非食品。灿烂之蛇，多含毒液。而以审美之观念之，其价值自若。美色，人之所好也；对希腊之裸像，决不敢作龙阳之想；对拉飞尔苦鲁滨司之裸体画，决不敢有周防

---

① 蔡元培：《美育与人生》，载《蔡元培美学文选》，北京大学出版社1983年版，第220—221页。

秘戏图之想。盖美之超绝实际也如是。①

由于美是普遍的，它不受现象世界因果律的制约，因而它是自由的，它的本质则属于绝对的实体世界。它对人的作用就不含有自私的、个体利害得失的刺激，而是感情的自由活动，因此能培养人的精神。这是就"普遍之美"而言的，那么"特别之美"的超脱性又怎样呢？"特别之美"指崇高、悲剧、滑稽。它们也都以各自不同的特点表现出美的普遍超脱的本质。崇高之美，"至大""至刚"也，如茫茫大海、恒星夜空、境界无限；如疾风震霆、洪水横流、火山喷薄；人形体渺小，生命有限，力量微弱，无法与之对峙。但人脱出一己私利，激发出无限的精神力量与之抗衡，崇高的事物就转化为审美对象了。悲剧的超脱主要在于"能破除吾人贪恋幸福之思想"，放弃对生活之欲的追求。至于滑稽之类的超脱性，是"以不与事实相符为条件"的，与事实不符，令人"失笑"，这就是一种超脱的审美愉悦。

美的本质与人类的本质是联系在一起的。美的本质在一定意义上讲就是人的本质的表现。蔡元培在论述美时，认为美与人类的公性、心理是密不可分的，这与康德所断言审美超越利害关系之上而又具有"普遍的有效性"是相似的。蔡元培比较早地探讨了美与人性的关系。他分析了历史的经验，认为审美的发生是人性的必然结果，美育是提高人类文明程度的重要途径；他从现实的生活出发，

---

① 蔡元培：《以美育代宗教说》，载《蔡元培美学文选》，北京大学出版社1983年版，第71页。

区分了实用和审美的区别及联系,肯定了审美的独特价值在于使人认识到人生的真正意义;他从先验的"人类心理"出发,把爱美与博爱联系起来,最后都归于人类共同的本性。

4. 审美的发生与艺术的起源和进化

蔡元培不仅是竭力倡导实施美育的教育家,而且还是我国人类学的奠基人。在德留学时,他就掌握了人类学、民族学的新观点和新方法;回国后,他对美与艺术的研究便借用了人类学的方法。19世纪,达尔文的进化论的创立,影响到文艺起源的研究。蔡元培深受这股思潮的影响。1920年,他发表了《美术的起源》,1921年又发表了《美术的进化》《美学的进化》等论文,阐述了他对审美发生、艺术起源与进化的观点。这可以说开辟了20世纪中国人类学美学研究的新路子,其影响是深远的。

在审美意识与艺术起源的问题上,蔡元培指出:"欲于美学得一彻底了解,还需从美术史的研究下手,要研究美术史,须从未开化的美术考察起。"具体的方法是把古代未开化民族的遗留物同现代未开化民族所创造的人类学的材料进行比较研究。他受到古希腊"模仿说"和席勒、康德等人"游戏说"的影响,认为人类的审美冲动是与游戏的冲动联系在一起的,又与模仿的冲动相混合。他受到达尔文的影响,认为动物也有"美感",但这不是一种像人一样的高级的精神活动,而是一种低级的、与人生强烈的欲望密切相连的本能反应。动物的活动是本能的,动物不能创造艺术,艺术只是人才具有的一种创造能力。他认为"美术冲动"来自于"模仿的冲动",是无目的的,但"初民美术"则是有目的的。这看上去是相悖的，但在他的思想中又是统一的。从审美的发生看，审美中包含着社会的目的，但在现实审美的瞬间，则是无目的的。对此，他引用了格罗塞《艺术起源》一书的材料，又分析了中国古代如周朝的《武》乐来说明他的观点。

蔡元培根据人的生命本身来立论，认为舞蹈不仅是"最有影响的"艺术，而且是各门艺术的中心，是进化的出发点。由此生发出动与静的两大类艺术。其顺序如此：静的艺术是人身装饰——图案——雕刻——图画——建筑；动的艺术是抒情诗——演戏——史诗——文学。与此同时，各门类艺术也由低级逐渐向高级进化。他认为，艺术的进化遵循着从个体到社会、从自私到为公、从有目的到无目的、从简单到复杂、从附属到独立的发展过程。随着历史的发展和社会的进化，美的普遍性越来越明显。蔡元培论述的这种美的"进化公例"就是美的发展的普遍规律。他认为美的进化与社会的进步是密切相连的。能使私美变为公美，才是美的目的。如果把美的东西放在家里，就失去了美的意义。因此，他热烈赞扬西方社会都市和公共场所的环境美化，严厉批判了封建社会旧中国的自私与落后。这都是他进步美学观的反映。

5. 文艺的中西比较观

蔡元培对中西美学思想和艺术创作都有丰富的知识和极高的鉴赏力。在他的许多文章或讲演中进行了中西审美精神、艺术风格和民族特征的比较，比较早地涉及比较文学和比较美学的思想和方法。

蔡元培认为，从美的两大分类来看，"我国文学美术，皆偏于优美一派,而鹜重神秘之风甚少。欧人中近此者为拉丁民族,而法人尤其著者"①。又说:"现今世界各国,拉丁民族之性质偏与美,而日尔曼民族之性质偏于高。……凡民族性质偏于高者,认定目的,即尽力以达之,无所谓劳苦,无所谓危险。……凡民族性偏于美者,遇事均能从容应付,虽当颠沛流离之际,决不改变其常度。……此可以见美术与国民性之关系。"② 他认为审美精神决定了艺术创造,艺术创造又塑造了国民性,一定的国民性又追求着一定的艺术风格。如他论述了中国古代绘画、雕塑、文学、建筑方面与其他民族相比较的审美特点及其艺术风格的独特之处。他说:

> 中国之画,与书法为缘,而含文学之趣味。西人之画,与建筑雕刻为缘,而佐以科学之观察、哲学之思想。故中国之画,以气韵胜,善画者多攻书而能诗。西人之画,以技能及意蕴胜,善画者或兼建筑、图画二术。而图画之发达,常与科学与哲学相随也。③

蔡元培分析了中国建筑的特点,认为"我国建筑,既不如埃及式之阔大,亦不类峨特式之高骞,而秩序谨严,配置精巧,为吾数千年来守礼法尚实际之精神所表示焉"。

蔡元培分析了中国雕塑的特点:"自如来坦胸,观音赤足,仍

---

① 《蔡元培先生全集》,台湾商务印书馆1968年版,第940页。
② 《蔡元培全集》第3卷,中华书局1984年版,第3—4页。
③ 蔡元培:《华工学校讲义》,载《蔡元培先生全集》,台湾商务印书馆1968年版,第244页。

印度旧式外，鲜不冠服者。西方则自希腊以来，喜为裸像；其为骨骼之修广，筋肉之张弛，悉以解剖为准。"

蔡元培还认为，中国的文学从造句开始，"必依傍前人"，以后才可变化；哲学初始也是以"前贤之思想为思想"，以后才渐渐发展出新思想；中国人重道德，"道德自模范人物入手"，由于三个方面的影响，中国的美术也不能独立发展。他认为"我国尚仪式，而西人尚自然"，所以中国人的审美精神受伦理道德的束缚严重，陈陈相因之风甚浓，而西方的文艺往往以自然科学和哲学为理论基础，多自由创造。由于中国的文学艺术"不得科学之助"，所以发展缓慢，到了20世纪初便停滞与蜕化了。

20世纪头20年间，中国美学开始形成，逐渐被社会接受，并将美育列为一项重要的教育方针，开辟了美学的新面貌。梁启超、王国维、蔡元培是这一时期的三大美学家。他们根据所处时代提出的要求，由于个性的差异，表现了不同的审美精神的价值取向。梁启超用美学精神作为启蒙的工具，为他倡导的改良主义呼吁；晚年他走向超脱，想从佛、儒等思想中开辟出一种美学精神。王国维则建立了美学的第一块界碑。他以自己的人生悲剧，表现了一种社会悲剧，探讨了中国文学中的悲剧；他受到了德国古典美学的影响，介绍了独特的超出中国古典美学体系的新的美学精神；他又回过头来去钻研中国古典文学和艺术，企图建立一种超功利的评判标准；他融合中西文化，走向独立的探讨，但从灵魂深处，仍表现了对中国传统美学的深深眷恋。蔡元培则受到了西方的正规教育，并搬到中国来，试图以美育救国，发扬了启蒙美学的精神。然而，梁启超失之在"躁"，总想使美学成为他改良的工具，是传统"文以载道"的现代翻版,尽管在其晚年略有变化;王国维失之在"悲",他的悲观主义毁了他自己,没能在美学的探索中坚持到底;蔡元培失之在"平",他为公务所困,只能对美学做普及层次的演讲介绍,没有沉下心来建立理论体系。当然,20世纪初的历史巨变,使美学家们在时代的沉浮中做着美学的工作,不可能在美学的萌芽时期就已长成参天的大树。但如果没有他们的开拓,也就没有以后美学的兴旺发达。

我们着重论述了三大美学家,并不是说这一阶段没有其他的美学家,或其他一些重要的美学思想。相反,其他的美学思想也是很丰富的。例如康有为为"人的解放"而做的呐喊,对中国文字、书法美所做的论述;严复关于美和美术名理的思考以及典型论思想的萌芽;陈廷焯、况周颐、陈衍等人对诗歌美学的论述;刘师培对文学的起源和流变的论述及地理环境和文学发展趋向的研究;林纾对小说本性真、善、美的看法以及他的中西文学比较的观点,对喜剧性风趣的论述;吴梅的戏曲本色之美的观点;章炳麟关于美和情感的逆向性的思考,对文学和社会生活关系的看法;柳亚子"慨当以慷"的美学追求,对"南社"内外的文学批评等,都显示出20世纪初第一阶段美学精神的宏伟轮廓,只是我们限于篇幅,无法一一展开论述。

此外,鲁迅早期在《摩罗诗力说》《文化偏至论》《拟播布美术意见书》中所表现出的美学思想,已成为五四运动狂风暴雨的一部分。胡适和陈独秀发起的由改良到革命的文学运动,从语言形式入手,从人们掌握世界和表现世界工具的语言上打开了一个缺口,彻底抛弃了中国传统儒家美学的理想,在社会转型时摇旗呐喊,为五四新文化运动做出了贡献。李大钊、陈独秀等首批马克思主义者，则在呼唤新时代的一种博大精深的、富有战斗性的崇高精神。时代在新与旧、动与静、美与高、生与死的激烈搏斗和震颤中，在为了理想而奋斗的苦痛和悲剧向崇高的快感转化中，展现了一个新时期的美学精神的分化与裂变、重组与结合。

第四章 探索与兴盛

20世纪初期虽然美学就被引进中国，但由于封建专制主义及其复辟势力的阻挠，西方美学思想的传播只在少数时代精英中进行，美学学科的建设还比较缓慢。五四新文化运动的兴起，有力地促进了美学思想的深入传播和美学学科的发展，从而形成了20世纪20年代到30年代中国美学发展的黄金时期。一方面，这一时期根据现实审美精神发展的时代需要，产生了重写实与重理想的文学观，形成了"为人生的艺术"与"为艺术的艺术"的不同的审美理想。另一方面，涌现了一批专门从事美学的介绍、研究和理论建设的美学家，他们写出了20世纪中国美学史上的首批有影响的著作，美学学科便真正建立起来了。这一时期在美学的价值取向上也呈百花齐放的局面，不少美学家从自己的阶级、人生以及兴趣爱好出发，建构自己的美学体系。思想的交锋在所难免，其影响到新中国成立后的美学大讨论及中国美学学科理论的体系。一批美学家在引进西方美学的同时，也对中国古代美学精神中的精华加以吸收整理，以西方美学理论作为参照系,重新审视和评价了中国的美学精神,为建立中国特色的美学理论做出了重要的开拓。

一、美学启蒙与文学革命

美学一开始引进中国便带有启蒙的性质,经过早期美学家的弘扬,产生了潜移默化的作用,终于引出了新文化运动。1915 年陈独秀创办《青年杂志》(从第 2 卷开始改名为《新青年》),开始了对封建主义旧文化的猛烈批判,揭开了新文化运动的序幕。1917 年蔡元培任北京大学校长,迅速整饬了旧北大,以科学民主思想扫荡了这块阵地上的封建主义余毒。他提倡新式教育,招揽新人,巩固了阵地,为新文化的勃兴和美学思想的传播做出了贡献。

1916 年胡适从国外给陈独秀写信,提出"文学革命"的"八不主义":不用典,不用陈套语,不讲对仗,不避俗字俗语,须讲求文法,不无病呻吟,不模仿古人,须言之有物。[1] 1917 年 1 月,胡适应陈独秀之约又"衍为一文"——《文学改良刍议》,在《新青年》上发表。为便于多数人接受,改"文学革命"为"文学改良"。接着陈独秀更以坚决的精神提出了"文学革命"的"三大主义":"曰,推倒雕琢的、阿谀的贵族文学,建设平易的、抒情的国民文学;曰,推倒陈腐的、铺张的古典文学,建设新鲜的、立诚的

---

[1] 胡适:《寄陈独秀》,载《胡适文存》第 1 集,远东图书公司 1979 年版,第 3 页。

写实文学；曰，推倒迂晦的、艰涩的山林文学，建设明了的、通俗的社会文学。"①"文学革命"的大旗打出后，很快引起了文化界、学术界的反响。胡适、陈独秀提倡写实的文学，以此反对旧式的和骗的造假文学。周作人受西方人道主义的影响，从人性论出发提倡"人的文学"，以此反对封建的"非人的文学"。②再加上钱玄同、刘半农、傅斯年等人的推波助澜，很快形成了一股巨大的浪潮。

"文学革命"是从提倡"白话文"开始的。过去对白话文运动的评价不是很高，认为它是一种形式主义的提法。我们认为，白话文运动的成果，使中国人的文学语言发生了真正的革命，其对20世纪中国审美精神的影响比任何力量都更加巨大。按20世纪西方盛行的语言分析哲学来看，语言是人类掌握世界的一种方式，是表现世界的工具，客观的实在和人的思想，都是以语言的方式存在着。因此，白话就不仅仅是一个形式的问题，而是一个本体的问题。正是在语言革命上，才刺痛了一些中国封建旧文人的保守思想，文言与白话之间曾展开过激烈的论争。正是语言的变革，才使人们重新来评价传统上用白话文写成的被旧文人视为"俗"文学的传统小说，如《水浒传》《三国演义》《西游记》《红楼梦》等。这样，才有为通俗文学正名的可能，使那些过去不登大雅之堂的戏曲家、民间艺人、民间文学形式才有了存在的合法性，并以表现人民群众的实际生活，以老百姓喜闻乐见的文艺形式而显示出一个时代的审美精神。王国维评论《红楼梦》、研究戏曲史；鲁迅为中国小

---

① 陈独秀：《文学革命论》，《新青年》第2卷第6号，1917年2月。
② 周作人：《人的文学》，《新青年》第5卷第6号，1918年12月。

说作史；郑振铎为中国俗文学作史正名；新涌现的文学家，以白话作为工具创作了大量的通俗易懂的小说；白话诗运动的兴起和实绩，都表现了语言的革命给时代美学精神带来的巨大变革。文言文背后代表的是封建正统的思想，脱离平民百姓的美学思想，是封建文人的权力话语，是他们垄断思想文化的工具，是进身扬名的敲门砖。文言文被白话文取代，在一个大的背景下便是中国旧的美学理想的衰落。白话文代表了一种新的时代思想，是平民百姓认识世界、表现思想的工具。白话文的胜利，实际上是平民权力话语的胜利，使他们有了用自己的话语来表现自己思想、情感的渠道，是他们知识价值的解放。

白话文的后果来自两个方面：一是对传统的白话文学、俗文学的重新评价，为它们赢得了价值上的经典地位。如《红楼梦》《水浒传》等小说，过去被视为"诲淫""诲盗"，现在成了民主精神的佳作，恢复了其历史的真面目。二是白话文杂志风行一时。文学家改用白话来写作，民族的精神为之一变，清新、通俗、写实，有什么想法便平铺直叙，率直、真诚、平易。以后白话文终于取得了合法的地位，使中国人在20世纪为自己找到了一种明白畅晓地表达感情的工具。这也是美学启蒙所取得的成果之一。

可以被领悟的存在是语言。哲人如是说。

语言破碎处，世界不复存。诗人如是说。

一切冥思的思是诗，一切诗作是思。思想家如是说。

当20世纪语言哲学对人类语言的阐释和人与人的世界及表现相连时，我们借此看到了20世纪中国白话文运动的审美本质的内涵。

"文学革命"、白话文运动导致美学精神的转变表现在三个方面:

一是用"写实主义"代替"古典主义"。按"文学革命"者的理解,古典主义就是不反映现实而专写历史、不进行创造而专门模仿古人、不注意内容而片面讲究形式,因此形成了一种虚伪的文学。"文学革命"者要求的文学是"为社会写实的文学"①。他们一致把文学纳入"美"的范畴,如蔡元培称文学为"美术文",梁启超称诗歌、民谣为"美文",刘半农说"文学为美术之一"②。胡适也说:"语言文字都是人类达意表情的工具;达意达得好,表情表得妙,便是文学……第一要明白清楚,第二要有力能动人,第三要'美'。"③

二是用悲剧感批判大团圆思想。写实主义要求直面惨淡的人生,看到人生的悲剧性。王国维在评《红楼梦》时,便指出中国文学缺少悲剧精神,小说、戏曲都要来一个"大团圆"的尾巴,如《续红楼梦》《红楼圆梦》,等等。王国维以后,胡适、鲁迅、刘半农等人都批评了中国文学史上的团圆主义。胡适说:"中国文学最缺乏的是悲剧的观念。无论是小说、是戏剧,总是一个美满的团圆。"④ 鲁迅说:"撒一点小谎,可以解无聊,也可以消闷气。"⑤ 中

---

① 李大钊:《什么是新文学》,载《李大钊选集》,人民出版社1959年版,第276页。
② 《刘半农文选》,人民文学出版社1986年版,第1、2页。
③ 胡适:《什么是文学》,载《胡适文存》第1集,远东图书公司1979年版,第215页。
④ 胡适:《文学进化观念与戏剧改良》,载《胡适文存》第1集,远东图书公司1979年版,第151页。
⑤ 鲁迅:《且介亭杂文·病后杂谈》,载《鲁迅全集》第6卷,人民文学出版社1981年版,第170页。

国人大团圆的思想,是封建专制粉饰黑暗的一种手法,是无耻文人献媚的一种方式,是国民麻痹自己的自欺。因此要有悲剧精神来改造这种薄弱的国民性。鲁迅说:"悲剧将人生的有价值的东西毁灭给人看。"美学精神中悲剧感的传播和弘扬,对文艺创作产生了巨大的影响。如鲁迅在小说中对"小人物悲剧"命运的揭示;郭沫若对历史悲剧人物的赞美;茅盾对民族资产阶级悲剧性格的塑造;巴金、曹禺对封建大家庭时代悲剧的刻画;老舍对市民悲剧人物的描绘,等等。悲剧的崇高美取代了传统大团圆的审美观,为中国新文学展现了新的美学精神。

三是批判"文以载道",走向美学的自觉。中国传统美学要求"文以载道",文艺成了统治阶级的工具,毫无独立可言。美学思想的传播,动摇了这种观念。王国维要求文艺要"超道德政治"而"独立";蔡元培提倡美的超脱,批判把教育纳入政治轨道,要求教育也要"独立"于政治之外。傅斯年、刘半农、郑振铎等人也认为文学属于美的范畴,因而坚决反对"文以载道"。沿着这种精神走下去,在美学领域便掀起了美学学科建设的热潮,在创作领域便出现了各种文学杂志、文学社团的成立。在创作上出现了不同风格、流派,有不同审美倾向的文艺作品呈现大丰收。

在众多的文艺团体中,"文学研究会"和"创造社"是成立早、活动久、人员多、影响大的两个社团。"文学研究会"的审美理想是"为人生的艺术","创造社"的审美理想是"为艺术而艺术"。这两种看上去不同的美学观在20世纪20年代展开过激烈的交锋,影响波及20世纪三四十年代。有人把这两种观念看成水火不容、势不两立,实际上远不是那么一回事。在反对封建专制、张扬科学民主精神方面，两者仍是相同的。以后他们都走向一条革命文学的道路，成为"左翼"作家的重要成员便是明证。但在理论的来源、借鉴外国的文艺、表现思想的手法、艺术的趣味、文艺的价值观等方面表现了不同的美学精神的追求。"为人生的艺术"，更多继承了梁启超开辟的启蒙观点，要用文艺表现人生、改造人生，遵循的是自然主义、写实主义以及"人种、环境、时代"决定论的那一套。这种观点无疑对反映现实、唤醒民众起到了重大的作用。"为艺术而艺术"，则继承了王国维、蔡元培的超脱的审美观，受到西方浪漫主义思潮、唯美主义、感伤主义的影响，想把文学从"文以载道"的旧模式下解放出来，成为抒发个人情感、张扬个体灵性的工具，其反封建性也是很明显的。当他们想以纯文学来表示另一形式的启蒙时，往往在现实面前碰壁，于是他们便一转而鼓吹"革命文学"了，可见他们根本不能永远待在"象牙之塔"里。

　　为人生和为艺术本来应合理地结合在一起，但在拉开阵地的相互敌视中好像两者成了完全对立的美学精神，非此即彼的选择态度导致了过多的误解。实际上两者不仅相互对立，而且又相互补充。梁启超当时就指出："人生目的不是单调的，美也不是单调的。为爱美而爱美，也可以说为的是人生目的。因为爱美本来是人生目的的一部分。诉人生苦痛，写人生黑暗，也不能不说是美……像情感怎么热烈的杜工部，他的作品自然是刺激性极强，近于苦叫人生目的的那一路。主张人生艺术观的人，固然要读他，但还要知道，他的哭声，是三板一眼地哭出来，节节含着美。主张唯美艺术观的人,也非读他不可。"① 梁启超注意到了两个方面,意见是较中肯的。黄忏华在他的《美术概论》中,对"艺术的价值"和"社会的价值"进行了探讨,认为两部分合起来形成的"文化的价值",才是审美精神中最重要的部分。② 李安宅在 20 世纪 30 年代的《美学》中,也认为艺术与人生不能分离,科学和功利是为了实现"美的境界""美满生活""艺术生活"的目的和手段。③ 朱光潜则倾向于把两者统一起来,提倡一种"人生的艺术化",对"实际人生"保持一定的超功利的"心理距离"。④ 蔡仪则比较倾向于"为人生的艺术"论,但也认为不能"疏忽了艺术所以为艺术的特点"⑤。他们都在不同的方面,企图纠正两种对立观点的不足。

二、移花接木:建设中的中国美学

20 世纪初西方的"美学"被引入中国,起到了思想启蒙的作用。当时美学思想是整个社会转型的一部分,引进者更多重视的是它的社会功能,因此介绍是广泛的,又是不成体系的。到了 20 世纪 20 年代后期,这种情况有了改变。不仅美学的介绍增多,美育

---

① 梁启超:《情圣杜甫》,载《饮冰室合集》文集第 13 册,中华书局 1941 年版,第 35 页。
② 黄忏华:《美术概论》,商务印书馆 1927 年版,第 91、93 页。
③ 李安宅:《美学》,世界书局 1934 年版,第 8 页。
④ 朱光潜:《谈美》,开明书店 1932 年版,第 127 页。
⑤ 蔡仪:《新艺术论》,载《美学论著初编》(上),上海文艺出版社 1982 年版,第 174 页。

被作为教育方针而被推广，运用西方美学观点来指导创作实践取得了成绩，而且美学的学术研究也得到迅速的发展。中国美学走向了学科建设的道路，涌现了一批较有影响力的美学家，出版了一些系统的美学论著。

20世纪20年代，影响中国美学思想发展的美学家，除了康德、叔本华、尼采、席勒、黑格尔之外，欧美和日本的一些现代美学观点也被广泛地介绍到中国。如立普斯的"移情说"，克罗齐的"直觉说"，厨川白村的"苦闷的象征"，等等。

早在1915年，徐大纯在《东方杂志》上就发表了《述美学》一文，从学科的角度介绍了美学的基本问题、对象、范畴等；钱智修在1914年发表过《笑之研究》《世界妇女美观之异同》；章锡琛在1916年发表了《笑之研究》的文章。在新文化运动的鼓舞下，大量的美学著作纷纷出版，涌现了一批美学家。对外国美学著作的翻译，最早的是刘仁航的《近世美学》，这是日本学者高小林次郎的著作，1920年由商务印书馆出版。全书分上、下编，10万余字，不仅介绍了从柏拉图、亚里士多德到黑格尔的美学发展的概况，而且介绍了一些中国人较少接触的美学家，如德国的哈特曼实验心理学的美学，介绍了"无意识"的范畴。这是中国人见到的最早的介绍西方美学发展史的系统之作。此后美学译著就渐渐多了起来了。

此时进行美学研究的除了梁启超、王国维、蔡元培以外，较有成就的还有吕澂、黄忏华、陈望道、范寿康、朱光潜、宗白华、邓以蛰、丰子恺等人。他们都在20世纪20年代就开始了自己的美学探索，对建设中国美学、传播西方美学思想，做出了重要的贡献。

蔡元培于20世纪初在北京大学首开美学课，但没有教材，他只好自己拟编写一本《美学通论》，但因工作繁忙，只写出了《美学的趋向》《美学的对象》两章便辍了笔。吕澂在1923年出版了20世纪中国最早的一本《美学概论》。这是他在上海美术学校、专科师范学校教授美学的讲稿。他还写了一本较通俗的小册子《美学浅说》，于1923年出版，向一般读者宣传普及美学知识。黄忏华1924年出版了《美学史略》，评述了西方美学从古到今的发展，比较早地系统传播西方美学。1927年他又出版了《美术概论》，对艺术的起源、创作冲动、艺术分类等问题进行了论述。20世纪20年代中期以后，立普斯的"移情说"对中国美学产生了影响，当时编写的几种教学用的美学讲义，都吸取了这种观点。较有影响的是范寿康和陈望道的《美学概论》，这两本题目相同的著作，都在1927年出版。范寿康的著作从"美的经验"出发，着重分析了"美的态度"、感情移入以及美的形式与美的观照等问题。陈望道的著作介绍了美的分类，确定了美学的研究对象，分析了审美的特征，还讨论了形式美的特征、美感及美的判断等问题。由于此时美育的推行和实施，还出版了几种美育方面的著作，如李石岑等的《美育之原理》（1925年），蔡元培等的《美育实施的方法》（1925年），太玄、余尚同等的《教育之美学的基础》（1925年）。与此有关的是美的人生观的问题。张竞生在北大讲课的基础上出版了《美的人生观》（1925年），论述了他提出的8个方面问题：美的衣食住、美的体育、美的职业、美的科学、美的艺术、美的性育、美的娱乐、美的人生观。徐蔚南出版有《生活艺术化之是非》（1927年），探讨了劳动美学、劳动与艺术的关系问题。他认为，生活这件事在世界上是少有的,大抵的人只是生存。只有自觉着生的意义,享受着生的欢乐,才配称为生活,因此要将劳动生活艺术化。书中较早地批判了资本主义的异化劳动,使人的创造性不能得到自由的发展,提出了"艺术的劳动化"的看法。这本书是受到日本的本间久雄等人观点的影响而作的。

通观这一时期的美学思想,显示了建设中的中国美学的系统结构,表现了建立美学学科的探索和努力。我们从三个方面略加概述:

第一,美学研究对象的确立。美学研究对象的确立,是美学学科建设首先遇到的问题,此时的美学家对此发表了自己的看法。吕澂认为:"美学虽不能囫囵的说研究美,又不能偏重的说研究美意识、或美术、或价值,都可以说研究'美的原理'。这种原理究竟是怎样的呢?依着理论的次序、自然要从美意识、艺术、价值各方面去分别才得明白。"① 他根据远近的美学发展的情况,把美学研究的对象概括成下列图表:

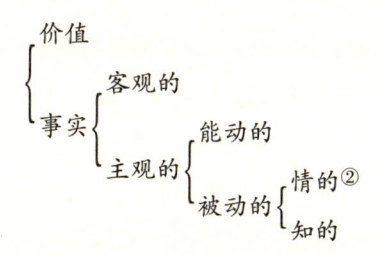

$$\left\{\begin{array}{l}价值\\事实\left\{\begin{array}{l}客观的\\主观的\left\{\begin{array}{l}能动的\\被动的\left\{\begin{array}{l}情的②\\知的\end{array}\right.\end{array}\right.\end{array}\right.\end{array}\right.$$

---

① 胡经之主编:《中国现代美学丛编(1919—1949)》,北京大学出版社1987年版,第3页。
② 吕澂:《晚近美学说和美学原理》,商务印书馆1925年版,第9页。

陈望道认为，西方把人的意识分真、善、美，这是哲学的处理方法，但美却不是抽象的，它只是自然、人体、艺术上存在的具体的东西。因此，"关于美的学问——即美学——的对象，共有（一）美，（二）自然、人体、艺术，（三）美感、美意识等三方面"①。因此，我们在研究美时不得不按西方近代对美学经典的划分来进行。他给中国美学规定了对象：美、美感、艺术、人体。

范寿康在《美学概论》中首先规定："美学乃研究关于人类理想之一就是美的理想方面的法则之科学。"② 他认为不能单以"艺术作品"四字作为美的对象，美的对象乃是由感觉的材料所构成的主观上的形象。徐庆誉在1928年出版有《美的哲学》一书，他认为美学涉及的范围很广，包括"美学""美术"与"美"三部分。③"美学"研究美学作为学科的发展历史；"美术"包括文艺美学、文艺社会美和文艺史的内容；"美"是对历代关于美的性质和特征的探讨。他阐明的是把美的因素和社会、人生、艺术结合在一起，以发挥美的启蒙作用。

第二，美与美感特征的认识。美与美感的问题是美学的中心范畴，是美学研究中首先要解决的问题。徐大纯在1915年的《述美学》中，就分析了美感与快感的关系，并把美分为5类；一曰纯美，二曰丑，三曰威严，四曰滑稽美，五曰悲惨美。王星拱在1919年的文章《科学的起源和效果》中认为有"物质的美"和"精神

---

① 《陈望道文集》第2卷，上海人民出版社1980年版，第7页。
② 范寿康：《美学概论》，商务印书馆1927年版，第8页。
③ 徐庆誉：《美的哲学》，世界学会1928年版，第5页。

的美"① 两种。王星拱代表了一种科学主义的审美观；范寿康则代表了人文主义的审美观。范寿康受到"移情说"的影响，认为"我们把物象引到美的评价和视野之内的时候，物象方才有美丑可言"。也就是说，美丑都是我们移情的结果，美丑都是一种价值，是一种感情移入上的价值。美感上的差别是一种评价的差别，是欣赏者的素质和经验的不同的结果。

第三，文艺美学的建设。随着新文化运动的推进，在美学学科蓬勃发展的形势下，文艺美学也取得了前所未有的发展和突破。许多美学家用美学思想来研究艺术，取得了新的成就。如黄忏华的《美术概论》（1927 年）、丰子恺的《美术教育 ABC》（1928 年）、徐蔚南的《艺术哲学 ABC》（1929 年）、柯仲平的《革命与艺术》（1929 年）、向培良的《人类的艺术》（1930 年）等。一些报刊还发表了许多这方面的论文。文艺美学研究的问题几乎涉及文艺的一切方面。如艺术与人生、艺术与文化、艺术的本质和特征、艺术的分类、艺术的构成、艺术的创造和艺术的欣赏与批评等文艺美学的建设，这成为 20 世纪中国美学建设的一个重要领域。

在这一时期，美学领域比较活跃，涌现出了不少美学研究者，其中影响最大的是吕澄。

吕澄（1896—1989），字秋逸，别号秋子，江苏丹阳人。他不仅是文艺史家、美学家，而且是著名的佛学研究专家，他的《中国佛学源流略讲》② 是这方面的名作。在 20 世纪 20—30 年代，他曾

---

① 王星拱：《科学的起源和效果》，《新青年》第 7 卷第 1 期。
② 吕澄：《中国佛学源流略讲》，中华书局 1979 年版。

系统地介绍过西方的美学,除了《美学概论》《美学浅论》外,1924年出版了《晚近美学思潮》、1925年出版了《晚近美学说和美的原理》、1931年出版了《现代美学思潮》,此外还著有《西洋美术史》《色彩学纲要》等。

在20世纪中国美学的进程中,吕澂的贡献是不可磨灭的。这种贡献表现在两个相互联系的方面:一是对西方美学思想进行了较系统的介绍;二是在此基础上提出了自己对美学的看法。

吕澂比他的前人介绍的西方美学思想,更加全面和系统。他对西方美学思想进行了纵向上的清理和横向上的归纳,使其展现为一个较为清晰的过程和理论构架,从而为促进中国的美学学科的建构做了基础性的工作。从时间上,他把西方美学划分为古典美学与现代美学。费希纳以前,从古希腊、罗马到鲍姆嘉通、康德、黑格尔为古典美学;费希纳以后的美学是现代美学。他介绍了近代西方美学的一些著名的学说,如马歇尔、桑塔亚那的"快乐说",鲍桑葵的"感情具象说",立普斯的"移情说",哈曼的"审美知觉说",克罗齐的"直觉说"以及柯亨、斐特罗、居约、希尔恩、格罗塞、孔恩等人的美学思想。他认为西方现代美学的特征是重视经验和科学性。经验的美学又分为主观的经验和客观的经验两种。这样,西方美学发展的大体轮廓就被他较清楚地描绘出来了,这比王国维、蔡元培等人的介绍要系统全面得多。

吕澂还对美学学科提出了一些基本的看法。在美的问题上,他持美的"移情说"和"美的态度说"。前者借鉴了立普斯的观点,后者选取了摩伊曼(Meumann)的观点。这是一种"心理学美学"的方法,主张美学应以美感经验为根本。他把重心理的"移情"和重社会的"态度"结合在一起加以发挥，最后归到艺术对人生和意义上。在美感的问题上，他区分了"美感"和"快感"的区别与联系，认为"感情移入"是美感产生的桥梁，是人的移情而使大理石雕像有了"生命"，这是一种纯粹的感情移入，不夹杂利害观念和抽象概念，所以美感是一种无概念参与的直觉活动。移情是一种"生命"现象，美感就是生命展开的快感，如果生命受到压迫，得不到顺畅自然地开展，那就是"丑"，我们便体验到痛感。他认为"人格"是判断美丑的标准；生命是人格的根底，而人格则是生命的升华。

吕澂在艺术论上也提出了自己的认识，探讨了艺术的性质、类别以及艺术和自然、艺术和人生的关系、艺术史研究等有关问题。他提出"从美感到创作"的理论，认为"美感是孕育，创作便是结果"，有美感不一定有创作，但艺术创作必须以美感为先决条件。艺术品的性质取决于创作的性质。古代的"模仿说"只有外形的意义，自康德以后，"创造说"渐成定论。创作属于个体生产，表现创作者的生命。创作者的个性又与社会性是相连的，不过这里的社会性不是社会影响的结果，而是个体创造的结果。在艺术史论方面，他主张研究艺术品的价值，而不是研究天才们的创作活动和表现的技巧与方法。在艺术的起源问题上，他对"游戏说""模仿说""情感表现说"不以为然，认为艺术起源于"美的创造冲动"。他还利用人类学的观点来研究原始艺术，认为原始艺术含有实用功利性，只是随着社会的进化，实用功利性渐失，才能有纯艺术的出现。

三、繁花似锦：艺术美学研究的兴盛

20世纪西方美学的传播，始终与中国的传统文艺结合在一起。美学作为一种启蒙的理论指导，一直在对文学艺术产生影响，反过来文学艺术的事实和经验，又验证和反作用于美学理论的建设。在引进美学的同时，人们就开始用美学的观点来解释、批评、指导文艺的实践。从梁启超的"两界革命"、王国维的文学批评、胡适的古典小说的考证、鲁迅的文学理论到朱光潜的诗论、邓以蛰的艺术美论、从"文学革命"到"革命文学"到《在延安文艺座谈会上的讲话》，都显示出一种把西方美学与中国的具体文艺结合起来的一种历史趋势。任何理论的引进、传播和吸收，都要以本民族的时代需要、文化需要为前提。

在20世纪30年代以前，中国人对西方的美学大体还在于引进、介绍、传播，处在学习、吸收的阶段。人们以西方作为参照系，认为中国的文艺必须"改良"或"革命"，才能适应不断发展的时代的需要，于是有诗界、小说界的革命，有话语的革命，有美术、戏曲的革命。这一时期，在理论上作为这种革命的指导原则的美学，或者是革命的理论概括和总结，或者是自身理论的建设，或作为工具来重新审视中国传统的美学遗产。到20世纪30年代以后，经过十几年的介绍、传播，西方美学的理论、方法、观念便在中国艺术研究领域开花结果了。20世纪30年代，中国艺术美学的研究无论在新的理论建设方面，还是在艺术史的研究方面，都取得了辉煌的成就。这种成就表现在三个方面。

其一是美学研究的深化。进入20世纪30年代以后，中国美学发生了重大的变化。西方的美学思想在中国形成了马克思主义和资本主义美学思想体系的对立和斗争。一批无产阶级的知识分子接受了共产主义的理想，民主统一战线开始分化瓦解，美学精神政治色彩逐渐浓厚，批评渐渐脱离美学而走向一种社会批评。同时，20世纪初期的浮夸、浅薄、消化不良也逐渐得到了纠正，到30—40年代终于涌现出中国美学的大家，产生了极有美学价值的论著。这一时期最有影响的美学著作有朱光潜的《文艺心理学》《诗论》等，还有宗白华《中国艺术意境之诞生》等一系列论文，邓以蛰的《书法之欣赏》和《画理探微》，也是此时很有价值的著作。他们的美学研究都起步于20世纪20年代，成熟于30年代。他们年岁相近，资历相同，都学贯中西，从各自的研究角度，丰富了20世纪中国美学思想。朱光潜侧重于介绍西方美学；宗白华、邓以蛰侧重中国传统艺术美学。李泽厚曾对朱光潜与宗白华进行过比较，他说："朱先生的文章和思维方式是推理的，宗先生却是抒情的；朱先生偏于文学，宗先生偏于艺术；朱先生是近代的、西方的、科学的；宗先生更是古典的、中国的、艺术的；朱先生是学者，宗先生是诗人……"[①] 当然，朱光潜也曾用西方的理论来研究过中国文艺中的美学问题，宗白华也曾介绍过德国古典美学以及近现代的西方文论。宗白华对中国古代的书、画、诗、音乐、建筑、舞蹈、戏剧

[①] 李泽厚：《走自己的路·宗白华〈美学散步〉序》，生活·读书·新知三联书店1986年版，第121页。

等都有精当的论述。邓以蛰主要在书法与绘画美学方面多有发挥。到此时，西方美学和中国艺术联姻，两者互相阐发，指导实践，开拓出了美学的新境界。此时美学思想的特点是：美学家从学科的角度坚持美学的超功利性，强调艺术、审美的独特性，但并不否认艺术、审美的道德价值，以及注重艺术与人生的关系。他们把中国传统美学和西方美学新观点进行融会贯通，建立了意境说的新理论，是王国维标榜意境理论的新发展。

其二是中国艺术史研究的开拓。在西方美学传播、扩展的同时，一些艺术史研究者开始自觉地运用新的审美观念来审视中国的传统艺术史，取得了重大的成就，特别是在美术史、绘画史的研究方面。20世纪20—30年代，关于中国艺术史、绘画史的著作出版了十几部，产生了很好的影响。如陈师曾的《中国绘画史》（1925年翰墨缘美术院出版）对"三代"至明清中国绘画史的发展做了初步的总结。滕固1925年著有《中国美术小史》（1929年商务印书馆出版），虽然篇幅不长，但观点和方法有独到之处。他以西方美学作为理论，用发展的眼光总结了中国艺术史的经验，在宏观上展现了中国艺术的发展过程。此书把中国艺术的发展分为四个时期：第一，生长时代；第二，混交时代；第三，昌盛时代；第四，沉滞时代。1933年，滕固又出版了《唐宋绘画史》（神州国光社）。此书写于1929年，是中国绘画"昌盛时代"的一部断代史。著名画家黄宾虹有《古画微》（1929年商务印书馆），潘天寿、俞剑华等出版了同名之作《中国绘画史》，还有朱杰勤的《秦汉美术史》（1934年商务印书馆），郑昶的《中国画学全史》（1935年中华书局），秦仲文的《中国绘画学史》（1933年立达书局），王钧初的

《中国美术的演变》（1934 文心书业社），史岩的《东洋美术史》（1936 年商务印书馆）等。这些著作的出现，表明到 20 世纪 30 年代中国美学研究已经和艺术研究、艺术批评相结合，并且逐渐走上较为成熟的阶段。这种成熟仅是在和 20 世纪初相比较而言的，其中借题发挥、零散感想式的研究也不在少数。"五四"以来，马克思主义学说逐渐产生影响，出现了尝试用唯物史观来写艺术史的学者，如李朴园的《中国艺术史概论》。

其三是艺术批评的深化。"五四"时期，中国美学界在反封建的问题上，结成了民主的统一战线，随着封建制度的崩溃，在中国走向何处去的十字路口上，初期的志同道合者产生了分化。马克思主义新美学开始诞生，并与资产阶级美学体系形成了对立和斗争。这种斗争有时是很强烈的，表现在文艺批评上则是阶级性压倒了审美性，实用性压倒了超脱性，社会性压倒了个体性。革命者从经济利益入手，主张现实主义的美学原则，讲究文艺的功利价值，因此倡导"革命文学"；一些超然的文人，主张在政治斗争中保留一份情趣和心中幻想着民主、自由、博爱的人文主义理想，认为文艺有自己的特殊地位，应与现实斗争保持一定的距离，从而在唯美主义的"象牙之塔"中体验着远离斗争中心的人生，如瞿秋白、鲁迅与"新月派"等展开的文艺斗争。这种斗争，一直持续到新中国成立以后。到了 20 世纪的后 20 年，在解放思想的新价值观面前，历史才得到较为客观的反思和评价。

四、铁与血铸就的灵魂：鲁迅美学精神概要

在20世纪的中国，鲁迅是以文学家、思想家著称于世的。他的文学创作，以深邃的思想、犀利的笔锋，展示了文学革命的实绩；他的杂文等文章中反映出的思想，无愧于一个伟大思想家的称号。鲁迅无心当美学家，但却翻译介绍了许多西方美学家的著作。在从事文艺活动的几十年中，他以不同的形式发表了自己对美学及文艺的看法。他的美学精神是和具体的文艺活动、文学论争或者文艺创作与批评密切相关的，具体、生动而实际。

鲁迅（1881—1936），浙江绍兴人，姓周名树人，字豫才。"鲁迅"是他的笔名。他出身于一个走向没落的官宦家庭，由小康而坠入困顿的生活经历，使他看透了虚伪的人性和人生，使他在世纪风云的变幻中，走向一条文艺救国和革命的道路。

鲁迅的美学思想从20世纪初产生，到他逝世的30年代的中期，经历了一个不断深化、不断变革的过程。他先是接受当时普遍流行的观点，张扬浪漫主义精

鲁 迅

神；后来进一步发展了早期启蒙者的思想，走向一条批判现实主义的道路；晚年则受到共产党的影响，接受了马克思主义，成为中国马克思主义美学思想的开拓者之一。鲁迅的美学思想极其丰富，我们仅就其中对未来发展有启示作用的谈几点看法。

1. 弃医从文，走向启蒙

鲁迅天资聪慧，性格倔强，从小就受到极好的教育，17 岁时就离家到南京求学，毕业后被官派到日本学医。在日本发生了一件事情，对鲁迅的一生产生了决定性的影响。一个偶然的机会，他从反映日俄战争的幻灯片上看到日本帝国主义屠杀为俄国做侦探的中国人，而围观的中国人表现出一种麻木不仁的状态。由于此事的刺激，使鲁迅"学医救国"的思想彻底崩溃，他认为对那时的中国人来说，最重要的不是强健他们的体格，而"在改变他们的精神，而善于改变精神的是，我那时以为当然要推文艺"①。鲁迅的这种思想是顺应了 20 世纪初中国美学潮流的。那时梁启超等人所鼓吹的"诗界革命""小说界革命"等，便提倡用新文艺来改造国民性，提倡启蒙精神。鲁迅在弃医从文后，从 1907—1908 年先后发表的《人之历史》《科学史教篇》《文化偏至论》《摩罗诗力说》，便表现了这种精神，启蒙的思想贯穿其中。

这一时期，鲁迅接受了进化论和尼采的"超人"哲学，并以此作为考察历史与现实、科学与文艺的思想武器；他批判重物质而轻

---

① 鲁迅：《呐喊·自序》，载《鲁迅全集》第 1 卷，人民文学出版社 2005 年版，第 439 页。

精神、重科学而轻文艺（审美）的偏颇；他倡导个性，批判扼杀个性的社会政治和传统观念。如他在《文化偏至论》中所说："诚若为今立计，所当稽求既往，相度方来，掊物质则张灵明，任个人而排众数。人既发扬踔厉矣，则邦国亦以兴起。"① 特别是《摩罗诗力说》，集中代表了鲁迅当时的美学观点。他推崇19世纪西方拜伦、雪莱等浪漫主义诗人的创作，目的是"立意在反抗，指归在行动"，他倡导一种浪漫主义反抗精神的"雄桀伟美"。受尼采的影响，鲁迅认为社会的改造不是依靠庸众盲目的行动，而是由少数的天才人物，洞察人生的真理，振臂一呼，应者云集。他认为"人心"比"物质"更重要，天才比众生更重要。于是他对中国国民精神和民族的劣根性进行了深刻的批判。他批判了中国人的守传统、不变革、内消耗、求中庸、信天命、爱虚荣、摆阔气等劣根性，目的是对他们启蒙，使他们觉悟。鲁迅以后在谈他为什么走向文学道路时说："说到'为什么'做小说罢，我仍抱着十多年前的'启蒙主义'，以为必须是'为人生'，而且要改良这人生。"② 在当时的美学思潮中，鲁迅是以"为人生的艺术"作为自己志向的，他从事文艺活动，是想以文艺来改造国民性，实现自己启蒙的理想愿望。

---

① 鲁迅：《文化偏至论》，载《鲁迅全集》第1卷，人民文学出版社2005年版，第47页。
② 鲁迅：《我怎么做起小说来》，载《鲁迅全集》第4卷，人民出版社2005年版，第526页。

2. 发扬真美，以娱人情

鲁迅想以文艺进行思想启蒙、唤醒民众、改革社会，但他不是以牺牲审美情感为代价的。恰恰相反，鲁迅清醒地认识到了审美中感情的重要性，认识到文艺中美的愉悦性以及美的超功利性在审美中的作用。鲁迅运用文艺来改造国民性，这无疑是有功利性的，但他认为这种启蒙精神要真正发挥作用，必须建立在美感的特殊作用的发挥上，要通过影响人的感情来达到这一目的。在《科学史教篇》中，鲁迅认为科学和文艺都不能偏至一极，而应该相辅相成。他说：

> 盖使举世惟知识之崇，人生必大归于枯寂，如是既久，则美上之感情漓，明敏之思想失，所谓科学，亦同趣于无有矣。①

所以，人类社会要有牛顿、达尔文那样的科学家，康德那样的哲学家，也要有莎士比亚、拉斐尔、贝多芬那样的艺术家。在《摩罗诗力说》中，鲁迅评述了19世纪浪漫主义的文艺思潮，认为艺术是超功利的，是以真美影响人的感情发挥作用的。他说：

> 由纯文学上言之，则以一切美术之本质，皆在使观听之人，为之兴感怡悦。文章为美术之一，质当亦然，与个人暨

---

① 鲁迅：《科学史教篇》，载《鲁迅全集》第1卷，人民文学出版社2005年版，第35页。

邦国之存，无所系属，实利离尽，究理弗存。故其为效，益智不如史乘，诚人不如格言，致富不如工商，弋功名不如卒业之券。①

鲁迅认为艺术是超功利的，但又绝不在衣食、宫室、宗教、道德之下，因为其可"涵养吾人之神思"，这又是一切功利活动无法比拟的，这正是文艺的"不用之用"。除此以外，鲁迅还论述了文艺的直觉性特征。他认为文艺可以"启人生之閟机，而直语其事实法则，为科学所不能言者"②。辛亥革命后，鲁迅追随蔡元培积极提倡美育，他在1913年撰写的《拟播布美术意见书》一文中仍认为："美术之中，涉于实用者，厥惟建筑。他如雕刻、绘画、文章、音乐，皆于实用无所系属者也。"③ 鲁迅超功利的美学思想，与王国维、蔡元培的观点属于同一思潮，认为艺术的目的在于其自身，其功利的目的，乃不期之成果。鲁迅说：

顾实则美术诚谛，固在发扬真美，以娱人情，比其见利致用，乃不期之成果。沾沾于用，甚嫌执持，惟以颇合于今日国人之公意。④

---

① 鲁迅：《摩罗诗力说》，载《鲁迅全集》第1卷，人民文学出版社2005年版，第73页。
② 鲁迅：《摩罗诗力说》，载《鲁迅全集》第1卷，人民文学出版社2005年版，第74页。
③ 鲁迅：《拟播布美术意见书》，载《鲁迅全集》第8卷，人民文学出版社2005年版，第52页。
④ 鲁迅：《拟播布美术意见书》，载《鲁迅全集》第8卷，人民文学出版社2005年版，第52页。

有人认为鲁迅在美的功利观上存在着矛盾，他们很难理解鲁迅作为一个思想启蒙者为什么还赞同"超功利"的观点。我们认为，鲁迅是从美的无实利的功利性上来论述美的非功利的，表现的是对"文以载道"的封建文艺观的不满，是对美的特征的深刻把握，是对美的特征的尊重，实际上是以美的非功利（非实用性）来实现他的文艺的功利性的。两者是完全统一的。鲁迅并不反对艺术的功用，甚至认为艺术的功用有三条：第一，"可以表见文化"，使古迹名胜、文治武功得以永驻；第二，"可以辅翼道德"，陶冶人的性情，提高人的境界，达到国家的安定；第三，"可以救援经济"，通过美育，提高人的创造力，以解中国经济困匮之难。鲁迅认为："美术之用，大者既得三事，而本身之目的，又在与人以享乐。"①在这个问题上，鲁迅和王国维的"超道德政治"而"独立"的观点有很大不同。正是沿这种思想走下去，即使到了20世纪30年代，鲁迅转变为一个功利主义美学论者，他也承认艺术"好玩"的合理性。

3. 苦闷彷徨与悲剧精神

五四运动前后，《新青年》成为鼓吹思想革命和文化革命的主要阵地。1918年鲁迅和李大钊等人一起参加《新青年》的编辑工作。此时，鲁迅的启蒙思想进一步发挥，他主要深入批判中国传统文化中所隐藏的国民精神的日益堕落。他由早期的倡导浪漫主义的

---

① 鲁迅：《拟播布美术意见书》，载《鲁迅全集》第8卷，人民文学出版社2005年版，第53页。

狂飙突进精神，转向介绍和实践批判现实主义的精神，大胆揭露和批判社会的病苦和黑暗，并以自己的创作和杂文，暴露了"上层社会的堕落和下层社会的不幸"。鲁迅的思想博大而精深，他的小说和散文，有着尼采式的愤懑、有着安德列耶夫式的阴冷、有着果戈理式的冷嘲与契诃夫式的幽默和讽刺。鲁迅从历史的脉搏出发，描绘了那个时代的风云，表现了一种伟大的历史真实的画卷。

新文化运动过后，社会更加黑暗，鲁迅的启蒙思想受到了挫折，曾深深陷入苦闷彷徨之中，在理论上开始了进一步的思索。现实的痛苦、个人的不幸、与西方现代主义哲学、文学的接触，使鲁迅此时的思想，具有了深刻的现代性。鲁迅个人的苦闷彷徨，表现的正是 20 世纪中国知识分子的伟大而崇高的悲剧性格。个体、社会、生命的意义何在，鲁迅一直在思索和探寻着。早期鲁迅曾接触到弗洛伊德的精神分析学、柏格森的生命哲学、法国的象征主义文艺理论，这些都构成了鲁迅思想中现代性的一部分。这种现代性的美学精神，在鲁迅接触到日本人厨川白村的美学著作后，得到集中的爆发。他不仅翻译了其代表作《苦闷的象征》，而且给予了更多的赞许。他概括了该书的内容：

> 至于主旨，也极分明，用作者自己的话来说，就是"生命力受了压抑而生的苦闷懊恼乃是文艺的根柢，而其表现法乃是广义的象征主义。"……
>
> 作者据伯格森一流的哲学，以进行不息的生命力为人类生活的根本，又从弗罗特一流的科学，寻出生命力的根柢来，即用以解释文艺，——尤其是文学。然与旧说又小有不

同，伯格森以未来为不可测，作者则以诗人为先知，弗罗特归生命力的根柢于性欲，作者则云即其力的突进和跳跃。这在目下同类的群书中，殆可以说，既异于科学家似的专断和哲学家似的玄虚，而且也并无一般文学论者的繁碎。①

厨川白村认为，现代人处于种种矛盾之中，精神与物质、理想与现实、个体与社会、灵魂与肉体等处于相互冲突的斗争中。人的心灵、欲望、理想、由于外界物质力量和现实的压迫与束缚，造成了人生的苦闷，如果把这种苦闷象征出来就是文艺。因此文艺是苦闷的象征，文艺的根源来自于内心的矛盾。要"象征"苦闷，必然要同社会发生矛盾、冲突，因此艺术家的创造需要有极大的勇气，来冲破种种束缚和限制。鲁迅之所以要在20世纪20年代译介这部著作，正在于鲁迅与此产生了强烈的共鸣。

五四运动后，鲁迅又经历了一次"有的高升，有的退隐，有的前进"的分化。曾悲歌慷慨为推翻清朝建立民国的年轻一代，曾振臂高呼科学民主而雄谈阔论的一代大多逐渐渺无声息，大多被那巨大的旧黑暗势力吃掉或"同化"掉而形成黑暗的一部分。"前进"能向哪里去？鲁迅一度产生了怀疑和苦闷。然而，很快便把这一切熔铸到优美的艺术作品中：

这以前，我的心也曾充满过血腥的歌声：血和铁，火焰

---

① 鲁迅：《苦闷的象征》，载《鲁迅全集》13卷，人民文学出版社1973年版，第17—18页。

和毒,恢复和报仇。而忽然这些都空虚了,但有时故意地填以没奈何的自欺的希望。希望、希望,用这希望的盾,抗拒那空虚中的暗夜的袭来,虽然盾后面也依然是空虚中的暗夜。

——《野草·希望》

新的生路还很多,我必须跨进去,因为我还活着。但我不知道怎样跨出那第一步。有时,仿佛看见那生路就像一条灰白的长蛇,自己蜿蜒地向我奔来,我等着,等着,看看临近,但忽然消失在黑暗里了。

初春的夜,还是那么长。

——《彷徨·伤逝》

鲁迅的苦闷和彷徨的心态,通过艺术形式被完全地表现出来。

鲁迅的批判现实主义还表现在他的悲剧精神中,提倡悲剧与写实主义是他遵循的美学原则之一。鲁迅说:"悲剧将人生有价值的东西毁灭给人看。"[1] "有价值"的东西就是英雄人物、好人好事、生命力等;"毁灭"就是失败、挫折乃至生命的死亡;"给人看"说明悲剧是一种具有形象直观的、能引起人同情与赞叹的艺术形式。从西方美学开始介绍到中国,启蒙者对中国"大团圆"的文艺传统都在进行批判。鲁迅等与王国维一样,对《红楼梦》的悲剧价值给予极高的评价。鲁迅对那种"歌颂升平,还粉饰黑暗"的

---

[1] 鲁迅:《再论雷锋塔的倒掉》,载《鲁迅全集》第1卷,人民文学出版社2005年版,第203页。

"瞒和骗"的文学进行了鞭挞,认为缺少悲剧不仅是中国文艺上的缺陷,也正表现着国民性的一种弱点,是腐朽、没落的思想在中国文学领域中的反映,是封建专制下某些文人士大夫滑头哲学和被扭曲的心态的表现。鲁迅说:

> 中国人的不敢正视各方面,用瞒和骗,造出奇妙的逃路来,而自以为正路。在这路上,就证明着国民性的怯弱,懒惰,而又巧滑。一天一天的满足着,即一天一天的堕落着,但却又觉得日见其光荣。在事实上,亡国一次,即添加几个殉难的忠臣,后来每不想光复旧物,而只去赞美那几个忠臣;遭劫一次,即造成一群不辱的烈女,事过之后,也每每不思惩凶,自卫,却只顾歌咏那一群烈女。仿佛亡国遭劫的事,反而给中国人发挥"两间正气"的机会,增高价值,即在此一举,应该一任其至,不足忧悲似的。[1]

鲁迅不仅提倡悲剧精神,而且在艺术中实践了悲剧精神。他的笔下,涌现了一个又一个的悲剧人物,从闰土、祥林嫂到阿Q的精神胜利法,从孔乙己、陈士成到吕纬甫的思想苦痛,展现给我们的是一个个"哀其不幸,怒其不争"的小人物的悲剧命运。不同于西方悲剧中的主人公大都是神、英雄、国王或才子佳人,鲁迅笔下的悲剧人物大都是有着想拥有人生最一般价值的"希望、幸福、尊

---

[1] 鲁迅:《论睁了眼看》,载《鲁迅全集》第1卷,人民文学出版社2005年版,第254页。

严"的小人物。鲁迅说:"人们灭亡于英雄的特别的悲剧者少,消磨于极平常的,或者简直近于没有事情的悲剧者却多。"① 鲁迅从普通的人生悲剧着手,批判了社会的悲剧,显示了他对悲剧人生的博大精深的认识和理解。这种悲剧的人生观和对人生悲剧的阐发,构成了鲁迅深刻、冷峻的艺术风格的内在审美特质,是20世纪中国美学精神的一部分。

4. 从进化论到阶级论

鲁迅的早期思想,是建立在进化论基础之上的,到了晚年,他接受了马克思主义,转到了阶级论的立场上去了。

鲁迅在20世纪初,就已通过赫胥黎的《天演论》,初步接受了进化论的思想。他从"物竞天择"的规律,联系到中国在世界激烈竞争中的命运,所以才不满于洋务派的只求船坚炮利的主张,倡导思想的启蒙;才批判中国传统文化的腐朽、没落和黑暗,提倡改造国民性;才提倡个性主义反对物质至上对人类精神的压抑。进化论给鲁迅社会变革的理想以极大的支持,使他相信将来必胜于过去,青年必胜于老年,相信进化就是发展,发展就是进化,所以他才以巨大的热情拥护和保卫一切新生的事物。但辛亥革命以后,到五四新文化运动的退潮,使鲁迅由失望而转入苦闷。鲁迅的思想经历了一个大的蜕变。

五四新文化运动以后,鲁迅开始了解和接触马克思主义,在现

---

① 鲁迅:《几乎无事的悲剧》,载《鲁迅全集》第6卷,人民文学出版社2005年版,第383页。

实斗争的教育下,他开始突破进化论的思想束缚,接受了阶级和阶级斗争的观点。在文艺战线,在思想领域,他开始和"新月派""民族主义文学""第三种人""自由人"等文艺派别进行论争,与"创造社""太阳社"进行争论。为了论争的需要,鲁迅开始研究和介绍马克思主义理论家的一些思想和美学观点。鲁迅由一个美的超功利者变为一个自觉的功利主义者的倡导者。1928 年和 1929 年,他先后译出了卢那察尔斯基和普列汉诺夫的《艺术论》,他深深感到:"以史底唯物论批评文艺的书,我也曾看了一点,以为那是极直接爽快的,有许多暧昧难解的问题,都可说明。"① 他开始用历史唯物主义和阶级分析的方法来考察文艺,进行文艺批评;并对自己从前所接受的美学思想进行了反省和批判,形成了真、善、美统一的美学精神。

鲁迅把真实性提高到艺术生命的高度,强调艺术家通过作家的真情实感,客观地反映现实生活。20 世纪 20 年代,鲁迅曾接受厨川白村《苦闷的象征》的影响,此时他开始批评厨川白村的一些理论。在创作上,他曾采取弗洛伊德的"性欲说"来解释文学和人的缘起,他认为弗洛伊德是吃饱撑的,"只注意性欲",而"食欲的根柢,实在比性欲还要深"。② 在此之前鲁迅强调文艺和政治的冲突,此时则强调文艺与政治的一致,强烈反对"超阶级""超政治"的文艺观点。

---

① 鲁迅:《致·韦素园·1928》,载《鲁迅全集》第 12 卷,人民文学出版社 2005 年版,第 125 页。
② 鲁迅:《听说梦》,载《鲁迅全集》第 4 卷,人民文学出版社 2005 年版,第 483 页。

鲁迅与梁实秋的论战，是20世纪中国文论史上一场最著名的笔墨官司，鲁迅批评了其超阶级的人性论，认为："文学不借人，也无以表示'性'，一用人，而且还在阶级社会里，即断不能免掉所属的阶级性，无需加以'束缚'，实乃出于必然。自然，'喜怒哀乐，人之情也'，然而穷人决无开交易所折本的懊恼，煤油大王那会知道北京捡煤渣老婆子身受的酸辛，饥区的灾民，大约总不去种兰花，像阔人的老太爷一样，贾府上的焦大，也不爱林妹妹的。"①

鲁迅关于阶级性的论述，在民族革命、革命战争年代是很需要的，但强调到唯一，也就极易走向绝对化，"不免失之于片面"②。鲁迅早年是反对"文以载道"的，后来成了一个"文以载道"说的倡导者，不过他载的是无产阶级革命之道。他公开宣称"无产文学，是无产阶级底一翼"，并提出"遵命文学"的口号。他说："不过我所遵奉的，是那时革命的前驱者的命令，也是我自己所愿意遵奉的命令，决不是皇上的圣旨，也不是金元和真的指挥刀。"鲁迅从早期尼采式的叛逆者，终于被历史的旋涡所同化，顺应了时代发展的潮流。

五、中国美学之父：朱光潜的美学道路

不可想象一个没有朱光潜的20世纪中国美学是什么样子。我

---

① 鲁迅：《"硬译"与文学的阶级性》，载《鲁迅全集》第4卷，人民文学出版社2005年版，第208页。
② 聂振斌：《中国近代美学思想史》，中国社会科学出版社1991年版，第254页。

们把他誉称为"中国美学之父"是基于如下的考虑：比起王国维、蔡元培，朱光潜不是最早介绍美学学科的人，但他却是终生执著地追求美，孜孜不倦地从事美学研究的人；比起最流行的美学理论，他的理论一直不被一般的群众所认识和理解，有时还遭到批判，但他却是思考美学问题最广泛、最深刻的人，在向21世纪的转折点上，更显示了他的理论的生命力；他不是介绍西方美学的唯一的人，但他译介的西方美学著作却是最丰富、最深刻、数量最多的人，没有他的译介工作，我们对西方美学的认识与了解肯定没有今天这样丰富。他对中国传统美学的认识可能不如一些专门家，但他却把西方美学和中国的传统美学紧密地结合在一起，融会贯通，并加以创造性的发挥，形成了自己独创的美学思想体系。他介绍、评价西方最深奥、抽象的美学理论时，却用极通俗易懂的文学语言向青年普及美学知识，教育青年用超然的态度来对待社会和人生，实行着另一种启蒙。总之，他研究美学时间之长，探讨问题之深入，理论建构之系统，著述、翻译之丰富，在20世纪中国美学发展史上是无人能与之相媲美的。

朱光潜和夫人奚金吾女士在伦敦

《朱光潜全集》书影，1987年版

1. 朱光潜美学的"三部曲"

朱光潜（1897—1986），字孟实，安徽桐城人。6岁起，他便在父亲指导下读"四书五经"及古典诗文，打下了扎实的国学基础。中学毕业后，他入武昌高等师范学校国文系就读，不久转到香港大学深造。1925年到英国留学。1929年又到法国留学。他从研究文学、心理学、哲学和艺术史，而走向研究美学。1933年回国后，曾任教于北京大学、四川大学、武汉大学。新中国成立后他一直在北京大学西语系任教授。曾担任中华美学会会长、名誉会长。

朱光潜的美学道路大体经历了三个阶段：第一阶段，认识论美学时期，时间大体从20世纪30年代至40年代末；第二阶段，实践论美学时期，时间大约20世纪50年代至70年代末；第三阶段，人论的美学观时期，时间为20世纪80年代前后。

（1）认识论美学时期。20世纪30年代初期，朱光潜先后出版了《文艺心理学》《谈美》《诗论》等著作。这些著作提出了朱光潜初期美学探索的思想框架。他从康德和克罗齐的形式主义美学始,经黑格尔、布拉德雷,逐渐演进至叔本华、尼采,并从尼采那里找到思辨的起点和理论的根基,以尼采的酒神精神与日神精神为依托,返回到康德、克罗齐、黑格尔、席勒、托尔斯泰。朱光潜更重视尼采的"悲剧"理论。他从美感经验入手,博采众家来建构他的美学体系。他以直觉说、移情说、心理距离说为基础形成自己的见解,认为美的产生或形成是由形象的直觉、感情的移入和心理的距离这三种人生经验协调而成的。他说:"世间并没有天生自在、俯拾即是的美,凡是美都要经过心灵的创造。"它是"情趣意象化或意象情趣化时心中所觉到的'恰好'的快感",是借物的形象来表现情趣。创作由情趣而意象而符号,欣赏由符号而意象而情趣。美的内容指情趣,美的形式指意象。所以,"美不仅在物,亦不仅在心,它在心与物的关系上面。"① 这种对美的界定,把美与美感看作是同一的,便是后来影响极大的主客观统一说。他又认为,美即指艺术的美,美是艺术的特点,艺术美是不同于自然美的。自然美一般指起于生理的快感,或起于实用的观念。自然主义和理想主义的错误就在于把艺术美与自然美混同起来。

(2) 实践论美学时期。新中国成立以后,朱光潜的美学思想遭到了批判,由此引发了一场美学大讨论。在这场美学讨论中,朱光潜的美学思想又有所变化。20世纪50—60年代,他对美学基本问题做了新的探索,认为"美是客观方面某些事物、性质和形状适合

---

① 朱光潜:《文艺心理学》,载《朱光潜美学文集》第1卷,上海文艺出版社1982年版,第153页。

主观方面意识形态,可以交融在一起而成为一个完整形象的那种特质"①。他明确提出美是客观性与主观性的统一,并且从"物甲物乙""审美活动的四因素论""艺术或美感反映的两阶段论"等方面进行了论述。他学习了马克思主义以后,即企图使自己的观点符合马克思主义美学的实践观,从而使美学走出早期认识论的圈子。20世纪60年代开始,朱光潜从翻译考德威尔的《论美》,认识到人的反应(包括科学和艺术在内)都是要解决人(主体)与环境(客体)之间的矛盾,要在环境中掀起变化,使它更符合于人的情感和愿望,所以是主客体的辩证统一。朱光潜又学习了马克思《关于费尔巴哈的提纲》以及《1844年经济学—哲学手稿》,他这时已经用"实践"的观点,以实践为中介把主客体连接起来了。他从"人的本质力量的对象化""自然的人化""劳动"及"劳动的异化"等方面来论证他的观点。

朱光潜提出,自然美是一种处于起始阶段的艺术美,是自然性与社会性的统一,是客观与主观的统一。艺术美是在这个基础上继续酝酿发展的结合。在运用"实践观点"解释美学问题时,他认为美不是孤立静止的物的属性,而是人在生产实践过程中既改变世界又改变自己的一种结果,是人对世界的一种关系,即审美关系。他认为劳动是一种艺术创造,美感与劳动一样具有社会性;对象的丰富性创造着人的感觉力的丰富性;艺术的掌握世界的方式是从实践

---

① 朱光潜:《论美是客观与主观的统一》,载《朱光潜美学文集》第3卷,上海文艺出版社1983年版。

精神的掌握世界的方式发展而来的。①

（3）人论美学时期。20世纪70年代至80年代末期，朱光潜的美学思想有了重大的变化。他进一步追溯实践观点的产生，结果追溯到受到马克思重视的维柯的《新科学》中，并致力于把这部论述人类诗性智慧及文化创造的巨著译成中文。他认为，"认识真理凭构造或创造"，你不创造你就得不出真理来，这就是后来说的"实践观点"。② 认识不仅来源于实践，认识本身就是创造或构成这种实践活动的，认识即实践。正如马克思所说："人类历史和自然界历史之间的差别要点在于人类历史是由人类自己创造的。"朱光潜吸收了文化人类学的一些研究成果，从人的生成、智慧的生成、人性的构造等方面提出了自己对美的看法。这种理论还是一个"假设"，需要进一步体系化，但历史没有给朱光潜留下更多的时间去进行创造了。从"实践"走向了"人"，在"作为人的整体说话"的命题下，他论述了四个相互联系的论点：人性论、人道主义、人情味、共同美感。

朱光潜认为美是一种价值，价值是对人而言的，因此研究美不能离开人。他认为马克思、恩格斯不但强调人与自然的统一、我与物的统一，而且也强调人本身全部身心各种"本质力量"的统一。他又根据《资本论》中对劳动的分析，重新研究和评价审美活动中的节奏感、移情作用、内模仿等心理和生理问题，指出形象思维的

---

① 朱光潜：《生产劳动与人对世界的艺术掌握——马克思主义美学的实践观点》，载《朱光潜美学文集》第3卷，上海文艺出版社1983年版，第281页。
② 朱光潜：《略谈维护对美学界的影响》，转引自宛小平、魏群《朱光潜论》，安徽大学出版社1996年版，第103页。

客观存在及其在文艺中的作用，主张从艺术的本质在于创造这一关键上来研究现实主义与浪漫主义的区别和结合问题。

总之，朱光潜美学的发展尽管可以分为三个阶段，但其精神的本质则没有什么根本的变化。从哲学的认识论上看，他是持"美是主客观统一"说的。他反复论证的直觉说也好，实践说也好，或者人论说也好，仍然是他这"一元"命题的形式化。我们看他的自我评价：1983年3月，朱光潜应香港中文大学新亚书院之邀赴香港讲学，在接受访问时说："我对主客统一的观点不但没有修改，而日益加强了。""我认为文艺是反映自然的，'自然'既包括了客观世界，也包括了人。我坚持这种看法，单枪匹马作战，持续了二三十年之久。"综观朱光潜新中国成立后的美学思想的逻辑演变，我们看到了他的美学总体构架没有改变，只是在内在的含义上有层次和内涵的不同。

朱光潜的美学思想极其丰富，对其全面地系统论述不是我们现在的任务。本书中仅就我们感到有意思的和能代表其特色的几个方面略加论述。

2. 日神精神与酒神精神

美学本来属于哲学的一部分，研究美学的人不能不同时研究哲学。朱光潜作为一个美学大家，他的哲学功底是十分深厚的，他的研究视野几乎辐射古代到近代西方的所有哲学大家。过去，许多人认为朱光潜主要是克罗齐式的唯心主义信徒，但朱光潜总结自己前半生的学术思想时，却认为自己是尼采的信徒。他说：

一般读者都认为我是克罗齐式的唯心主义信徒,现在我自己才认识到我实在是尼采式的唯心主义信徒。在我心灵里植根的倒不是克罗齐的《美学原理》中的直觉说,而是尼采的《悲剧的诞生》中的酒神精神和日神精神。①

朱光潜自白"心灵里植根"的不是克罗齐的直觉主义,而是阿波罗的日神精神和狄俄尼索斯的酒神精神。前者表现为梦、为静、为冷、为旁观者;后者表现为醉、为动、为热、为表演者。这两种精神构成了朱光潜求知的内在驱动力。一方面,他有理性的哲学兴趣,他喜欢柏拉图、康德、黑格尔、克罗齐等人的哲学思辨;另一方面,他对非理性的哲学也有极大兴趣,也喜欢叔本华、尼采、弗洛伊德的理论。

从朱光潜自己的表白去重新审视其美学思想,就会得出不同于以往认识的看法。他的整个美学框架是理性主义和非理性主义的奇妙的结合。克罗齐的直觉主义只是满足了他理性主义追求的一种欲望,是建立美学理论的一种要求。在对待艺术创作、艺术心理、审美经验等问题上,他又倾向于非理性主义。这是朱光潜对哲学的基本态度所决定的。他认为哲学以及其他学术的趣味不在结论,而在问题;不在于创立一个理论而放之四海皆准,而在于提出种种假设去解释问题。这是合乎整个西方哲学发展趋势的,是一种哲学上的知识论。他认为哲学已从古代对本体论的追根求源转向对知识本身

---

① 朱光潜:《悲剧心理学·中译本自序》,载《朱光潜全集》第2卷,安徽教育出版社1989年版,第210页。

是否可靠的认识论分析；近代西方哲学可以说是唯理派和经验论之间的冲突与调和；我们不能认识我们所不可认识的事物。从此出发，朱光潜认为哲学的核心问题就是消除"二元论"的麻烦。他借用休谟和康德哲学的遗产，对美及美感做了"经验"的分析，才有他的"物甲物乙"说。

从此出发，我们才能理解为什么朱光潜在爱丁堡大学留学时就写出了《悲剧心理学》；为什么朱光潜在《诗论》里用了很大的篇幅来说明自己的表现说和克罗齐的表现说有着分别；才能理解在1982年《悲剧心理学》译成中文出版时，他在《中译本自序》说的那些话。其中说到他为什么很少谈叔本华、尼采，竟在《西方美学史》中也没有涉及这两个人。他说："我有顾忌、胆怯、不诚实。"这说明朱光潜一直把自己心灵深处的非理性因素压抑着，没有让其大肆泛滥。

因此可以粗略地说，朱光潜的美学精神既包含着日神精神，也包含着酒神精神。在哲学上理性的成分重一点；在文艺理论和美学上，非理性的成分多一点。新中国成立前非理性的成分多些；新中国成立后理性的成分多些。由于他重视知识哲学，并不十分重视结论而重视问题；他想打破"二元论"的界限，而终于没有逃出"二元论"的框架。他的"主客观统一"说没有真正建立起来，却又提出了一个值得进一步深思的问题。

3. 美感经验的分析

在20世纪30年代，朱光潜的《文艺心理学》《谈美》等，是专门研究美学的著作。《谈美》是《文艺心理学》的缩写本。因此,《文艺心理学》一书,集中体现了朱光潜早期的美学思想。从总体上看,朱光潜是从美感经验来构筑他的美学体系的。他把康德、克罗齐、黑格尔、布拉德雷、叔本华、尼采的学说,都放在美感经验中加以验证。他以"艺术"来反证"美学"学科的存在价值,并综合了"移情""物我同一"、"心理距离"等,终于走上了一条"调和折中"的道路。

什么是美感经验呢?朱光潜接受了德国古典哲学把人的精神活动划分为知(科学)、情(文艺)、意(道德)三部分的观念,以及由知引出的近代哲学家将其分成直觉、知觉和概念三种区别,并将其简化为两类知识:直觉的为美学的,名理则为逻辑和认识论的(哲学)说法。因此,他认为美感的经验就是直觉的经验,而直觉的对象是形象。这样,美感经验就是形象的直觉。他说:"这种脱净了意志和抽象思考的心理活动叫做'直觉',直觉所见到孤立绝缘的意象叫做'形象'。美感经验就是形象的直觉,美就是事物呈现形象于直觉时的特质。"[1] 他认为美感经验的根本特点是无功利关系,不引起意志欲念的"无所为而为";它没有概念参与,也不受因果律的影响;直觉的结果是一种"孤立绝缘"的"意象",即形象,这是一个物我交流、独立自主的世界。朱光潜的这一规定,基本上是继承了康德、克罗齐等人的观点。同时,朱光潜又认为康德和克罗齐的观点太偏狭,因为一般人的美感经验同道德观念、科学概念、功利活动不能截然分开。所以他要用布洛的"心理距离"说来加以修正和补充。朱光潜说:"在我们看来,'心理距离'说

---

[1] 朱光潜:《谈美》,开明书店 1932 年版,第 10 页。

就提供了这样一个较广阔的准则。这种理论的一大优点是在象形式主义那样强调审美经验的纯粹性的同时,并没有忽视有利或不利于产生和维持审美经验的各种条件。"① 朱光潜修正了康德的超利害说,使那种绝对的超脱,变成有条件的了。他认为距离不能太远,太远使人无法欣赏;也不能太近,太近使人回到实用世界仍不能欣赏。

美感经验除了与对象保持"不即不离"的状态外,还与移情作用密切相关。移情作用是一种人的外射作用,即把人的情感性质、情状外移到物上面去,使本来无情的事物看上去有了人的情感性质,实际上是人"设身处地""推己及物"的结果。移情说的倡导者立普斯认为,移情作用就是一种美感经验。朱光潜不同意立普斯的观点,认为他夸大了移情作用,"移情作用与物我同一虽然常与美感经验相伴,却不是美感经验本身"②。

朱光潜同意尼采的观点:美学只是一种应用生理学。他介绍了近代美学史上生理学美学的一些观点,特别是谷鲁斯等的"内模仿"说,并对"移情"说进行了补充。他认为移情不仅要以观念为媒介,而且要有生理的基础。这种筋肉及器官的生理变化,不能不对美感经验造成影响。

为此,朱光潜批评了美感经验的几种流行的错误观点。这些错误观点包括:将美感与快感等同,将美感的态度和批评的态度混淆,将美感经验和名理的思考差序的混淆等。

---

① 朱光潜:《悲剧心理学》,人民文学出版社1983年版,第22页。
② 朱光潜:《文艺心理学》,开明书店1936年版,第52页。

朱光潜的探讨得出结论认为：美感经验是一种聚精会神的观照，是人对物的形象的一种直觉的活动，不含理智思考的过程，也不起意志和欲念的想法；要达到艺术的"物我同一"的境界，必须在观赏的对象和实际的人生之中辟出一条不即不离的适当的距离，太近和太远都不能进入欣赏；在聚精会神地观赏一个孤立绝缘的意象时，我们常由物我两忘走向物我同一，由物我同一走向物我交注，于无意之中以我的情趣移注于物，以物的姿态移注于我。在美感经验中，我们常模仿在想象中所见到的动作姿态，筋肉也随之发生生理的变化，即所谓内模仿运动。形象并非固定的，直觉就是凭着自己情趣性格突然间在事物中现出形象，并且创造形象，这就是艺术。形象的直觉就是艺术的创造，不仅创作是创造，欣赏也富有创造性。

4. 主客观统一的美学观

朱光潜美学是以主客观统一的观点而著名的。他的美学思想在新中国成立前后虽有些变化，但在这个本质问题上是没有改变的，在具体表述时则在不同的历史时期有不同的说法。

朱光潜在与蔡仪争论时，提出他的"物甲物乙"说。他认为物甲是自然物，物乙是一种知识形式，是"物的形象"。物的形象包含有人的主观因素，因而具有了社会性。这里的物甲，类似于康德哲学中的"物自体"，是不可知的，但朱光潜对此所论极少。物乙是受到人主观条件影响的，是反映美的对象。美的对象是物乙而非物甲。所以美是主客观统一的产物。朱光潜反对把美学仅仅看成认识论，也反对把美仅看成认识形式。他把"物的形象"不仅看作认识形式，而且看成劳动创造的产品，企图把美学从认识论引向"实践论"。

与此相关，朱光潜提出艺术或美感的二阶段。他认为，列宁的反映论，就探讨美学领域的美感生成来看，只实用于感觉的第一阶段，再往后则是正式的美感阶段，这是意识形态对美感的反映阶段，是艺术真正为艺术的阶段。

新中国成立后的美学大讨论，大家都把马克思主义作为自己的护身符，结果，在朱光潜看来就有必要搞清马克思主义美学的基本原则是什么？朱光潜认为有四点：（1）感觉反映客观现实；（2）艺术是一种社会意识形态；（3）艺术是一种生产劳动；（4）客观与主观的对立和统一。据此，朱光潜坚决反对仅把"美"看成是单纯反映客观事物本身的美的观点，在他看来，艺术只能是一种社会意识形态，是一定经济基础之上的社会生活的能动反映，这种能动性表现为艺术不仅要反映世界、认识世界，更重要的是要改变世界、创造世界，在改造世界的同时改造自身。到了后来，他则用马克思"人的对象化""自然的人化"来阐释这一看法。

朱光潜为自己确立的马克思主义的四条原则，本来可以当作一面镜子让大家对照反省，但原则毕竟是原则，在具体问题上还需要具体分析。这样，朱光潜便又提出了审美活动的四因素：（1）作为有生物机能的有机体的人（生理基础）；（2）作为有历史传统和社会意识形态的社会人（社会基础）；（3）作为单纯物质及其运动的自然事物（自然的自然性）；（4）作为具有社会意义和功能的自然事物（自然的社会性）。按朱光潜的观点，美是由这四因素紧密结合起来的，美学之所以错误百出、争论不休，多半是孤立和割裂其中的一两项而以偏概全的结果。朱光潜企图建立"两元论"的美学观，正如一些人指出的那样，实际上他的主客观统一说，"是统一于主观方面"的，更强调"我自体"和"意识形态"的原因和动力的重要性。

5. 美学与人学

20世纪80年代开始的思想解放运动，给朱光潜的美学带来新的活力。这以后的论述，多集中于实践美学和人道主义问题。朱光潜通过维柯找到了上述两者的结合点，使美学与人学建立了联系。

朱光潜晚年之所以投入全部精力翻译和介绍维柯的《新科学》，一方面是为了重新清理他与克罗齐乃至延伸维柯美学的思想渊源关系；另一方面，维柯也是马克思佩服的一个思想大家。在朱光潜看来，实践观点最早是由维柯提出来的。维柯从原始人的思维智慧推导出人类文化及知识的起源，开辟了人类学美学的新道路。美学不能囿于狭小的圈子，而要走一条宽广的道路。

通过研究维柯的著作，朱光潜在几种不同的场合提出了一个令人震惊的命题：维柯提出的"认识真理凭构造或创造"，你不创造你就得不出真理来，这就是后来所说的美学的"实践观点"。也就是说，人认识到一种真理，其实就是凭人自己去创造出这一真理的实践活动。因为认识的本原是一种诗性智慧的活动，而诗这个词在英文里是 Poetry，其原义正是"创作"或"构成"。人在认识到一种事物，就是在创造出或构造出该种事物，例如认识到神即创造出神，认识到历史事实即创造出历史。认识不仅是来源于实践，而且认识本身就是创造或构成这种实践的活动。认识并不是被动地让外界事物反映到人心里来，人心本身对认识还起着更重要的创造作用。从认识即实践这一基本原则出发，维柯达到了"人类世界是由人类自己创造出来的"那条基本原则。维柯在他的《新科学》中阐述了人的认识原是一种诗性智慧的活动，这就是一种形象思维，是人类最早掌握世界的一种方法。人类最初的文化，包括宗教、神话、语言乃至各种社会制度都是通过想象，即形象思维和模仿形成起来的。从人类的通史来看，一方面是人类创造的；另一方面又是自然的，也就是说它体现了各民族的共同人类、共同思想的共同习俗，是有规律可循的。朱光潜的这一工作，实际上是用人类学和文化学的视野把人的生成勾画出来，目的是从人的本质上来重新审视美学研究的基础，对建立在"反映论"基础上的美学起到釜底抽薪的瓦解作用。

作了这种基础性的纠偏以后，朱光潜的"主客观统一"的美论基础好像更牢固了。他围绕向"作为人的整体说话"的命题展开了美学与人学的探讨。20世纪80年代初他就冲破了一些禁区，对人性论、人道主义、人情味、共同美感进行了论述，使久已被悬置的"人"这一古老而又永恒的话题重返人间，引起了学术界和社会的普遍关注。

朱光潜认为，所谓人性，就是人的自然本性。他强调马克思说的"人的肉体和精神两方面的本质力量"便是人性。他对人道主义在西方的形成和发展进行了历史评价，突出了资产阶级的人道主义的核心就是提升人的价值，注重人的尊严，把人放在一个高于一切的地位上，赞扬人为万物的灵长。同时，他对马克思对人道主义的论述进行了发挥。他引用了马克思的话："社会就是人和自然的完善化的本质的统一体——自然的真正复活——人的彻底的自然主义和自然的彻底的人道主义。"共产主义的理想是"人是用全面的方式，因而是作为一个整体的人，来掌管他的全面的本质"。为此，朱光潜批评了"道学气"对文学艺术中的人情味及爱情问题的推崇；同时认为只谈美感的阶级性和社会性是不够的，还应该谈美感的共同性。他认为马克思不仅肯定了人类的物质生产和精神生产要符合"美的规律"，而且肯定了这两种劳动都发挥了人的肉体和精神方面的本质力量而感到乐趣，朱光潜认为这种乐趣就是美感。

朱光潜晚年将美学与人学相结合，使美学研究走出狭小的圈子，和广阔的文化学、人类学结合在一起，企图从历史的生成、现实的结构和价值的取向上建立一种更广阔、更有脱超意义的美学。这不仅对解放思想起到推波助澜的作用，而且预告了向21世纪转折时期中国美学的价值取向。朱光潜博大精深的美学体系，无疑是一笔丰厚的文化遗产，焕发出熠熠夺目的光芒。

六、散步者的美学：宗白华的美学思想

在20世纪中国美学精神的发展中，宗白华的美学思想有重要的地位。有人称他为"散步方法与散步学派"的美学，这一命名来自于宗白华一篇著名的论文《美学散步》。他在文章的"小言"中说：

> 散步是自由自在、无拘无束的行动，它的弱点是没有计

划，没有系统。看重逻辑统一性的人会轻视它，讨厌它，但是西方建立逻辑学的大师亚里士多德的学派却唤做"散步学派"，可见散步和逻辑并不是绝对不相容的。中国古代一位影响不小的哲学家——庄子，他好象整天是在山野里散步，观看着鹏鸟、小虫、蝴蝶、游鱼，又在人间世里凝视一些奇形怪状的人：驼背、跛脚、四肢不全、心灵不正常的人，很象意大利文艺复兴时大天才达·芬奇在米兰街头散步时速写下来的一些"戏画"，现在竟成为"画院的奇葩"。庄子文章里所写的那些奇特人物大概就是后来唐、宋画家画罗汉时心目中的范本。[1]

这段话可以看出散步者的美学追求，也显示出宗白华美学的特征。他研究美学，不是先建立哲学的大厦，然后不无牵强虚构地往里填东西；也不是仅从实验出发，来抽象出经验性的未必可靠的结论。他把自己的研究比作散步时在路旁折到的一枝枝鲜花，拾起的自己感兴趣的一块块燕石，放在桌上可以作为散步后的回念。宗白华是诗人，他的研究也是诗意的。他满怀着诗人的"诗性智慧"，在散步中发现了美，创造了美。

散步出智慧，散步出灵感，散步出学者，散步出健康，"散步"造就了宗白华美学的独特的学术风格和气质。散步学派是自由自在，无拘无束，寄寓于偶尔的直觉和奇异的发现；散步学派是超越逻辑的桎梏，在趣味和情思中达到完美的统一；散步学派是以主体

---

[1] 宗白华：《美学散步》，上海人民出版社1981年版，第1页。

的生命体验，去感应万事万物美的秩序，以诗化的语言和灵性去概括美的精神实质。它不是一种概念的逻辑，却是一种形象的逻辑；它不用理性来说明，却用感性来证明；它超越事物表面形式的特质，而直达中国人美感深层的体味；它需要散步者有中西文化的深刻的素养，更需要散步者有诗人的禀赋，或者散步者本人就要是一个诗人。散步中所遇到的景物，经过诗人的点化，瞬时便化为美学精神的表现，归结为漫漫美学长河中的浪花。

宗白华是哲学家、美学家，又是艺术家和诗人，他的散步美学成功了，给我们留下了弥足珍贵的美学遗产。

1. 走进美的意境

宗白华（1897—1986），原名之槐，字伯华，安徽安庆人。原籍江苏常熟，祖籍浙江杭州。宗白华是其1919年开始用的笔名。在20世纪初期的新文化运动中，他就成为中国知识分子中的佼佼者。年轻的宗

宗白华

白华在南京、青岛、上海等地求学时，便喜欢天空的白云和桥畔的垂柳，喜欢庄严伟大的佛理境界。开始研究哲学以后，庄子、康德、叔本华、歌德等相继在他的心灵的天空出现，在他的精神人格中留下了不可磨灭的印痕。在五四新文化运动中，他成了一个颇有影响的诗人兼哲学家。他要"拿叔本华的眼睛看世界，拿歌德的精神做人"。到20世纪30年代，他已经成为著名的美学家了。"唯美

的眼光""研究的态度""积极的工作"①，是他的人生准则。受康德、叔本华和实证哲学的影响，宗白华强调物质世界无时无刻不处在运动和变化之中，强调物质世界和感觉世界的相互依存，有以认识论代替本体论、以审美鉴赏代替审美本质探讨的趋势。宗白华在新中国成立以后，一直在北京大学哲学系任美学史教授。他一生信守着自己的生活准则，过着典型的中国知识分子的清贫玄远的生活。对他来讲名利都是"身外之物"，表现出一位美学大师"不沾滞于物的自由精神"。

宗白华出版的美学论文集有《美学散步》《美学与意境》等；翻译的著作有《判断力批判》上卷、《宗白华美学文学译文选》。《宗白华全集》4卷本由安徽教育出版社于1994年出版，收录了宗白华的全部著作和译文，给研究者带来了方便。

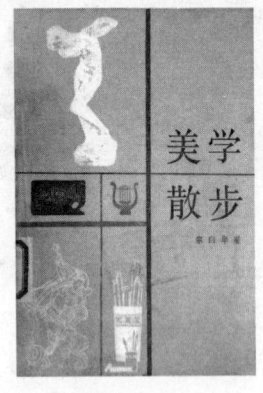

宗白华《美学散步》书影，1981年版　　《宗白华全集》书影，1994年版

---

① 宗白华：《美学与意境》，人民出版社1987年版，第22页。

在20世纪初期，宗白华就开始在美学园地里辛勤开拓了，他最大的贡献表现在对中国古典美学精神的开创性的研究和挖掘上。他在中西美学的理论、历史、范畴、艺术等的比较考察中，丰富和发展了中国古典美学思想，并建立了独一无二的中国美学体系。尽管他没有写下卷帙浩繁的美学史，但却以生动活泼的散步风貌，以充满诗意的个性化形式，以特有的宇宙观和民族意识，发掘了中国传统审美精神的深刻内涵，真正走进了中国艺术灵魂的深处。其思想博大精深，我们仅就其突出的要点加以详述。

在宗白华的审美分析和文艺批评中，意境是一个中心范畴，构成了他的美学思想的主干。他认为在人与世界的关系中，因关系层次的不同，有五种境界：功利境界主于利，伦理境界主于爱，政治境界主于权，学术境界主于真，宗教境界主于神。他指出："但介乎后二者的中间，以宇宙人生的具体为对象，赏玩它的色相、秩序、节奏、和谐，借以窥见自我的最深心灵的反映；化实景而为虚境，创形象以为象征，使人类最高的心灵具体化、肉身化，这就是'艺术境界'。艺术境界主于美。"[①] 因此，艺术境界就是美。宗白华从生命哲学出发，认为艺术境界的实质乃是人类的生命情趣的表现。其表现为形式，为节奏，本质上则是生命内核的运动的情调使然。艺术家以生命的情调化为心灵的激情而灵化自然景象，使自然变成灵境的世界，就是艺术的"意境"，它是对现实人生的精神化、理想化和美化。

---

① 宗白华：《中国艺术意境之诞生》，载《美学散步》，上海人民出版社1981年版，第59页。

构成意境的因素有二：一为情，二为景，情景交融乃是意境的最本质的关系。"景中全是情，情具象而为景，因而涌现了一个独特的宇宙，崭新的意象，为人类增加了丰富的想象，替世界开辟了新境，正如恽南田所说'皆灵想之所独辟，总非人间所有！'这是我的所谓'意境'。"① 构成意境的哲学概括的是主客体的和谐一致；"外师造化，中得心源"（唐代画家张璪语）是创造意境的条件；自然就成了"主观情思的象征""抒写情思的媒介""宇宙诗心的影现"。

与王国维把意境分为"有我之境"与"无我之境"不同，宗白华把其分为三个层次：情、气、格。"情"是心灵对于印象的直接反映；"气"是活跃生命的传达；"格"是映射着人格高尚的格调，是最高灵境的启示。相当于西方流派中的写实主义、浪漫主义、现代主义。中国的艺术境界，是这三个层次在时间和空间统一基础上形成的宇宙意识，是以有限来表现无限。

艺术并不是模仿自然，艺术是自然的实现。诗歌是艺术中的女王，抒情诗是抒发主观的情绪。艺术的最高表现就是美，就是"意境"。在中国艺术境界中，宗白华把"舞"作为其典型。他认为舞是自由而有韵律的流动，是"律动"，是生命最完美、最自然的流露，中国的所有艺术都追求舞动飞旋的境界。中国画要用飞舞的草情篆意谱出宇宙万形里的音乐和诗境；中国书法更有"龙飞凤舞"之空灵；敦煌的佛像总是在飞腾的舞姿中显容；就连庄严的建筑也

---

① 宗白华：《中国艺术意境之诞生》，载《美学散步》，上海人民出版社1981年版，第61页。

用飞檐表现着舞姿；就是诗也以飞舞的意象为最高境界。宗白华对"舞"的典型意境进行了概括："然而，尤其是'舞'，这最高度的韵律、节奏、秩序、理性，同时是最高度的生命、旋动、力、热情，它不仅是一切艺术表现的究竟状态，且是宇宙创化过程的象征。"①

2. 艺术辩证法初论

中国古代美学精神中，充满了丰富的辩证法思想。宗白华对这种思想多有阐发，并做了深入的论述。艺术辩证法就是不能把艺术仅仅看成孤立绝缘的静止的事物，而要在其矛盾的对立统一中去发现其产生、发展、创造的奥秘。在宗白华的美学中，许多看上去彼此对立的审美范畴，都在辩证法中得到了统一。如他对虚与实、"错彩镂金的美和芙蓉出水的美"所做的论述等令人耳目一新，受益匪浅。

宗白华在好几篇论文里论到虚与实，他认为："以虚带实，以实带虚，虚中有实，实中有虚，虚实结合，这是中国美学思想中的一个重要问题。"② 中国艺术虚实相生的美学观，是中国古代宇宙观的一个表现，也是阴阳哲学的体现。中国古代道家尚虚，要求在静观中体味万物；儒家尚实，修养到"充实之谓美"。但到了极致儒道而归一。空灵和充实是艺术精神的两元，空则灵气往来，实则

---

① 宗白华：《中国艺术意境之诞生》，载《美学散步》，上海人民出版社1981年版，第67页。
② 宗白华：《中国美学史中重要问题的初步探索》，载《美学散步》，上海人民出版社1981年版，第33页。

精力弥满。美感的养成在于能空,对物象造成距离,使自己不沾不滞,使物象得以孤立绝缘,自成境界。正如苏东坡所云:

> 静故了群动,空故纳万境。

艺术世界的构成有两种精神,一是梦,一是醉。这使我们体验到生命最深的矛盾。"悲剧"就是这壮阔而深邃的生活的具体表现,悲剧便是生命充实的艺术。西方人特别注重这一点,故出现了悲剧艺术家。在中国艺术中,虚与实的具体表现形态就是情与景、主观与客观的问题,这显示了艺术创作的奥秘就在于"化景物为情思"。艺术是一种创造,所以要化实为虚,把客观真实化为主观的表现。中国绘画在处理空间表现时,往往采取虚实相结合的方法,如"无画处皆成妙境"(笪重光《画筌》)。戏曲中也是如此,往往通过非实景的虚拟来传达精神。

在中国古代审美精神中,比较流行的分类是根据阴阳哲学把其分成阳刚之美和阴柔之美两大类。而宗白华则从表现形态、表现技巧的审美角度,把其分为"错彩镂金的美"与"芙蓉出水的美"两大类,这代表了中国审美精神中两种不同的审美理想。宗白华从纵横两方面进行了论述。所谓"错彩镂金"的美感,实际上就是华丽、绚烂而生的审美感受;所谓"芙蓉出水"的美感,是由清幽、自然秀丽而生的审美感受。宗白华更倾向于"芙蓉出水"的美感。他认为"绚烂之极归于平淡",平淡不是无味,而是如"玉"之美,内秀而含蓄。这与宗白华平淡朴实的人生追求是一致的。宗白华从中国艺术发展史上,论述了不同时代的不同美学理想,他既重视"芙蓉出水的美",也不否定"错彩镂金的美",正是在这对立统一中显示了中国艺术的精髓。

3. 比较美学的开拓

宗白华是20世纪中西比较美学的开拓者之一,他通过对中西美学、艺术精神的比较,发掘出中国古典美学的深刻内涵,揭示了中西艺术的不同的文化特征和艺术特征等。宗白华是学贯中西的大学者,对中西文化都有深入的研究和悟性,加上他诗人的气质和对艺术的敏感,使他的比较研究开拓出了新的境界。宗白华青年时就开始研究西方哲学,后来又留学德国,系统学习和研究德国的美学和哲学,他对西方文化体验至深。但他的学术研究、艺术批评的方向,却是在中国方面,他始终把西方的理论和中国的艺术实践相结合,来高扬中国的艺术精神。

宗白华的比较美学,有深厚的哲学、美学的背景,但他却不止于某一论点的论述上,他是从艺术的整体出发,以绘画作为中心切入点,然后把雕刻、建筑、诗词、书法等艺术联系在一起的。如在《论中西画法的渊源与基础》一文中,他对中西艺术做了比较,认为西洋文化的基础在希腊,西洋绘画的基础也在希腊的艺术。希腊民族是艺术与哲学的民族,而它在艺术上最高的表现是建筑与雕刻。希腊艺术取象自然,以逼真为贵,故艺术理论主张模仿自然。希腊以来的传统画风,是在一幅幻现立体空间的画境中描出圆雕式的物体,故重透视法、解剖学、光影凸凹的晕染。中国绘画的渊源基础却在商周钟鼎镜盘上所雕绘大自然深山大泽的龙蛇虎豹、星云鸟兽的飞动形态,它象征的是宇宙生命的节奏。它的笔法是流动有律的线条，不是静止立体的形象。中国圆雕艺术不及希腊发达，民族的天才往往借笔墨的飞舞，写胸中的逸气。中国画法不重具体物象的刻画，而倾向于用抽象的笔墨表达人格心情与意境。中国画像一种舞蹈，其精神与着重点在全幅的节奏生命而不沾滞于个体形象的刻画。中国画表现的不是客观的自然，而是参加万象之动的虚灵的"道"。因此，中西画法表现的"境界层"是根本不同的：一为写实的，一为虚灵的；一为物我对立的，一为物我浑融的。

宗白华在《介绍两本关于中国画学的书并论中国的绘画》一文中，从理论上对中西美学精神的差异做了很好的概括：

> 西洋的美学理论始终与西洋的艺术相表里，他们的美学以他们的艺术为基础。希腊时代的艺术给与西洋美学以"形式"、"和谐"、"自然模仿"、"复杂中之统一"等主要问题，至今不衰。文艺复兴以来，近代艺术则给与西洋美学以"生命表现"和"感情流露"等问题。而中国艺术的中心——绘画——则给与中国画学以"气韵生动"、"笔墨"、"虚实"、"阴阳明暗"等问题。将来的世界美学自当不拘于一时一地的艺术表现，而综合全世界古今的艺术理想，融合贯通，求美学上最普遍的原理而不轻忽各个性的特殊风格。①

---

① 宗白华：《介绍两本关于中国画学的书并论中国的绘画》，载《美学散步》，上海人民出版社1981年版，第122页。

因此,"中国的艺术与美学理论也自有它伟大独立的精神意义。所以中国的画学对将来的世界美学自有它特殊重要的贡献"①。宗白华比较了中西艺术的不同,指出了中国艺术精神的意义,经过半个多世纪的发展,当西方文化深深陷入危机,想从东方文化中找到一条拯救之路时,我们为宗白华的预言而感到振奋。

> 太阳的光
> 洗着我早起的灵魂。
> 天边的月
> 犹似我昨夜的残梦。②

宗白华的美学看上去很散在,但却有着宇宙生命本质的精神内涵。他的美学是他人格精神的表现,或者说他的美学不仅是一种关于宇宙、自然、人生、艺术的理性的学说,而且是他以审美的心态对待万事万物的心态的自然流露,是他对生命的诗意的直接阐释,因此才有独特的价值,历久而弥新,给我们启示,催我们自察而自新。

---

① 宗白华:《介绍两本关于中国画学的书并论中国的绘画》,载《美学散步》,上海人民出版社1981年版,第122页。
② 宗白华:《晨兴》,载《宗白华全集》第1卷,安徽教育出版社1994年版,第378页。

七、唯美的遁逸：自由主义美学思潮略说

美学本来就是一种研究感性的学说，经过德国古典美学的洗礼，美学作为一门独立的学科与真、善的区别便被提升到本质的高度，于是美的"非功利性"就成了美的重要的特征之一。20世纪初期，当美学作为一个学科被引进中国后，这一点得到了充分的肯定，从反封建、要求美的自觉来看都起到进步的历史作用。那种要求个性解放、张扬个性的呼唤和文艺作品，无疑对反封建起到积极的作用。到了"五四"以后，整个社会历史发生了翻天覆地的变化。革命的统一战线面临着分化。胡适那样一批具有现代精神的知识分子，沿着他们的目标不停地前进；鲁迅在苦闷彷徨了一阵后，终于成为一名文艺战线上的革命战士；共产党的"左派"则在要求文艺为革命事业服务上走得很远，成了一个时代的革命者的文艺思潮。但是，在政治中心的边沿，在斗争的旋涡的另一面，则滋生出一批自由主义的文学思潮。五四运动以后，从20世纪20年代到40年代，有不少艺术家和诗人高扬"美"的大旗，以自由主义者的态度，在"十字街头"建立起自己的"象牙之塔"，幻想以美的宗教来度过生与死之间的人生；以爱和欲的沉醉来麻醉自己的意志；以"颓加荡"的声色来享乐人生；在"花一般的罪恶"中走向"生之毁灭"。

长期以来，自由主义的文学以及形成的美学精神，因远离革命的实践，或者表现了个人主义的审美趣味，或者走上了唯美—颓废

的泥潭，而被批评为停滞、倒退、没落。对此，好像历史早已成了定论，许多人或他们的理论早已被遗忘。但在 21 世纪的转折点上，人们重新审视历史，才又忽然发现那些远离革命中心的资产阶级的文学思潮和美学理论，也有值得肯定的地方。他们关于美的思索，在今天仍然是一个问题，有些问题不是解决了，而是又凸显在人们的面前。人的感性生活是极其复杂的，除了革命的激情、民族的忧愤、牺牲的悲伤以外，还有困惑人的生老病死，还有永恒的爱和恨，以及迷人的梦境和醉人的诗意。

1. 唯美—颓废

自从康德在 1790 年提出纯粹的美感经验源于一种"无利害"之念的沉思，与美感对象的现实性或"客观"实用价值及道德性无关的美学理论以后，19 世纪后期的一些唯美主义艺术家把其发展为一场运动，"为诗而诗"成为一种美学追求。他们认为艺术在人类的创造品中具有至高无上的地位，它是自主的存在，其目的只在自身形式的完美中，加上理性主义大厦的坍塌，非理性主义思潮的兴起，资本主义这一时期的抒情诗人表现了百无聊赖、悲观厌世的颓废情绪。如法国的波特莱尔的诗集《恶之华》，已被批评为发展出一种"颓废主义"（Decadence）。这种主义的作家，喜欢追求富于个人风格的高度技巧，偏爱社会生活中的丑恶，有时以怪僻的行为以及性变态等举止，来追求"感官全面错乱"的境界。因此，这种流派被称为"唯美—颓废"派。这一派的代表人物有法国的戈蒂耶、英国的王尔德以及画家比亚兹莱等。

20 世纪初，随着国门大开，西方的各种思潮涌入中国，唯美主义也被介绍过来，并对中国的美学精神产生了影响。如前所述，王国维、蔡元培等人都介绍过康德、叔本华的美学观，蔡元培还倡导"以美育代宗教"。在"五四"时期文坛上还风行过"王尔德热"。不少文学团体倡导"为艺术而艺术"为口号。"五四"以后，一些人便真的以"美"来代宗教，形成了一种"美的宗教"；一些人则走进"象牙之塔"，做起"为艺术而艺术"的美梦。

唯美主义反对传统的道德教化主义，要求文艺的独立性，旨在促进人性和文学的自由发展，这是无可厚非的。提倡唯美主义的艺术家，大部分是留洋海外归来的学子，他们所受的教育，他们的出身都不可能使他们走上革命的前线，只能在"唯美"的境界里消磨他们感到十分压抑的人生，解除生与死、肉与欲带来的苦恼。因此，唯美的追求，应视为近代人文主义自觉地在审美和文学上的表现。从某种意义上看，20世纪人类的生存危机，人文理想和近代文明的内在矛盾发生的危机，正是造就唯美主义者的时代温床。唯美—颓废的文学、美学思潮正是从反叛廉价的理想主义开始其现代性的行程的。但当他们从盲目的绝望到近乎自我的反叛，走向极端悲观虚无主义，认定人生乃至整个文明都注定在毫无意义的自我耗竭中无可挽回地走向没落或末路时，就是一种颓废了。如20世纪20年代后期到30年代前期，上海文坛的一批作家，从《狮吼》到《金屋》的作家群，再到"幻社""绿社"和《真善美》周围的不少作家。他们把唯美—颓废主义感官化、官能化，或者把官能享乐和声色刺激加以艺术的美化。如这一群体的核心人物邵洵美宣称：

"我们这世界是要求肉的。"① 他们把最能表现精神情趣和人之意义的"美与爱"完全"颓加荡"化,形成了王国维所批评的"眩惑"的审美效果,走向一条饮鸩止渴、自我毁灭的遁逸之路。

如果是自觉到颓废的人生宿命之后,转而对颓废的人生采取苦中作乐的态度,如周作人的享乐主义人生观、朱自清的"美在刹那中"、何其芳的"沉思的唯美主义"等,则是"唯美"的了。

唯美的遁逸之路,看上去很突然,实际上是"五四"后中国美学精神的一个必然分化。先前就信仰个人主义和自由主义的人,面对动荡的社会,深感幻灭之苦并且不无恐惧之感。他们便幻想用美的宗教来抵御无常的人生,因此他们便在"十字街头"建立起一座座"唯美之塔",在风雨激荡的时代中隐居下来,怀着苦中作乐、聊以自慰的情怀,精心地经营着自己的小天地。他们也偶尔抬起头,望望"十字街头"的时代风雨,但那目光是超然的、漠不关心的,只要风雨没有危及到他们,他们关心的只是自己的艺术园地。

2. 沉思的唯美主义

从五四新文化运动落潮到 20 世纪 30 年代,由周作人打头而以何其芳殿后,在以北京为中心的文坛上,自由主义的艺术家们形成了一个沉思的唯美主义的文学流派,他们的美学情趣和艺术趣味有许多内在的一致性。他们看到了人生的悲剧,生的无聊和死的相逼,但却能冷静超然地反思和玩味着人生的悲哀;他们也伤感,却不乏理性的节制;他们也苦恼,却赋予创作以智慧;他们深知无法

---

① 邵洵美:《近代艺术界中的宝贝》,《金屋月刊》第 1 卷第 3 期。

弃绝人间的苦乐,却能保持相当超脱的心境。

周作人在"五四"时就提出过"人的文学"的口号,信仰"个人主义的人间本位主义"。新文化运动落潮后,他感到政治激进主义必将得势,这要威胁到他看重的个人自由,因此率先提出尊重个人自由,强调文学的独立性和个人性。他认为:"文艺是以表现个人情思为主;因其情思之纯真与表现之精工,引起他人之感激与欣赏。"①

1921年初,周作人大病一场,他忽然对人生理想有所觉醒,感到病与死的距离拉近了。他自觉到在死亡面前人生的虚无,于是人生观产生了转变,觉悟到人生乃是生命力(或求生意志)在本能冲动中自我耗竭,必趋死亡的衰颓过程。他援引古希腊哲人赫拉克利特的名言"万物皆流",并赋予其"终归虚无"的悲观主义色彩。既然是不可抗拒的宿命,那么有生命、有情有欲的人如何度过大悲的死来临之前的那一段颓废的人间之苦呢?周作人在西方唯美主义者沃尔特·佩特的"刹那主义"及蔼理斯的"禁欲与纵欲相调和"的理论影响下,结合中国传统文化中的佛道思想,提出一种静观、回避的办法,形成一套苦中作乐的"生活之艺术"的哲学,其要义是在顺应自然的生命力衰颓的宿命的同时,"忙里偷闲,苦中作乐",在不完全的现世中享受一点美与和谐,在刹那间体会永久。在不排除人欲的同时,他又赞成人有禁欲的倾向,发挥出一套注重现在、注重生活经验本身、注重刹那快感的唯美主义生活哲学和艺术哲学。周作人说:

---

① 周作人:《文艺的讨论》,《晨报副刊》1922年1月20日。

> 我们于日用必需的东西以外，必须还有一点无用的游戏与享乐，生活才觉得有意思。我们看夕阳，看秋河，看花，听雨，闻香，喝不求解渴的酒，吃不求饱的点心，都是生活上必要的——虽然是无用的装点，而且是愈精炼愈好。①

与此同时，周作人在艺术上也开始写些"趣味之文"，聊遣寂寞。但这种颓废的人生态度潜伏着深刻的危机，当颓废的艺术哲学引导出颓废的历史意识后，周作人便从高超的"唯美之塔"坠到苟全性命于乱世的谷底。既然不能改变历史的宿命，那倒不如逃避到"唯美之塔"，以至于苟全性命，还管什么民族的危亡、国家的兴盛。

文学研究会的朱自清、俞平伯的美学追求，也走向了唯美的遁逸之路。朱自清是由哲学转入文学的。他对人生的意义曾苦苦思索，他感受到生命之力不可抗拒的种种诱惑，又焦虑于生命终极意义的虚无，认为"人生原只是一种没来由的盲动"，终极意义不可追寻，但"生活的各个过程都有它独立的意义和价值。——每一刹那有每一刹那的意义和价值"。因此形成了"刹那主义"的审美观。朱自清说："美的目的只是创造一种'圆满的刹那'，在这刹那中，'我'自己圆满了，'我'与人，与自然，与宇宙，融合为一了，'我'在鼓舞，兴奋之中安息了。"②

---

① 周作人：《北京的茶食》，载《雨天的书》，岳麓书社1987年版，第46页。
② 朱自清：《文学的美》，载《朱自清全集》第4卷，江苏教育出版社1988年版，第129页。

俞平伯对人生也有自己的一套看法，他把其概括为三点：一是矛盾；二是没奈何，表现了人本困境的迷惘与焦虑；三是毁灭，认为生命都是向着灭亡的，因此要张扬"灵智的闭塞"，享受刹那间的快感。他说：

> 简单地说，灵明即是人生苦难底根原，怀疑和厌倦都从此发生。在路上的我们本可以安然走着的，快快活活走着的，（生物界大都如此）只因为我们多有了灵明，既瞻前，又顾后，既问着，又答着；这样，以致于生命和趣味游离，悲啼掩住了笑，一切遍染上灰色。如我们能实行《灰色马》中侬梨娜发的口令"接吻吧，不要思想了"，大家如绿草般的生活着，春天生了，秋天死了，一概由他！这是何等幸运呢！可惜，这种绮语徒劳我们底想望。我们还是宛转呻吟着以至于死。①

俞平伯的观点，令我们想起叔本华，他对人生的虚无提出了一条审美主义的道路，要求在审美观照的快感享乐中，忘却生的苦恼。俞平伯的学说被称为"审美的形而上学"。他的著名美文《桨声灯影里的秦淮河》便是这种审美观的现身说法。在《呓语》中他说：

---

① 俞平伯：《跋〈灰色马〉译本》，载《俞平伯散文杂论编》，上海古籍出版社1990年版，第55—56页。

痛快地活着，
大约无望于今生了；
那么，让咱们痛痛快快的死。
解脱幻如梦中的花朵，
那么，让咱们狠狠地，大大地挣扎一番。

——《呓语》之十四

在诗人之外，还有几位散文家也步入"唯美之塔"。其中最著名的是废名（冯文炳）、梁遇春、何其芳。他们将本来并不太唯美的"美文"唯美化了。他们受到周作人"人生之艺术化""人生的情趣化"的影响，遵循在日益复杂的矛盾中，"下笔总能保持得一个距离"，以便"达到造成艺术品的超脱的心境"。

废名所持的是一种既厌世又恋世的人生观，他认定人生如梦，又肯定这如梦的人生的真与美。他认为"厌世者做的文章最美丽"，并认定莎士比亚是个厌世诗人，所以"他格外绘得出美"。

梁遇春被人们称作"中国的爱利亚"，也是一个既厌世而又恋世的"画梦者"。他说："实在说起来，宇宙间万事万物流动不息，哪里真有常住的东西。只有灭亡才是永不变的。……尤其生命是瞬刻之间，变幻万千，不跳动的心是属于死人的，所以除非顺着生命的趋势，高兴地什么也不管往前奔，人们绝不能够享受人生。"许多人不理解少年翩翩、生计不乏的梁遇春为什么一提笔就是"醉生梦死""玩火自焚"的反常热情，原来是由他的审美观决定的。

最美丽的想着死和画着梦的人，还有《画梦录》的作者何其芳，他用"文字魔障"刻意渲染并精心玩味了人生的悲哀和文化的悲哀，但最终他还是从奢华的悲哀和美的偏执之中挣脱出来，大踏步走向艰难的现实，投身于民族解放和社会改造的伟大事业中去了。

北方文坛"沉思的唯美主义"一派的美学追求，在20世纪中国美学精神的发展史上，应该给予一定的地位。他们都认识到人生的虚无和毁灭，但并没有彻底的悲观失望，而是冷静超然地反思和玩味其中的滋味；他们在苦和死的悲痛中注重精神的享乐，想通过美的艺术来消解人生的虚无，使人生充满了情趣；他们创造的文艺作品虽然有部分带有颓废的因素，却不失雅洁、美丽。那些精雕细刻的"美文"在今天仍然被看重而又重新产生影响便是明证。革命的文艺家可能因其"超然""静观"的态度而讨厌他们，但和平年代的人也需要在美的艺术中来陶冶性情。既然我们最终都脱不了死亡的威胁，那么就让人们在现实的人生中享受一下生活的乐趣也无可厚非。与其"美丽的想着'死'"，还不如"美丽的想着'生'"。

3. "颓加荡"的美与爱

《诗经》与《楚辞》就已显出中国南北艺术的差异。今天"京派""海派"的议论也时有所闻。当"京派"的自由主义者以死与生的苦恼思考着审美的形而上学，要在审美的艺术中消解人生的时候，在上海的十里洋场则渐渐聚集了一批"唯美—颓废主义"者，他们已不拘泥于美感与快感的区别，而是公开打出"颓加荡"的旗帜，狂放恣肆地沉湎于"火与肉"的艺术追逐中。美的追求，已经蜕变成供他们宣泄生命的苦闷和官能快感的尤物。理性的节制、道德的禁忌、高雅的情趣都荡然无存，袒露给人们的是一幅幅放荡不羁、纵情泄欲的艺术狂欢者的画像。

在上海的文坛,追求这种"唯美—颓废主义"的是以"狮吼社"为基础发展起来的《狮吼》与《金屋》作家群。以1927年为界,前期的"狮吼社"还很不景气,后来随着一批留学归来的唯美爱好者的加入而日渐壮大。邵洵美、滕固、章克标是其核心人物。

邵洵美原名邵云龙,笔名有浩文、邵文、朋史等。1926年他在英法学习完文学与绘画后归国,诱发了唯美主义的热情,又娶了清末最富有的大官僚盛宣怀的孙女盛佩玉,有巨额资财供他从事文学活动,于是便开办了一个金屋书店,出版《金屋月刊》,一时吸引了一大批以留洋为主的文人,又是翻译,又是创作,大大热闹了一阵子。模仿波特莱尔的《恶之华》,邵洵美发表了《花一般的罪恶》。邵洵美欣赏波特莱尔那种坦然自若地将世俗丑恶艺术化的风度,却对那象征中的超验情趣不感兴趣。在他看来:"人生不过是极短时间的寄旅,来也匆匆,去也匆匆,决不使你有一秒钟的逗留,那么眼前有的快乐,自当尽量去享受。与其做一支蜡烛焚毁于自己的身体给人家利用;不如做一朵白云变幻出十百千万不同的神秘的象征,虽也会散化消灭,但至少比蜡烛的生命要有意义的多。"[①] 他感兴趣的便是唯个人享乐为重、唯感官享乐为美的快乐主义人生观和艺术观。唯美、唯我、唯感官就成了他们的理想目的。在《花一般的罪恶》中充分体现了他把美感降低为官能快感,并借唯美之名来推销他自己的审美趣味。该诗集只有生命本能的宣

[①] 邵洵美:《贼窟于圣庙之间的信徒》,载《火与肉》,金屋书店1928年版,第59页。

泄和赤裸裸的感官的欲望，呈现给读者的是由"红唇""舌尖""乳壕""肚脐""蛇腰"等所组成的"视觉之盛宴"，而唯一的主题就是鼓励人们在颓废的人间苦中及时行乐。传统中官能上的声色被视为"罪恶"，在这里已被破格升为"美"来赞扬，而且成了唯一的美。即使在诗的象征上，也被他们感官化、肉感化了。如发表在《声色》创刊号的《蛇》一诗：

> 在宫殿的阶下，在庙宇的瓦上，
> 你垂下你最柔嫩的一段——
> 好像是女人半松的裤带
> 在等待着男性的颤抖的勇敢。
>
> 我不懂你血红的叉分的舌尖
> 要刺痛我那一边的嘴唇？
> 他们都准备着了，准备着
> 这同一时辰里双倍的欢欣！
>
> 我忘不了你那捉不住的油滑
> 磨光了多少重叠的竹节：
> 我知道了舒服里有伤痛，
> 我更知道了冰冷里还有火炽。
>
> 啊，但愿你再把你剩下的一段
> 来箍紧我箍不紧的身体，

当钟声偷进云房的纱帐,
温暖爬满了冷宫稀薄的绣被!

在诗中,蛇的形象除了表现作者潜意识中色情的欲念暗示外,几乎已没有什么真正的"象征"意义了。爱与美本来是中外文学中的基本主题之一,在唯美主义的过度感官化中,完全失去了精神的意趣和人文意义,而走向一种颓废。在中国国难当头、危机四起的时候,一批资产阶级的文人只能躲在"象牙之塔"里幻想着人生的"颓加荡",他们继承了中国传统声色文学的传统趣味,又把西方"唯美—颓废主义"的人生观和艺术观贩到中国,终于导致了20世纪中国审美精神中的病态的、庸俗的、偏执之美的"恶之花"。

王国维在论述美术中有优美和壮美的质素时,还指出有一种与优美和壮美相反的质素,并名之为"眩惑"。他说:

若美术中有眩惑之原质乎,则又使吾人自纯粹之知识出,而复归于生活之欲。……所以子云有"靡靡"之诮,法秀有"绮语"之词。虽则梦幻泡影,可作如是观,而拔舌地狱,专为斯人设者矣。故眩惑之于美,如甘之于辛,火之于水,不相并立者也。吾人欲以眩惑之快乐,医人世之苦痛,是犹欲航断港而至海,入幽谷而求明,岂徒无益,而又增之。则岂不以其不能使人忘生活之欲,及此欲与物之关系,而反鼓舞之也哉!眩惑之与优美及壮美相反对,其故实存于此。[1]

---

[1] 王国维:《王国维遗书》第5册,商务印书馆1940年版,第44页。

王国维所说的"眩惑"与叔本华所说的"媚美"是一个意思。它将鉴赏者从纯粹的美的观赏中拖出来,"激起鉴赏人的肉感"、情欲及物质享乐,实际上把美引向了"生活之欲",故而与优美、壮美等是根本对立的。这无疑是对"海派"作家沉溺于声色之美、追求醉生梦死的感官刺激的有力批判。遗憾的是,这种追求"媚美"的倾向,又在改革开放的大潮下死灰复燃。

4. 美文与纯诗

在20世纪上半叶,中国文坛有一个纯文学的散文运动,一大批作家提倡以白话文的方式写一些优美的纯文学的散文,这种散文以追求"美"为理想目标,故可以称之为"美文运动"。

"美文"的提法见于1921年6月8日《晨报》上周作人发表的《美文》一文。他呼吁新文学家要为白话散文的纯文学化而努力,他说:"外国文学里有一种所谓论文,其中大约可以分作两类。一批评的,是学术性的。二记述的,是艺术性的,又称作美文,这里边又可以分出叙事与抒情,但也很多是两者夹杂的。这类美文似乎在英语国民里最为发达,如中国所熟知的爱迭生、阑姆、欧文、霍桑诸人都作有很好的美文,近时高尔斯威西,吉欣,契斯透顿也是美文的好手。读好的论文,如读散文诗,因为它实在是诗与散文中间的桥。中国古文里的序、记与说等,也可以说是美文的一类。但在现在的国语文学里,还不曾见有这类文章,治新文学的人为什么不去试试呢？"① 他把艺术性的"美文"与学术性的论文分开，有意突出美文的纯文学性。两年后，王统照又提出"纯散文"的概念。朱湘也在那时提倡"Pureessay"。② 现代散文的观念就这样萌生了。在理论产生的过程中，创作美文的作家也同时涌现。朱自清、俞平伯、冰心、许地山、郑振铎、钟敬文等都在那时写了不少精美的散文。胡适在那时就称赞说："这一类作品的成功，就可彻底打破那'美文不能用白话'的迷信了。"③

美文运动的作家，大都把康德的无功利的审美观当作遵循的价值，他们追求的目标是"为自我而文章""为文章而文章"。周作人提倡美文就是为了只种"自己的园地"，要"以个人为主人，表现情思而成艺术"。他主张"于日用必需的东西以外，必须还有一点无用的游戏与享乐，生活才觉得有意思"。于是当"别人离了象牙的塔走往十字街头，我却在十字街头造起塔来住"。朱自清早期也倡导"为自我而作文章"，主张"表现自我""实现自我"，直至使人"忘我"。晚年朱自清在反思自己这一段的创作时，称此派的创作为"玩世派"。后来的废名、梁遇春等人，都沿这条唯美主义的"美文"运动前进，走向一条"为文章而文章"的路。对"美文"也曾痴迷过的何其芳在检讨"五四"以后的散文时说："散文的生长不能说很荒芜，很孱弱，但除去那些说理的，讽刺的，或者说偏重智慧的之外，抒情的多半流入身边杂事的叙述和感伤的个人

---

① 周作人：《周作人代表作》，张菊香编，河南人民出版社1989年版，第13页。
② 参见1924年10月6日《时事新报》"文学"。
③ 胡适：《五十年来中国之文学》，载《胡适学术文集·新文学运动》，中华书局1993年版，第160页。

遭遇的告白。"①

由于"美文"大多写的是自我的感伤、个人的遭遇，表现的是一个人的身边琐事或者情趣爱好，是对生死、情爱、美景、艺术等的品尝玩味，所以一度被视为表现了小资产阶级的情调，远离时代和社会，沉溺于个人主义的泥潭，走向了一条颓废的道路。但是从非正统的意识形态来看，一个时代需要有冲锋陷阵、大喊大杀的文学，革命的文学，也需要一些表现自我，以追求美的形式的文学。特别是到了21世纪以后，开放的社会带来开放的自我。在新的时代精神的主流下，多元对立与各呈特色也是题中应有之意。美文再次在20世纪末的出现就表现了这种时代特点。

在美文运动的同时，在诗歌领域则有"为诗而诗"的纯诗学运动。凡是把诗的品格视为诗的本质，主张在诗中排斥非诗因素的便属于纯诗学的范畴。在西方，爱伦·坡、波特莱尔、马拉美、瓦雷里都可视为追求纯诗的诗人。纯诗学的美学旨趣在于：以音乐为榜样，追求诗的绝对纯粹和艺术自律，排斥现实、道德、真理等非诗因素；致力于诗歌语言的纯粹化，以求诗歌语言的象征性、暗示性、含混性、音乐性；醉心于诗歌的思维方式和创作过程的探讨。"为诗而诗"的纯诗学在20世纪中国诗坛上也曾产生过很大的影响，它实际上是"为艺术而艺术"的美学精神在诗坛上的表现。

中国的纯诗运动是对白话文运动、白话诗过于散文化、理性化的一种反驳。俞平伯、朱自清、康白情、周作人、梁实秋等人都表示过纯

---

① 何其芳：《〈还乡杂记〉代序》，载《何其芳文集》第2卷，人民文学出版社1982年版，第125页。

诗的倾向，后来还有李金发、梁宗岱、废名、穆木天、王独清等人。

1921—1922年，中国诗坛曾发生诗是唯善、唯真还是唯美的论争。论争是从俞平伯观点开始的。俞平伯的诗论，表现了一种重善、重真而轻视美的倾向。于是招来一批人的反对。杨振声认为："知识以真为归，诗歌以美为主。""诗歌是抒写感情的。"① 周作人则强调诗歌创作的无意识、无目的性，以及诗的审美价值的自足性和超功利性。梁实秋则发表文章，批评俞平伯的观点，他说："在艺术——尤其是文学——里，假如我们承认情感是唯一重要的素质，则我们可以说艺术——尤其是文学——实在是超于善恶性而存在的；因为情感是超于善恶性而存在的。艺术没有善恶，只有美丑……艺术家之感人，是以情感为立脚点，与道德家宗教家绝不相同。……总之，我以为艺术是为艺术而存在的；他的鹄的只是美，不晓得什么叫善恶；他的效用只是供人们的安慰与娱乐。"② 这样，批评俞平伯的人便形成以美为鹄的偏执之美的诗学追求，其中李金发就是其较为典型的代表。20世纪20年代，他从法国留学归来，便走向一条唯美的纯诗之路。他说："艺术是不顾道德，也与社会不是共同的世界。艺术上唯一的目的，就是创造美；艺术家唯一工作，就是忠实表现自己的世界。"③ 1926年初，"创造社"的年轻诗人穆木天在冯乃超的鼓励下，给上海的郭沫若写了一封信，提出要追求"纯粹诗歌"（The Pure Poetry），"纯粹的诗的 Inspiration"。王独清给其回信，呼吁"做个唯美的诗人罢"！此后，诗与非诗的诗歌本体性问题便成了纯诗学运动探

---

① 杨振声：《通信》（金甫致平伯），《诗》第1卷第3号。
② 参见1922年5月27日《晨报副刊》。
③ 华林（李金发）：《烈火》，《美育》创刊号。

讨的中心课题。梁宗岱和朱光潜都在纯诗学的理论上进行了探讨。梁宗岱主张通过纯粹的诗创造出纯粹的宇宙：

> 所谓纯诗，便是摒除一切客观的写景，叙事，说理以至感伤的情调，而纯粹凭籍那构成它底形体的原素——音乐和色彩——产生一种符咒似的暗示力，以唤起我们感官与想象底感应，而超度我们底灵魂到一个神游物表的光明极乐的境域。像音乐一样，它自己成为绝对独立，绝对自由，比现世更纯粹，更不朽的宇宙……①

纯诗学运动及其理论探讨，对 20 世纪中国美学精神的发展起到积极的作用。他们把诗从政治的奴役中解放出来，以诗作为诗的目的，是突出了诗的美学本质的。实际上他们的诗克服了白话文运动早期诗歌的过分自由化，而走向一种"只是诗"的诗，"纯然是现代的诗"②。新月派诗人闻一多、陈梦家和现代派施蛰存等人虽然不是纯诗派中人，但也受了他们的影响。如闻一多曾提出诗的"音乐的美""绘画的美""建筑的美"的原则。此外，徐志摩对诗的灵感、天才、情感的呼唤，提倡诗的"生命的自然流露"，也对诗的发展起到了促进作用。

---

① 梁宗岱：《谈诗》，载《诗与真·诗与真二集》，外国文学出版社 1984 年版，第 95 页。
② 施蛰存：《又关于本刊中的诗》，《现代》第 4 卷第 1 期。

第五章　传播与影响

20世纪马克思主义传入中国并产生了深远的影响，最终在意识形态上占据了指导思想的地位，这是20世纪中国政治上最大的事件。中国人为什么接受马克思主义，当然有其时代的、阶级的、政治的、民族的、革命的诸多原因，对此的探讨不是我们的任务，我们仅就中国马克思主义美学的产生及对中国美学精神的影响做一个概要的描述。

一、理论框架

马克思主义美学的研究范围是很广的。马克思主义首先是关于经济、历史、社会和革命的理论，然后才能谈得上与美学及文艺的关系。马克思主义又是一种动态的理论，它是在历史、现实及与一些思想家的批判性对话中发展起来的。马克思主义的表述主要通过马克思、恩格斯及其他一些马克思主义者的著作显示出来。但自从这些著作发表以来就存在着不同的阐释和争论。这给我们的研究带来了困难。但马克思主义的最基本的出发点及对美学的影响则是可以概括出来的。

马克思主义美学是以辩证唯物主义与历史唯物主义的立场、观点、方法研究美、美的意识、美的创造和发展的一般规律的美学思想体系，是马克思主义哲学、政治经济学、科学社会主义理论在美学上的体现。马克思主义美学的内容极其丰富，它区别于以往一切美学的特征，表现为这样几个方面：第一，认为美学及其研究的主要对象——艺术，是属于上层建筑的一种社会意识形态，它们在一定的经济基础上产生，随着经济基础的变革而发展，又反作用于经济基础，对生产方式、生活方式的发展起积极的能动作用。美学、艺术的发展常与经济的发展出现不平衡现象，但归根结底仍受一定的经济状况、生活方式的制约。第二，认为在阶级社会中，美学、艺术具有功利性、阶级性，一切阶级的美学、艺术都服从于本阶级的利益，都打上了本阶级的烙印。无产阶级的美学和艺术是无产阶级的整个革命事业的一部分，它在尊重艺术规律的基础上，实行百花齐放、百家争鸣的方针，来促进艺术的发展，满足人民的精神生活的需要。第三，认为美与崇高等都是客观社会性的存在，是人类物质生产、精神生产的劳动实践的产物，是人的本质力量的感性显现，有深刻的社会内容。劳动实践是人与客体的审美关系的中介，只有当自然在实践中被人化，人自身在实践中被对象化，自然才是美的。美、艺术、美学都随着实践的发展而发展。第四，认为人的审美意识是对客观存在美的反映，艺术是对社会生活的反映。人能按任何物种的尺度和自己内在的尺度以及美的规律创造和发展美。艺术要进行典型化，创造出比实际生活更美的文学形象。第五，认为劳动在私有制社会里被异化，人也被异化，阻碍了美的创造和发展，只有进行社会主义革命，实现共产主义，才能使人获得全面解放和自由发展。第六，认为美学、艺术、审美意识有历史发展的阶段性，有时代、民族、阶级的差异性，又有自身的继承性和在一定条件下的共同性。因此要对历史上的美学思想进行辩证的分析，取其精华、弃其糟粕，发展创造新的美学。马克思主义美学本身也是在吸取历史成果的基础上发展起来的，它不是终极真理，而要在实践中不断发展、丰富。第七，马克思主义美学还对崇高与滑稽、悲剧和喜剧、丑与怪诞等美学范畴，对自然美、社会美、艺术美等美的形态等进行全面的论述，对审美意识、艺术思维、创造规律等进行探讨。马克思主义美学有完整的、严密的科学体系。

马克思主义美学来源于实践又指导实践，它的活的灵魂就在不断地发展和创造中。它不是僵死的教条，而是要随着社会的发展而发展。马克思主义的基本原理是统一的，但在不同的历史阶段会呈现不同的特色。因此，教条主义对马克思主义美学原则的绝对化是不符合马克思主义的基本精神的。有些假马克思主义者歪曲、阉割、曲解马克思主义的现象在国际斗争中也是存在的。因此，区分真假马克思主义是研究马克思主义美学的一个重要方面。在西方，还有"青年"马克思和"老年"马克思的争论，有西方马克思主义美学对马克思主义的修正、发展或者歪曲。因此，马克思主义虽然在社会主义国家曾一度取得思想的支配地位，但其确切的内涵与理论的精髓仍然是一个需要进一步阐释的问题。有些非马克思主义者的观点,在马克思主义取得支配地位以后,也借马克思主义之名贩卖非马克思主义的私货。

二、拓荒者的审美观

虽然在19世纪末和20世纪初马克思以及社会主义的学说就被零星地介绍到中国,但真正产生影响是在俄国十月革命以后,中国五四运动时期。以李大钊、陈独秀为代表的中国先进的知识分子,在十月革命的鼓舞下开始接受并自觉地宣传马克思列宁主义。马克思主义在中国的传播,首先是要解决中国社会的根本问题,要以马克思主义为指导进行民族解放和民主革命的斗争,要以马克思主义的世界观和方法论来观察、分析和处理中国革命的实际问题。尽管美学、文艺等问题也是社会生活的一部分,但当时更重要的是革命问题。20世纪20年代初,中国思想战线曾有一场"玄学"与"科学"的论战,就反映了世界观和人生观在当时的重要性。

从这样一种角度来看中国马克思主义美学的诞生就会发现,中国马克思主义美学的产生是滞后于马克思主义的产生的。早期马克思主义的传播者,提出了一些美学观点,但还没有建立起一门中国马克思主义的美学。我们不能机械地把马克思主义早期传播者的美学思想等同于马克思主义美学,尽管他们对马克思主义的传播做出了重要的贡献。但他们掌握了马克思主义的哲学的世界观,在对美和艺术的论述中已表现出一种新的观念。

李大钊(1889—1927)字守常,河北乐亭人,中国共产党的创始人之一，马克思主义思想家。1913年他赴日本早稻田大学学习，1916年回国，任北京《晨报》主笔。1918年任北京大学经济学教授兼图书馆主任和《新青年》杂志编辑。1920年在北京大学组织马克思学说研究会，担任北京共产主义小组的领导人。中国共产党成立以后，担任中国共产党北方区委书记，第二届中央委员。1927年4月6日被捕，28日惨遭杀害。

李大钊作为马克思主义的传播者，较早地掌握了马克思主义的唯物史观，并用来分析中国社会，发表了一些美学观点。如他认为美总是和劳动、工作、创造相联系的，他提出"生产者，都能靠着工作发挥人生之美"，游手好闲的寄生阶级是丑的。他推崇人生的壮美（崇高）的境界，他说："平凡的发展，有时不如壮烈的牺牲足以延长生命的音响和光华。绝美的风景，多在奇险的山川。绝壮的音乐，多是悲凉的韵调。高尚的生活，常在壮烈的牺牲中。"他又认为如果没有"雄健的精神"，则不能够感觉到"壮美的趣味"。1917年1月，他听了北京大学校长蔡元培的演讲"美之与高"后，撰写了《美与高》一文，分析了中华民族的美学风格。他认为："吾民族特性，依自然感化之理考之，则南富于美，北富于高。"这也就是说，南方偏重于"秀丽之美"，北方偏重于"壮伟之美"。他还写了一篇《调和之美》，认为"调和"是宇宙间最美的境界，"爱美者应先爱调和"。"五四"以后，他写了一篇《什么是新文学》的文章，认为："我们所要求的文学，是为社会写实的文学，不是为个人造名的文学；是以博爱心为基础的文学，不是以好名心为基础的文学；是为文学而创作的文学，不是为文学本身以外的什么东西而创作的文学。"① 总之，文学要有"真爱真美的素质"。

李大钊处在新旧时代交替的过程中，在这个过程中，作为无产阶级较早的启蒙者，他批判了旧的审美理想，呼唤新的审美精神。他不仅要求一种传统的静态的"调和"之美，而且呼唤一种壮美的崇高，这已展示了无产阶级革命风起云涌以后的美学风貌。但李大钊的审美意识中，只反映了他积极的人生态度，还没有自觉地建立起马克思主义美学的完整体系，一些美学观点，还没有从当时的一些非马克思主义观点中分离出来。

陈独秀是著名的马克思主义者，他的美学精神，是他的革命思想的表现，带有启蒙主义的浓厚色彩。"五四"时期，他的著名的《文学革命论》便继承了梁启超早期用文学来改良社会的思想，最能反映他的文艺观和美学观。他反对以孔子为代表的中国旧的封建社会的审美理想，反对古典的陈腐守旧的文学风格，倡导了一场影响深远的文学革命。在他的攻击下，长期以来孔子的学说抬不起头来，声名狼藉。他提倡写实主义的文学，目的是为社会的启蒙与变革做精神准备；他批评"贵族""古典""山林"的文学，倡导一种"目无古人，赤裸裸的抒情写世"的文学，使每人正视现实，改革现实；他破坏一切偶像，提倡人生真义的追求，过一种率直纯真的生活。他的人生理想是：意志顽狠，善斗不屈，体魄强健，能力抗自然，信赖本能，不依赖别人，顺性率真，不虚伪；为政治家，当百折不回，为军人，当百战不屈，为宗教家，当死守善道，为实业家，当克服万难、决胜千里。他倡导的是革命时代的崇高美。

---

① 《李大钊选集》，人民出版社1959年版，第276页。

陈独秀是革命家、宣传家、实干家，他破坏一切旧的东西；但他不是沉思的哲学家，理论上缺乏系统的建构。"五四"时期，他在政治上倾向马克思主义，但在审美观上也未能建立一个体系。

三、唯物史观文艺学的萌发

李大钊、陈独秀等较早接受马克思主义的共产党人，主要从社会、革命的大局上来运用马克思主义，他们还来不及解决艺术与美学问题。最早企图用唯物史观来进行文学批评，提倡新的美学精神的是一批从事宣传和青年运动的共产党人，如恽代英、萧楚女、瞿秋白、沈泽民、蒋光赤、沈雁冰、郭沫若、成仿吾等。他们在1924—1928年，在进步的报刊上发表了一些文章，对文艺提出新要求，尝试用马克思主义哲学观、阶级观来分析文学。

1923年，早期共产党人办了《中国青年》杂志，从此开始发表一系列谈文艺的文章。他们一方面批判"文艺无目的论"，同时总结"五四"文学以来的现实，提倡"革命文学"。他们毫不犹豫地反对"混沌的欣赏自然""肉麻的讴歌恋爱""想入非非的赞颂虚无"。他们反对不注意社会问题的"美文"和"纯诗"。他们所代表的不是社会的全体，而是刚刚走向历史舞台的中国无产阶级和劳苦大众。这就决定了他们鲜明的倾向性和社会革命色彩。他们要求"革命文学"必须坚定地担负起社会革命的重任。邓中夏在《文学与社会改造》的演讲中说：莫作"阐道翼教""风花雪月""发牢骚赞幸运"的文学，要作社会改造的文学。他们要用文学改造社会，便要求直面社会生活的黑暗，予以揭露，激励人民起来革命。邓中夏指出："要做描写社会实际生活的作品，彻底露骨地将黑暗地狱尽情披露，引起人们的不安，暗示人们的希望。"① 正是这种社会革命的要求，他们从理论上论证了文学的本质特征。1924年萧楚女在《艺术与生活》中指出：

> 艺术，不过是和那些政治、法律、宗教、道德、风俗……一样，同是一种人类底社会文化，同是建筑在社会经济组织上的表层建筑物，同是随着人类底生活方式之变迁而变迁的东西。

由于时间的原因，他们阐释了文学作为意识形态的一种与"经济"的关系，但忽视了文学的其他特征，以至于长期以来留下了空白。文学既然成了革命的工具，他们便强调文学的阶级性。蒋光赤在1924年8月的《新青年》第3期上发表《无产阶级革命与文化》一文，提出阶级社会中包括文学在内的整个文化的阶级性以及无产阶级文化产生的必然性。1925年茅盾撰写了《论无产阶级艺术》②的长文，从性质、题材、内容、形式诸方面论述了无产阶级新文艺。1926年郭沫若发表了《革命和文学》和《文艺家的觉悟》。他说："人有口舌便有话说。社会上有无产阶级便会有无产阶级的文艺。"③ 李初梨也说："我们既认定了现在革命文学必然的是无产阶

---

① 邓中夏：《贡献于新诗人之前》，《中国青年》第10期。
② 连载于1985年5月起的《文学周报》，第172—176期。
③ 郭沫若：《英雄树》，《创造月刊》1928年第1卷第8期。

级的文学"，那么，它便"是以无产阶级的阶级意识，产生出来的一种斗争的文学"。① 正因为文学具有阶级性，所以，为了创造革命文学，一个理论问题自然而然地被提了出来：作家与生活的关系。他们认为文学是生活的反映，要求文学家投入生活，这种生活不是泛指，而是有其内涵的，即革命的实际斗争。这是针对当时"整理国故""沉溺于美与爱"及"研究室""艺术室"不能自拔的现象而做的对策。他们也要求革命的文学要有感情，但他们要求深入生活培养的是一种群体的意识和感情，而不是个体性的感情。

"革命文学"的文艺观是一种崭新的思想，它不同于旧传统、旧的审美观，它是"五四"以来启蒙文学的进一步发展，显示了鲜明的时代特征。它已不再标榜"超功利""超阶级"，而是把自己和革命、和无产阶级、和劳动人民紧密地联系在一起。这表明，马克思主义的唯物史观、阶级斗争学说，已经由传播理论走向与中国的实际斗争相结合，已从社会领域渗透到文学领域，促进了新文学的发展。但遗憾的是，它的缺点也就显示出来了。他们提出了新思想、新观点，但还缺乏系统完整的理论；他们反对右和中间派，又走向了"左"，许多观点是抽象的、口号式的；他们突出了阶级性、功利性、革命性，但忽视了共同性、非功利性与审美性。他们以革命的内容，取消了"美"。如果说在革命的年代，在特殊时期提倡"革命文学"是整个启蒙精神的一部分，那么，在这一革命任务完成后，在和平的年代，在安定的时代再过分强调"革命"的话，那就与时代的要求不相适应了。因此，"革命文学"者的美学观距离

---

① 李初梨：《怎样地建设革命文学》，《文化批判》1928 年第 2 号。

真正的马克思主义文艺理论还存在一定距离,但它毕竟为马克思主义文艺理论和美学思想的产生,做了积极的准备。

四、来自苏联和俄罗斯的影响

中国人接受马克思主义,受到十月革命的影响;中国马克思主义美学的形成,也主要通过苏联的中介。在马克思主义创始人的理论中,美学并没有以独立的形式出现,而且马克思、恩格斯论艺术的信件以及对中国美学产生决定性影响的《1844年经济学—哲学手稿》都是在20世纪20—30年代才发表的,中国马克思主义美学研究主要借用了苏联的模式和成果。

根据聂振斌先生的研究,20世纪20—40年代,中国人接受苏联文艺理论和美学的影响主要表现在三个方面[①]:

第一,了解了苏联的文艺界现状。1920年至1923年,瞿秋白到苏联考察两年多的时间,写了《饿乡纪程》的长文,用生动的文笔向中国人介绍了第一个社会主义国家的新生活,还具体描写了苏联人的哲学信仰、人生态度和审美追求。1925年,共产党人任国祯翻译了《苏联的文艺论战》的小册子。以后瞿秋白、冯雪峰、蒋光赤、周扬等人都翻译了一些苏联的文艺理论。鲁迅也从日文翻译了《苏俄的文艺政策》一书。列宁的《党的组织和党的文学》《列夫·托尔斯泰是俄国革命的镜子》的著名文章也是此时介绍到中国

---

① 聂振斌:《中国近代美学思想史》,中国社会科学出版社1991年版,第365页。

来的。

第二，对中国马克思主义美学诞生影响最大的是卢那察尔斯基、普列汉诺夫和车尔尼雪夫斯基。1929年鲁迅翻译了卢那察尔斯基的《艺术论》，推崇他"真善美合一"的审美观。冯雪峰翻译了卢氏的《艺术之社会的基础》，陈望道在20世纪30年代末翻译了卢氏的《实证美学的基础》。他们都对其学说做了极高的评价。1930年鲁迅又翻译了普列汉诺夫的《艺术论》以及普氏评论车尔尼雪夫斯基的文章。胡秋原编译、评述普列汉诺夫的艺术论，以《唯物史观艺术论》的书名于1932年出版。在"左联"与"第三种人"的论战中，双方都以普氏的观点为理论根据和评判是非的标准，可见当时普氏影响之深远。另外，1928年出版了由李霁野、韦素园翻译的托洛茨基的《文学与革命》。1935年周扬翻译了别林斯基的《论自然派》，1937年介绍了车尔尼雪夫斯基的《艺术与现实之美学关系》，1942年翻译了这本书并写了长篇评论附在书后。车氏"美是生活"的唯物主义美学思想在20世纪40年代乃至新中国成立后有着广泛而深远的影响，与周扬的介绍是不可分的。

第三，苏联马克思主义美学和俄罗斯的唯物主义美学在中国的传播，使中国无产阶级文艺家找到了理论模式，并作为文艺战线美学思想斗争的武器。他们用唯物论反对唯心论，用反映论批判天才论，用阶级论批判人性论，用社会主义批判人道主义，用功利论反对超功利论。在介绍苏联马克思主义美学中，"左联"的许多人做出了贡献，对中国马克思主义美学的建设起到关键性的作用。但是，也出现了"左"的思想倾向和机械的方法。鲁迅曾参与介绍苏联的美学思想，他也感到问题变得十分严重，他说："他们……将革命使一般人理解为非常可怕的事,摆着一种极左倾的凶恶的面貌,好似革命一到,一切非革命者就都得死,令人对革命只抱着恐怖。"① 这种极"左"的现象,到新中国成立以后,特别到了"文化大革命"期间达到了高峰,新时期以后这一市场就逐渐缩小,甚至遭到批判了。

五、意志实践的审美观

在 20 世纪上半叶,中国社会急剧动荡。历史的发展向人们提出了紧迫的社会政治实践问题,马克思主义适应了中国的这一要求,得到迅速传播。在这样的背景下,在中国人的审美意识中便突出了偏重善和实践功利性的特点。从梁启超开始,一大批革命者要以文艺来改良社会;发展到瞿秋白,则在革命的活动中,建立了重视意志实践的美学精神。

瞿秋白作为无产阶级革命家,在中国马克思主义美学的形成和发展中起过重要的作用。早在 20 世纪 20 年代初,20 岁刚出头的他就已信仰共产主义了。后来还主持过党中央的工作。在 20 世纪 30 年代初,他在上海同鲁迅一起领导了"左翼"文化运动。1935 年被捕牺牲。在瞿秋白的美学思想中,意志的能动性被理论化为上层建筑,特别是艺术对现实生活和社会斗争的反作用。瞿秋白指出,

---

① 鲁迅:《上海文艺之一瞥》,载《鲁迅全集》第 4 卷,人民文学出版社 2005 年版,第 304 页。

那种认为上层建筑不能影响经济基础的观点是错误的。艺术作为一种特殊的上层建筑,一种特殊的意识形态,不但反映着生活而且还影响着生活,能够在相当的程度之内促进或阻碍阶级斗争的发展。① 他的美学精神中强调的是艺术对现实的影响,强调的是艺术对现实的行动,强调的是艺术的功利性和阶级性。他说:"一切阶级的文艺却不但反映着生活,并且还在影响着生活。"② 他还以艺术的能动性为原则,批判了康德、普列汉诺夫关于美无功利、无目的性的美学观点,认为"每一个文学家其实都是政治家。艺术——不论是哪一个时代,不论是哪一个阶级,不论是哪一个派别的——都是意识形态的得力武器"③。这就导致出了"艺术工具论"的错误观点。他在文章中断言:"文艺——广泛地说出来——都是煽动或宣传……文艺也永远是,到处是政治的'留声机'。"④ 这样,他也把文艺的非阶级性彻底否定了,只承认阶级的文艺。

在艺术反映现实的问题上,瞿秋白肯定了车尔尼雪夫斯基的"美是生活"的命题,强调再现不是模仿、不是抄袭,而是"改造现实的现实",是深入现象的实质。他认为19世纪的现实主义和浪漫主义都不符合中国的创作现实的需要了,要以辩证法唯物论的方法进行创作。他认为既然文学是有阶级性的,那么附着于文学内容

---

① 《瞿秋白文集》,人民出版社1954年版,第567、954—955页。
② 瞿秋白:《文艺的自由和文学家的不自由》,载《瞿秋白文集》第3卷,人民文学出版社1989年版,第58页。
③ 瞿秋白:《非政治主义》,载《瞿秋白文集》第1卷,人民文学出版社1989年版,第397页。
④ 瞿秋白:《文艺的自由和文学家的不自由》,载《瞿秋白文集》第3卷,人民文学出版社1989年版,第67页。

的文学语言也必定有阶级性。在考察中国文学史时,他认为文言文是直接为封建统治阶级服务的。他倡导来一次"第三次文学革命",以期创造出被几万万人使用的"现代普通话的中国文"。

瞿秋白的一些文艺及美学思想,受到苏联"拉普派"激进文艺思潮和其他"左"倾文艺思潮的影响。他的意志实践的审美观,曾在共产党内的文艺工作者身上有所体现。周扬的马克思主义文论、胡风对中国古代文学的决绝态度、赵树理推崇汉字拉丁化,都与瞿秋白同声相应。但由于其把阶级性绝对化、唯一化,所以他的"第三次文学革命"的呼唤,也没有酿成一呼百应的实践效果。

六、政治家的视界

20世纪初开始的中国社会的巨大变革,到40年代以后愈趋剧烈,阶级斗争、政治斗争、民族战争的矛盾进一步加深。在这场斗争中,文学艺术究竟应该处在什么样的地位,马克思主义美学精神和资产阶级美学有着根本的分歧,进行了屡次斗争和争论形势的发展需要辨明是非,以促进文艺适应国家和民族反帝救国的革命需要。毛泽东在1942年7月所作的《在延安文艺座谈会上的讲话》(简称《讲话》),一方面是历史争论的总结,另一方面标志着马克思主义美学理论体系的形成。中国20世纪的文学理论,没有任何一个理论和体系能像《讲话》那样,给中国的文艺运动和实践留下如此深远而普遍的影响。《讲话》开拓了大半个世纪中国美学的精神风貌,是马克思列宁主义与中国革命的具体实践结合的产物。它也反映了毛泽东作为一代领袖的个性品格和美学趣味，既不同于鲁迅、瞿秋白，也不同于周扬、蔡仪等人。

《讲话》从马克思主义唯物史观出发，阐述了文学与生活的关系，为新文艺奠定了唯物主义反映论的哲学基础。毛泽东认为文艺是有阶级性的，历来从属于一定的政治路线，因此，革命的文艺必须坚持工农兵方向。他指出："我们的问题基本上是一个为群众的问题和一个如何为群众的问题。"[1] 文艺的服务对象是工农兵和城市小资产阶级，文艺工作者必须在学习社会、学习马克思主义的过程中把立足点移到工农兵这方面来，要坚持普及与提高相结合的原则，为无产阶级政治服务。毛泽东认为人类的社会生活是文学艺术的唯一源泉，必须深入工农兵的生活，取得文学艺术的原始材料，并继承优秀的文学遗产作为反映此时此地的生活的借鉴。他持一种理想的典型观，认为文艺作品反映出来的生活可以而且应该比普遍的实际生活更高、更强烈、更有集中性、更典型、更理想、更带普遍性。"革命的文艺，应当根据实际生活创造出各式各样的人物来，帮助群众推动历史的前进。"毛泽东又认为用典型的方法反映的生活，与无产阶级的政治要求是一致的。无产阶级的政治是集中了群众的愿望又为群众所接受和实践的政治，因此"我们的文艺的政治性和真实性才能够完全一致"。他要求无产阶级的文艺批评，必须坚持"政治标准第一""艺术标准第二"的标准，既要有很强的政治性，又要有很高的艺术性，是政治性与艺术性的统一。毛泽东又认为政治并不等于艺术，一般的宇宙观也并不等于创作和艺术批评

---

[1] 《毛泽东选集》第3卷，人民出版社1991年版，第853页。

的方法。如果政治与艺术不能兼得，则牺牲艺术性而保持政治性。他彻底否定了超功利主义的美学观，批判了形形色色的资产阶级和小资产阶级的文艺观点。他也批判了封建主义的文艺思想，但比起对资产阶级的人性论、人类之爱、超功利主义的批判，要抽象、笼统得多，显然不是他批判的重点。《讲话》还谈到党内与党外、动机与效果、人性与阶级性等一系列问题，构成了被称为"毛泽东文艺思想"的主要内容。

毛泽东是一代革命的领袖人物，他从政治家的视界，从革命的大局上提出了自己的文艺思想和对文艺的要求，在20世纪中国文艺界产生了深远的影响。

七、《新美学》的美学观

中国马克思主义美学是从中国20世纪美学中分化出来的，是中国革命的一种时代反应，它随着马克思主义的传播而逐渐产生影响。但在20世纪40年代以前，多数文艺家和理论家对马克思主义并没有进行充分的研究，对马克思主义文艺理论的原始资料接触较少，缺乏深刻的理论抽象，并没有提到美学理论的高度。毛泽东《在延安文艺座谈会上的讲话》中，虽提出了真、善、美相统一的观点，但也没有展开充分的发挥。运用马克思主义观点从事美学研究，并建立了独特的体系的，当首推蔡仪。

蔡仪（1906—1992），原名蔡南冠，湖南攸县人，中国现代著名美学家。早年曾留学日本，回国后参加抗日救亡运动。1939年在国民政府政治部三厅及文化工作委员会从事抗敌宣传研究工作。新中国成立后曾任中央美术学院教授、中国社会科学院文学研究所研究员等。

1929—1937年蔡仪在日本学习期间，先后学习了哲学、文艺理论等课程，并有机会接触了马克思主义经典作家的论著。蔡仪曾描述过当时的情景：

> 1933年第一次出版日译的马克思、恩格斯关于文学艺术的文献，其中提倡的现实主义与典型的理论原则，使我在文艺理论的迷离摸索中看到了一线光明，也就是这一线光明指引我长期奔向前进的道路。①

事实也的确是这样。以此为契机，蔡仪建立了"美是典型"的美学理论。蔡仪的美学思想在他1942年出版的《新艺术论》和1947年出版的《新美学》中得到系统的表述。从此，他在和各种各样的美学观点进行论争时，都坚持他在《新美学》中建立的体系。直到30余年后，他仍用晚年所有的精力来修改重印这部著作。前2卷由他亲自定稿出版，第3卷在他逝世后由助手整理出版，从而进一步完善了他的理论体系。半个多世纪中，蔡仪坚持了他的理论体系，没有本质的变化，坚定不移地坚持他认定的真理，捍卫自己所认定的标准原则。我们可以把他的理论概括成一系列的公式：美是客观的，美学是认识论，美感是一种反映，艺术是一种认识，

---

① 蔡仪：《美学论著初编》（上），上海文艺出版社1982年版，第4页。

自然美是前人类的,"美的规律"就是典型的规律,美就是典型,美的本质就是"美的规律"。下面简要述之。

关于"美的规律"。蔡仪认为马克思在《1844年经济学—哲学手稿》中提到的"美的规律"理论,阐明了美的本质问题,从此出发,一切美的问题就会迎刃而解。他从两方面阐述美的规律就是美的内容。其一,凡是符合美的规律的东西就是美的,不符合美的规律的东西就是不美的。也就是说,凡是美的事物都是符合美的规律的,而不美的事物就是不符合美的规律的。其二,事物的美就是由于它具有这种规律,而事物的不美就是由于它不具有这种规律。蔡仪得出结论说:"简单地说,美就是一种规律,是事物的所以美的规律。"规律是客观的,不以人的意志为转移,因此从本质上讲,美是客观的。如艺术的美就在艺术品本身,自然美就在自然本身,即使人们不感觉它美,也不能说它是不美的。

蔡仪认为,美的事物之所以美就是因为它具有美之为美的规律。这个规律是什么呢?蔡仪的回答是:美的规律就是典型的规律,美的法则就是典型的法则。"美是典型"是蔡仪在《新艺术论》和《新美学》中阐明的一个重要观点。他说:

> 我们认为美的东西就是典型的东西,就是个别之中显现一般的东西;美的本质就是事物的典型性,就是个别之中显现着种类的一般。[1]

---

[1] 蔡仪:《美学论著初编》(上),上海文艺出版社1982年版,第238页。

蔡仪引用了宋玉《登徒子好色赋》中的一段话："天下之佳人莫若楚国，楚国之丽者莫若臣里，臣里之美者莫若臣东家之子。东家之子，增之一分则太长，减之一分则太短，着粉则太白，施朱则太赤……"蔡仪认为："这位美人的形态、颜色，一切都是最标准的，也就是概括了'臣里'、'楚国'、天下的女人的最普遍的东西了。由此可知她的美就是在于她是典型的。"他还举实例说："美的眼睛就是大多数眼睛都像它那副模样的。"蔡仪"美是典型"的理论包含有两个基本要义：美是种类的一般性；美的标准即统计的平均数。蔡仪认为在艺术中，"在个别里显示着一般的艺术形象，就是所谓典型"。艺术典型就是个别性的东西与一般的统一。艺术创作的中心任务就在于塑造典型，只有在创作出一定典型的艺术作品时，才能被称之为真正美的艺术作品。因此，艺术的美主要也就在于艺术的典型，艺术的典型形象是美的艺术形象。

蔡仪的美学思想在论述自然美时最能显示其特色。他认为自然物的美是由自然物的自然属性决定的，它与人的意识无关，也不是"从外部注入自然界"的。自然物的美，也在其典型性。他曾分析了阳光下金子、银子的美，他认为金子在自然混合的光线色彩中专门反射出红色这种最强的色彩，也就是以足赤的金色更好地表现出照射到地面的日光的光明和温暖的特征，是合乎美的规律的，也就是美的。由此他推论出自然的美是客观存在于美的事物之中的，自然美不是"自然的人化"或"人的本质对象化"的结果，也不是"客观的社会性的存在"。自然美的主要决定条件，是自然事物的种属的普遍性，也即事物的本质；也就是说，当某一自然事物的个别性充分地表现着种属的普遍性，或者说这事物的现象有力地表现它的本质，这个体的自然事物便是美的。因此，自然美并不依赖于人而独立存在，也不受人力的干预，所以自然美具有超人类性。

从唯物主义观点出发，蔡仪把美学视为认识论。这是蔡仪美学的哲学基础。他的美学体系就是从此基点上派生出来的。他遵循物质是第一性的，意识是第二性的原则，认为美既然是物的属性，当然是第一性的。由此产生他的研究方法，即先从现实的美谈起，然后才是客观美的反映，才有了人的美感；人掌握了客观美的规律，才能进行创造。因此，美学就是一种认识论。他给美学下定义说："美学就是关于研究现实的美、人对它的美感和艺术美的创造有关规律的学科。"总之，"美的存在——现实美；美的认识——美感；美的创造——艺术美，就是美学所要研究的范围"。[1]

既然美学以美的存在为前提，客观美的存在就应成为美学研究的重点和主要内容。"换句话说，美学研究的正确方法应当是首先从现实事物去考察美，从把握现实美的本质入手来探讨美感和艺术美的本质以及它们三者之间的关系，并进而研究美学的其他问题。"[2] 将此哲学观引到艺术论上，蔡仪认为艺术是对社会生活的反应、认识。早在《新艺术论》中，他就明确指出："艺术也就是客观现实的反应，换句话说，就是人类对于客观现实的一种认识。"在《美学原理》中他进一步认为，艺术作为更高意识形态，反映全面的社会生活，或者说反映整个的社会生活，反映从物质生活到精神生活的各个领域，反映现实生活的各个部分、各个方面。所谓艺

---

[1] 蔡仪主编：《美学原理》，湖南人民出版社1985年版，第3、6页。
[2] 蔡仪主编：《美学原理》，湖南人民出版社1985年版，第8页。

术的表现，确切地说，就是运用物质的表现工具把艺术的认识传达出来。换句话说，艺术的表现就是艺术的认识的摹写，就是主观的艺术的客观化而完成的艺术品。将此哲学观引用到形象思维的研究上，蔡仪认为形象思维也是一种认识活动。他说："我们说的正确的形象思维，尽管以形象性为特征，却首先是一种认识活动。……它既保持感性认识阶段上获得的感性特征，具有感觉、知觉、表象的生动直观的形象性，又具有理性认识阶段的概念、判断、推理的把握事物内部联系的理性特征。"[1] 这和在20世纪40年代，蔡仪把美和艺术看作一种认识的观点是完全一致的。

蔡仪坚持唯物主义的美学，把美看作客观的物的属性，把美感看作客观美的反映。但美感问题的复杂性，并不能仅从认识论上加以解决，蔡仪在反映论的基础上，在论述美感时，又提出"美的观念"的理论。美感反映客观的美并不像镜子的映照那样直接，而是要通过美的观念的中介。他说："美感的发生，是由于事物的美或其摹写和美的观念适合一致。"[2] 这里，美的事物和美的观念是产生美感的两个绝对的必要条件。他认为美的观念是客观美的反应。现实中有各种各样美的事物，人们在审美活动中把它们进行比较，把一些偶然的非本质的现象去掉，把它们的共同本质特征综合起来，便成为各种美的观点。美的观念体现着美的规律。美的观念就是典型的意象。所谓典型的意象，就是事物的非常突出的个别性或现象充分地体现它的种类的普遍性或本质，因而对于现实中同种类

---

[1] 蔡仪主编：《美学原理》，湖南人民出版社1985年版，第123—124页。
[2] 蔡仪：《美学论著初编》（上），上海文艺出版社1982年版，第287页。

事物都是有代表性的形象。所以蔡仪说："典型意象，就是美的观念，因为它体现着美的规律，体现着事物本身的固有的尺度。美的观念，是形象思维在一般意象的基础上，经过概括作用的集中化，加以创造的改造、提高而形成的。"①

美的观念有自己的特殊性：一方面，具有充分的种类的本质；另一方面，具有非常鲜明的具体形象。由此特殊性，又决定了美的观念有时比较确定明晰，有时又不够确定明晰的特点。蔡仪"美的观念"的理论，继承了西方美学史上关于从客观或主观方面探讨美感的特征的一些理论，如康德的"美的理想""鉴赏的原型"，黑格尔的"美是理念的感性显现"等理论学说，并做了唯物主义的改造，使"美的观念"在美和美感之间起作用，并把它摆在认识论的基础之上，成了主观与客观的契合点。蔡仪说："美感就是美的观念的自我充足欲求的满足时的愉快。"② 这样，蔡仪通过论述"美的观念"而找到了一条论述美感的道路。不过他关于美的观念的理论，不是探究审美感官的形式，而是探究审美感官的内容。

从20世纪40年代写作《新美学》，到80年代修改《新美学》重新出版，蔡仪系统地阐发了唯物主义反映论的美学思想，是马克思主义在中国传播后形成的最具有理论系统和富有影响力的学说之一。这个理论系统，在新中国成立以后的相当一段时间内成了正统的意识形态的一部分，成了权力话语的一部分。它不仅是革命文学的美学总结，而且为社会主义的文艺创作和批评，作出了古典主义

---

① 蔡仪主编：《美学原理提纲》，广西人民出版社1982年版，第33页。
② 蔡仪：《美学论著初编》（上），上海文艺出版社1982年版，第313页。

式的规范。蔡仪主编的《文学概论》，曾一度作为大学文科教材，产生了极大的影响。

蔡仪是一位学识渊博、功底深厚、态度严肃的学者。他在日常生活中，待人接物平易近人。1986年，我参加中国社会科学院文研所在蔡仪主持下的全国美学讲习班，聆听了他的讲课，感到朴实而严谨。他的《美学原理》出版以后，我没有机会购到此书，最后向先生写了一封求助信，没几天他便寄来一本，还附信特别交代不要给他寄钱去，算是送给我的，由此不难看出先生的为人。然而，他的理论风格却是严整、冷峻而犀利的。蔡仪的美学一度对中国文艺的审美趋势产生了影响，构成了不同于自由主义者的美学精神。它要求文学艺术要走进生活，反映现实，要以典型化的手法写出生活的本质或规律。由于他认为美就是典型，就是个别中显现出种类的一般，因此文学创作便走向典型的创造，并以此来反对写中间人物，反对暴露生活的阴暗面，反对文学中的主体意识。结果便导向一种英雄主义的崇高，造成了性格的单一化。提倡写本质的结果也逐渐走向了僵化，人为地设了许多禁区，成了一部分"批评家"们向别人打棍子、扣帽子的有力武器。虽说蔡仪的初衷不是这样的，但他的理论的鲜明的政治倾向性，以及要批判一切唯心主义的观点，就不得不采取论辩的性质，从而容易导致这种结果。

蔡仪的美学思想实际上存在着内在的矛盾。他要建立"唯物"的美学，但却认为美是典型。实质上这种典型是知性的抽象概念和表象结合的产物，在典型中起决定作用的是一种单一的、固定的抽象概念。这就暴露了蔡仪美学的黑格尔本质，是黑格尔"美是理念的感性显现"的另一种翻版。蔡仪晚年特别重视美感中"美的观念"的作用,把美的观念视为一种典型的意象,便是他企图解决"唯物"的美学的一种尝试。他在"唯物"的前提下,把美的观念置于重要的地位,唯物的前提就成了一种原则和虚设,除了满足哲学观点上的需要外,已经不起实质上的作用。另外,他把"美的规律"看作一种纯粹客观的运动过程也是属于误解。美的规律不是自然的物质运动的规律,美的规律不能离开人的意识,美的规律也要有人的参与。因为美不能看作客观的物的存在,而是一种生命的、价值的评价。

蔡仪以唯物主义来立论,反对一切唯心主义的学说,但他把美的规律、美是典型说成是纯客观的,这本身就适应了其意志的主观要求。唯心主义和唯物主义除了表明在世界本原上的不同哲学倾向以外,并不能说明政治上的正确和错误,也不能把凡是主张或从主观方面来研究美的就视为错误的,因为美本来就不是一种客观的物的属性,哲学上的唯物主义并不能解决美学上的任何复杂问题。实际上,要解决美学的问题,不是把美视为客观的就可以一劳永逸地使自己处在正确的位置上,也不能宣布自己就掌握了真理。恰恰相反,美的问题总是一个与人相联系的命题。没有人的生命,没有感情的生活,没有人的自由的主体意识,没有人对理想的追求,没有人的经验和审视,怎么会有美的存在呢?进入新时期,随着"文革"的结束,随着开放精神的形成,我们看到,蔡仪美学便成了过去一个时期的美学。但当我们迈着矫健的步伐,张扬着个性、自由、创造、灵性走向21世纪时,我们回头观看,仍为蔡仪所建立的美学大厦叹为观止。

第六章 爆炸与裂变

20世纪中叶,世界反法西斯浪潮取得决定性的胜利,一批殖民地国家获得了独立。中国人民在共产党的领导下,打败了日本侵略者,解放了全中国,1949年成立了中华人民共和国,从此中国历史翻开了新的一页。

新中国成立初期,共产党领导的新政权要做的事情太多了,肃清反革命、巩固新政权、对国民经济进行社会主义改造,一时还没有过多的精力过问美学和文艺界的理论问题。但自从中国早期的共产党人找到马克思主义以后,马克思主义美学思想就一直在传播着。毛泽东作为共产党的领袖,作为新中国的开国元勋,在新中国成立前就形成了系统的美学思想,这种战争年代形成的美学思想在新中国成立后并没有随着环境的变化而变化,只是在某些方面进行了调整,加上新中国把马克思列宁主义、毛泽东思想作为指导思想的理论基础,就决定了要对一些非马克思主义、与毛泽东思想不符的种种思想进行针锋相对的斗争。因此,当政权巩固以后,一场接着一场的思想文化战线的斗争随之而来。这里有"五四"以来就存在的矛盾，有新中国成立前国统区和解放区的不同矛盾，有"左翼"文学战线内部的种种矛盾，有新形势涌现的新矛盾。文艺战线"思想斗争"的目的就是使文艺家抛弃旧思想，全部统一到歌颂新时代、塑造新人物上来。如1951年4月至8月开展的对电影《武训传》的批判，1954年开始对俞平伯《红楼梦》研究的批判，1955年对胡适"唯心论"的批判，1955年开展的大规模对胡风的批判，终于酿成了一场政治斗争。同时，一批马克思主义的文艺理论家兼党的文艺领导者周扬、冯雪峰、茅盾、何其芳等人，在阐释和发挥毛泽东文艺思想的同时，建构了自己的理论风格并做出了理论贡献。他们提倡的是一种带有伪古典主义的现实主义，要求按照一种统一的理想来塑造对工农兵有教育意义的英雄人物。他们认为文学要塑造典型，典型就是要表现本质、展示理想，无产阶级的英雄精神就是时代的本质，因此形成了中国20世纪美学精神中的英雄主义的崇高期。此美学思想的逻辑发展被推到极端，就是"文化大革命"的"三突出"创作原则和一批"样板戏"的出现。

这种文艺战线的斗争，表现在美学上就是新中国成立后从1956年爆发、一直到1964年逐渐结束、对20世纪最后20年仍起到巨大影响的美学大讨论。

一、批判美学与美学批判

20世纪美学被引入中国以后，经过半个世纪的发展已经取得辉煌的成就。西方的各种美学观被陆续介绍过来,对中国人的思想启蒙起到巨大的作用。"五四"以来中国人找到一条马克思主义的道路,这条道路使许多西方资产阶级的美学观点和马克思主义背道而驰。中华人民共和国成立以后,马克思主义取得了统治地位,正如马克思所言,任何时代占统治地位的思想只能是统治阶级的思想。因此,当批判了文艺创作和文艺理论中的各种非马克思主义观点以后,便开始了对远离经济基础的美学领域的批判。但美学理论的争论不像政治理论的倾向性那么强,从 50 年代中期到 60 年代中期,中国大陆掀起了一场"批判美学"的风暴。

在当时的一些人的眼中,朱光潜是旧时代资产阶级美学思想的代表人物,批判便应以他为开端。朱光潜早年留学国外,专攻美学,新中国成立前写了大量谈论美学的书,一些西方美学思想,主要通过他介绍到中国。新中国成立后,朱光潜曾说过这样的话:"我曾经醉心于英美式'民主自由',也曾经想望过它可以应用到中国。"[①] "我也宣传过帝国主义的文化,也主张过缓步改良,也曾由主张学术自由不问政治的冬烘教授转变成国民党的帮凶,站在反动的维护封建权威的立场仇视过学生爱国运动。"[②] 他能做这样的解剖是值得欢迎的。而且他并没有随国民党到台湾,而是留下等待解放。1956 年,在批判胡风后没多久,朱光潜便在 1956 年 6 月号的《文艺报》上发表了《我的文艺思想的反动性》一文。初步检讨了自己的错误,表示愿意重新学习马克思主义美学的愿望。正如

---

① 《朱光潜全集》第 10 卷,安徽教育出版社 1988 年版,第 23 页。
② 《朱光潜全集》第 10 卷,安徽教育出版社 1988 年版,第 30 页。

杉思说的:"批判朱光潜过去的唯心主义美学思想成为这次美学讨论的前奏。"① 蔡仪、黄药眠、贺麟、敏泽、曹景元、王子野等人都先后发表了批判朱光潜的批判文章。然而就在批判朱光潜的时候,发生了意见分歧。黄药眠批判朱光潜的唯心主义美学;蔡仪指出黄药眠是用唯心主义批判唯心主义,并又重申自己过去《新美学》中"美是典型"的主张;这又遭到朱光潜的批评,认为他是机械论的,不是辩证法的,朱光潜又提出了自己的观点;李泽厚1957年1月9日在《人民日报》上发表了《美的客观性和社会性》一文,既批评了蔡仪的观点,又批评了朱光潜的观点。这样,一场美学大讨论便拉了序幕。从1956年到1965年,有近百人参加了讨论,发表论文在300篇以上。有些参加讨论的人出了专集,除此以外,还出版有《美学问题讨论集》共6集。此次美学大讨论,形成了新中国成立后美学的第一次热潮,影响深远,奠定了20世纪后半叶中国美学的基础,为新时期美学的全面繁荣做了历史的铺垫。

在当时的历史条件下,这次美学大讨论的目的很明确,就是要清除和批判旧的美学思想,建立新的马克思主义的美学理论。对建立马克思主义的美学理论,没有人提出不同的意见,但在什么是马克思主义美学上则存在较大的分歧。因此在美学讨论中,主要围绕美的本质问题展开,涉及美学对象、美感、自然美、艺术等问题。在讨论中,形成了以朱光潜为代表的主客统一的美论派,以蔡仪为代表的客观美论派,以李泽厚为代表的客观性与社会性统一派和以

---

① 文艺报编辑部编:《美学问题讨论集》第6集,作家出版社1964年版,第393页。

吕荧、高尔泰为代表的主观美论派。

但是，这10年左右的美学大讨论并没有建立起真正的马克思主义美学，没有实现在新形势下美学理论的整合，从某种意义上讲，仍是旧美学在新时代的重演，不过都加上了马克思唯物论和辩证法的外衣，或者加上列宁反映论的外衣罢了。

读这一历史时期美学大讨论的文章可以感到鲜明的时代特征和浓厚的火药味。让人感到困惑的是，无论是主张美是客观的还是主观的或者是主客观结合的，都认为自己是符合马克思主义的。这说明他们对什么是马克思主义并没有取得统一的认识。在没有对这一前提取得统一认识的情况下，一些美学探讨的文章便成了大批判，以指责对方为唯心主义作为对方错误的依据。大家都在探讨马克思主义唯一的美学理论，但实际上马克思主义根本就没有过唯一的美学体系。大家都引用马克思、列宁的言论作为立论的基础，实际上马克思、列宁的话是在不同时期、针对不同情况发出的。何况，他们说过的每一句话也不是绝对真理。因此，那种定于一尊的讨论方法，在争辩以前对某一理论就判定正确与否的形而上学态度和经院式的宗教态度，是制约这次讨论的"第二十二条军规"。同时，一些人的观点并不是从马克思著作中引申的，不少是从苏联搬过来的。在这样的前提下，要想使美学的讨论真正建立在一个科学的基础之上几乎是不可能的。

在讨论中，大家用唯心和唯物来划分错误和正确、革命和反动的这个大前提是形而上学的，当时除了朱光潜外，几乎无人对这个大前提产生过疑义。朱光潜在1961年《哲学研究》第2期上发表的《美学中唯物主义与唯心主义之争》一文，引用了列宁在《唯物主义与经验批判主义》第三章里谈到的"物质与意识的对立"时,说它"仅仅在承认什么是第一性和什么是第二性这个基本的认识论问题的界限之内才有绝对的意义。在这些界限之外,这一对立的相对性是毫无疑问的"。唯心主义和唯物主义代表了两种认识世界的方法,不能认为从主体研究美学就是唯心主义,就是错误的,也不能认为把美作为客观的就是唯物主义,就是正确的。蔡仪把美看作物的特性,与主体意识毫无关系,走向了一条"见物不见人"的美学就是例证。

尽管如此,这次美学大讨论还是应当予以较高的评价。这次美学大讨论,适应了历史发展的需要;通过论争看到美学问题的复杂性,暴露了美学研究中存在的问题;它是中国近代美学的终结和现代美学的开端,为20世纪70年代末的美学振兴作了理论上的准备。同时,马克思《1844年经济学—哲学手稿》被运用于美学的研究,为在那个历史条件下揭示美学的深刻内涵也打开了一个缺口,为下一个阶段美学的基础研究,展示了丰富的内容。其存在的问题主要是教条主义和经院式的研究方法,主要以阐释经典理论家的著作和论述作为确定正确与否的基础,违背了实践是检验真理的唯一标准的原则;论辩中有些人用政治的批判代替了学术的探讨,破对手的论题大于立自己的命题,使理论无法真正深入下去;唯物和唯心的机械的划分,使美学失去了人的主体性,美学仅仅成了哲学认识论的奴婢,审美的主体机制、审美的经验性特征,都没能得到应有的研究。这场美学大讨论的背景,仅有苏联的美学探讨作为参考的坐标系,没有把美学放在世界性的学术背景下,我们对西方的美学知之甚少,而又以资产阶级的美学予以否定,因此未免天性不足,结果美学的讨论只能在反映论的圈圈里转,没有形成真正的统一的美学体系,并使这种理论体系和国际美学接轨。

二、四大派别:在否定中生成

在我国 20 世纪 50—60 年代的美学大讨论中,美的本质问题是讨论最多、最激烈的问题。这关系到美学的哲学基础问题。在当时看来,哲学的最基本的问题是思维与存在的关系问题。于是便形成这样的一个公式:凡主张美是属于客观存在范畴的,便是唯物主义;凡主张美是属主观思维范畴的,则是唯心主义。但美的现象的复杂性,并不是简单地归为客观存在还是主观思维就可以解决的,因此展开热烈的讨论便不可避免。蒋孔阳先生 1979 年发表了《建国以来我国关于美学问题的讨论》① 一文,对这段历史做过总结,被学术界普遍认同。他认为从基本的倾向上,可以归纳为四个主要的派别。

1. 美感点燃了美

以吕荧和高尔泰为代表的一派主张美是主观的。吕荧和高尔泰的认识也不完全一样,吕荧主张"美是人的概念""美是人的社会意识";高尔泰则认为美纯粹是人的主观感受,是人的评价。这种观点在当时的历史条件下,不可能获得更多人的支持。

---

① 蒋孔阳:《美和美的创造》,江苏人民出版社 1982 年版,第 62 页。

吕荧（1915—1969），原名何佶，曾用名吕云圃，笔名倪平、吕荧等。1915年11月25日生于安徽省天长县新何庄。1935年考入北京大学历史系，1939年在昆明西南联大复学就读，毕业后在四川教中学。1946年任贵州大学历史系副教授。1947年到台湾师范学院任教，1949年回祖国大陆，1950年任青岛山东大学中文系主任、教授。1955年因"胡风集团"问题被隔离审查。在20世纪50年代美学大讨论中，他发表了几篇很有影响的美学论文。1969年3月5日去世。

早在1953年，吕荧就在《文艺报》上发表了《美学问题——兼评蔡仪教授的〈新美学〉》一文。在批评蔡仪"美是典型"学说时，提出了他的看法："美，这是人人都知道的，但是对于美的看法，并不是所有的人都相同的。同是一个东西，有的人会认为美，有的人却认为不美；甚至于同一个人，他对美的看法在生活过程中也会发生变化，原先认为美的，后来会认为不美；原先认为不美的，后来会认为美。所以美是物在人的主观中的反映，是一种观念。"他又说："美是人的一种观念，而任何精神生活的观念，都是以现实生活为基础而形成的，都是社会的产物，社会的观念。"[①] 1957年他在《人民日报》上又发表了《美是什么》一文，他说："我仍然认为：美是人的社会意识。它是社会存在的反映，第二性的现象。"[②] 他还论证了人类美意识的起源，他说："美的起源和发展说明它是一种社会意识。作为一种社会意识，美为社会生活所决

[①] 吕荧：《吕荧文艺与美学论集》，上海文艺出版社1984年版，第416页。
[②] 吕荧：《吕荧文艺与美学论集》，上海文艺出版社1984年版，第400页。

定，也反作用于社会生活，它随社会生活的发展而发展，在发展中美有它的相对独立性，有它的继承性和连续性，并且与其他的社会意识发生相互的影响，在阶级社会中美也有它的阶级性。"①

吕荧认为美是一种意识形态的观念，是社会存在的反映，而不是社会存在本身，因此遭到蔡仪的批评。因为蔡仪认为美是客观物的属性，便认为吕荧把美看成"适合于我们的美的观念而我们认为它是美的"②。朱光潜也说他这是"万美皆备于我"的唯心主义。为此，吕荧又写了《美学还原》和《再论美学问题》来回应朱光潜和蔡仪。平心而论，吕荧的"美是意识形态"的观点，在当时见物不见人的观点盛行时，给人的主体性留下了研究的空间，是有一定意义。但由于他的观点被视为唯心主义的，也就没能产生深远的影响。加上他在"文革"中去世，其观点就没能发扬光大。

另一个主张美是主观的是高尔泰。高尔泰 1935 年 10 月生于江苏高淳。小学和中学是在家乡度过的。15 岁后在苏州美专、江苏师范学院学习绘画。1955 年，20 岁的他被分到兰州十中教书。1956 年在美学大讨论中，他写了《论美》一文，1957 年又发表了《美感的绝对性》一文，而被划为右派，开除公职，劳动教养。1962 年以后他到敦煌，有时临摹壁画，有时进行写作，有时又被监督劳动，直到 1978 年才复出，继续研究美学，出版有《论美》《美是自由的象征》。就《论美》一文来看，当时他的观点仍是不成熟的，但他这种不合时流的勇气和敢于直抒胸臆的傲然正气，则树立了美

---

① 吕荧：《吕荧文艺与美学论集》，上海文艺出版社 1984 年版，第 410 页。
② 蔡仪：《论美学上的唯物主义与唯心主义的根本分歧——批判吕荧的美是观念之说的反动性和危害性》，《北京大学学报（人文科学）》1956 年第 4 期。

是主观的旗帜。他在文章一开头就表明自己的观点:"有没有客观的美呢? 我的回答是否定的:客观的美并不存在。"①"美,只要人感受到它,它就存在,不被人感受到,它就不存在。""美和美感,实际上是一个东西。"

"美不等于感觉。感觉是一种反映,而美,是一种创造。""而美,作为感受,它永远是真实的。"高尔泰关于美是主观的学说,与其说是哲学的思考,不如说是作为画家的自我感受。他从自己的美的观察中,引申出美是主观的看法。美学家洪毅然先生回忆说,他看到《新建设》上高尔泰的文章,便去访问他,只见高尔泰的书架上,钉着一张小卡片,上面写着但丁的诗句:

走你自己的路,
让人们随便怎么去说吧!

洪毅然说高尔泰这种态度是不现实的,高尔泰却一笑了之。1957年高尔泰又发表了《美感的绝对性》一文,当时"反右"斗争正要开始,已经是"山雨欲来风满楼"的形势,他还在谈论"人的内心生活有多么复杂,美就有多么复杂"呢! 他说:"当一个人对一件事物感到美的时候,他的心理特征就是审美事实。你不承认它,它依然存在。这就是美感的绝对性。"

在批判唯心主义观点是一种时代风尚时,高尔泰公开认为美是主观的,受到批判则是其历史的命运。宗白华写了一篇《读〈论

---

① 高尔泰:《论美》,甘肃人民出版社1982年版,第1页。

美〉后一些疑问》,用温和的态度批评他的观点,指出了他论文中的矛盾。宗白华说:"当我们欣赏一个美的对象的时候,譬如我们说:'这朵花是美的',这话的含义是肯定了这朵花具有美的特性和价值,和它具有红的颜色一样。这是对于一个客观事物的判断,并不是对于我的主观感觉或主观感情的判断。这判断表白了一个客观存在的事实。"[1] 敏泽也就此写了评论文章《主观唯心论的美学思想》。

吕荧和高尔泰的观点,不合时代的潮流,又不符合唯物主义,所以公开支持的人极少。随着高尔泰被开除公职、吕荧去世,这一派的学说当时渐趋消失。只是到了新时期以后,才在此基础上,以另一种方式得以生存。

2. 美是超人类的

以蔡仪为代表的一派认为美是客观的。在新中国成立后的美学大讨论中,蔡仪坚持了他《新美学》中的观点,坚持美的客观性。他认为:"物的形象是不依赖于鉴赏者的人而存在的,物的形象的美也是不依赖于鉴赏者的人而存在的。"那么,这种美是什么呢?蔡仪认为"美的东西就是典型的东西",美"不随着它所反映的基础的消灭而消灭","许多客观事物古代人认为美的,而我们现在也认为它美"。因此,真正美的东西,永远都是美的。美感只能反映美,而不能影响美,因此,美是超人类的,与人的生活、人的意识

---

[1] 宗白华:《读〈论美〉后一些疑问》,载《中国当代美学论文选》第1集,重庆出版社1984年版,第298页。

无关。

　　蔡仪的观点受到了许多批评。朱光潜认为:"在美学上划清唯心与唯物的界限已经不是一种容易的事,即使唯心与唯物的界限果然划清了,也还不等于说就已解决了美学问题。""蔡仪同志只抓住了'存在决定意识'一点,没有足够地重视'意识也可以影响存在'。"蔡仪的观点是"谨守唯物的路向,却不是辩证的"①。"它基本上就是柏拉图式的客观唯心论。"李泽厚认为:"我们与蔡仪的分歧就在美的社会性的问题上。蔡仪的美学观的基本特点在于:强调了美的客观性的存在,但却否认了美的依存于人类社会的根本性质。"② 蔡仪美学的特征表现为"美的客观存在和物质世界的客观存在完全一样,是不依赖于人类的存在而存在的。因此,没有人类或在人类以前,美就客观存在在自然界的本身中"③。蔡仪所信奉的正是这种形而上学唯物主义的美学观。洪毅然也说:"蔡仪唯物主义观点的形而上学性质……把美理解为脱离人类生活实践关系的事物自己具有的属性有关。"④ 对这些批评,蔡仪反驳说:"所谓'美是不依赖于鉴赏的人而存在的',说的既是'鉴赏的人',当然不是一般的人。而且所谓'不依赖于鉴赏的人而存在',不过是说,不依赖鉴赏者的主观而存在。简单地说就是:'美是客观

---

① 朱光潜:《美学怎样才能既是唯物的又是辩证的》,《人民日报》1956年12月25日。
② 李泽厚:《美术美的客观性和社会性》,《人民日报》1957年1月9日。
③ 李泽厚:《美的客观性和社会性》,《人民日报》1957年1月9日。
④ 洪毅然:《美是什么和美在哪里》,《新建设》1957年5月号。

的。'"① 但他并没有承认美是依赖于人而存在的。他只是说"社会事物的美","未必是不依赖于社会关系而存在的,也未必是超时代、民族、阶级的"。对于自然美,在过去他认为在未有人类以前就存在了,但在 20 世纪 50 年代的大讨论中,他没有修正过这一观点。

对蔡仪"美是典型"的看法也有人反对。李泽厚认为,蔡仪把美归为"显现种属一般性"的理论,已经接近于柏拉图、黑格尔认为的美是"显现了"某个客观存在的抽象理念或共相(一般性)的客观唯心主义的美学观了。其"实质上是一种僵死、机械的庸俗社会学和教条主义的典型论——必导致艺术脱离复杂的生活真实走向表现抽象'一般性'、'本质真理'之类的公式化概念化的道路"。再说,"美是典型"的理论也说不通,因为典型的事物可以是美的,也可以是丑的。例如,典型的帝国主义分子,典型的反面人物,典型的青蛙之类,难道能够说是美的吗?在这样的批评下,蔡仪的美学理论因为片面地、机械地强调"唯物"而走向了其反面;忽视了人的因素而走向消亡;其在实践上造成的影响就是写本质、写规律、导致概念化、成为英雄主义崇高阶段的伪古典主义理论的典型代表。

3. 看轻主观就是看轻人

以朱光潜为代表的一派认为美是客观与主观的统一。新中国成立后的美学大讨论是从朱光潜的自我批判开始的,他批判了自己过

---

① 文艺报编辑部编:《美学问题讨论集》第 3 集,作家出版社 1959 年版,第 233 页。

去美是心灵创造的主观论,但他仍坚持他认为对的方面。他把过去论述的"心与物"的关系,转变为"主客观统一"的关系。他认为所谓客观,就是说美必须以客观的自然事物作为条件;所谓主观,是说单纯的客观事物还不能成为美,要等客观事物加上主观意识形态的作用,然后使"物"成为"物的形象",这时才有美。由于物的形象是物在人的既定的主观条件的影响下反映于人的意识的结果,所以已经不纯是自然物,而是夹杂着人的主观成分的物。换句话说,已经是社会的物了。美感的对象不是自然物,而是作为物的形象的社会的物,因此"美是客观方面某些事物、性质和形状适合主观方面意识形态,可以交融在一起而成为一个完整形象的那种特质"[①]。

朱光潜认为,"既有客观性,也有主观性;既有自然性,也有社会性"的"物的形象",就是艺术形象。因此只有艺术有美,美就是艺术的特性。所谓特性就是某种事物特有的属性,是必不可少的属性。既然美是艺术的一种特性,那么研究美就不能脱离艺术。他认为自然美也是艺术美的雏形阶段,因为自然美是受艺术美的观念影响的。正因为他把美仅看成艺术的特性,所以他就用艺术来解释美。艺术是一种意识形态,所以作为艺术特性的美就只能是一种意识形态的。美既然是意识形态性质的,就不是客观存在的第一性的,而是第二性的。既然美是意识形态性质的,研究美学就不能限于列宁的"反映论",还要用马克思主义的意识形态的理论。这样,

---

[①] 朱光潜:《论美是客观与主观的统一》,载《朱光潜美学文集》第3卷,上海文艺出版社1983年版,第71—72页。

朱光潜便把美归为"主客观的统一"。他把美确定在一种反映关系中，认为美的本质就表现在主客体的特定的反映——意识形态性的、艺术的反映中。这种反映关系实质上是一种"交融"。他说："美感就是发现客观方面某些事物、性质和形状适合主观方面意识形态，可以交融在一起成为一个完整形象的那种快感。"朱光潜还引用苏东坡的《琴诗》来阐明自己的观点：

若言琴上有琴声，
放在匣中何不鸣？
若言声在指头上，
何不于君指上听？

朱光潜认为："说琴声就在指头上的就是主观唯心主义……说琴声就在琴上的就是机械唯物主义……说要有琴声，就既要有琴（客观条件），又要有弹琴的手指（主观条件），总而言之，要主观与客观的统一。"①

到了 1960 年以后，朱光潜对美的本质的阐释又有了一个重要的深化，这就是我们前面在论朱光潜的美学道路时讲到的，由认识论走向实践论，深入到劳动创造论，在实践的基础上来论述的他的主客观统一说。1957 年朱光潜在《论美是客观与主观的统一》一文中，就指出自己"根据艺术是意识形态和艺术是生产劳动两个马

---

① 朱光潜：《"见物不见人"的美学——再答洪毅然先生》，载《朱光潜美学文集》第 3 卷，上海文艺出版社 1983 年版，第 123 页。

克思主义关于文艺的基本原则",认为审美活动是一个创造性的生产劳动过程,艺术作品是"生产产品"。到1960年,朱光潜所作的《生产劳动与人对世界的艺术掌握》一文的副标题就是"马克思主义美学的实践观点"。他认为马克思主义美学的新特点就在于从劳动实践的社会历史过程中考察主体——人与客体——自然的关系,考察这种关系的特定表现——审美关系。朱光潜主要根据马克思《1844年经济学—哲学手稿》中"自然人化"的思想,形成了自己的实践美学观,用以重新解释美学的基本问题。他的观点可以概括为美的本质在于人化的自然,艺术的本质是劳动创造,自然美统一于艺术美。

对朱光潜的观点,有些人是持反对态度的。蔡仪认为朱光潜把"物"与"物的形象"割裂开来,他的"夹杂着人的主观成分的物的形象","是一种知识形式,它很显然就是主观意识的东西,决不是什么'物'了"。因此,朱光潜的"主客观统一说"仍是"由物我交流而物我同一"的"主观唯心主义的老调"。朱光潜把美看成艺术的特性,从而用艺术的性质来解释美的性质,也遭到反对。蔡仪曾说:"马克思认为艺术是意识形态,却没有说过美也是意识形态,而艺术并不等于美,美的不就是艺术。"李泽厚认为,朱光潜是把两个问题混为一谈了。李泽厚在《美学三题议》中说,朱光潜"把人的意识(认识)与人的实践,把社会意识与社会存在混淆起来了"。

蒋孔阳先生认为:"朱光潜这种主客观统一的理论,虽然有些同志口头上反对而实际上却不谋而合。"① 事实果真如此，到20世纪80年代的美学热潮中，"实践美学"的大流行就是历史的明证。

从20世纪中国启蒙思想的发展来看朱光潜先生的美学，在庸俗唯物主义大肆泛滥时，他能坚持"主客观统一"的观点，对审美感受的能动性给予充分的肯定，张扬了人的因素在审美中的价值；在20世纪50年代的美学大讨论中，他把"心物统一"说提升到审美的主观方面的意识形态的层次，以后又发展为从实践方面来论证审美过程中的主客观关系，是顺应了历史发展潮流，促进了审美精神的独立自主的。

朱光潜说："看轻主观其实就是看轻人。"这句话揭示了他坚持主客观统一观点的深刻意蕴。他的美学的基本精神就是在美的领域求得人或主体的地位，这是继承了王国维、蔡元培早期美学传播者的传统，只不过朱光潜的论述更明确、更系统、更深入罢了。美学被介绍到中国，首先要确定学科的地位。早期美学传播者强调知、情、意的区分，张扬情感的作用是合乎学科发展需要的。朱光潜的美学也着重分析美、知、意的区分，到了中后期便开始思考审美的整体性、混融性特征，走向主客观相统一的美学观。但他并没有忽视情感与想象的问题，而是更加强调了其作为美学主要解决的问题的重要意义。从他的《文艺心理学》到《西方美学史》，再到翻译维柯的《新科学》，便展示了朱光潜美学的时代特征，显示了其对美学的杰出贡献。

---

① 蒋孔阳：《美与美的创造》，江苏人民出版社1981年版，第71页。

4. 历程中的积淀

以李泽厚为代表的一派主张美是客观性与社会性的统一。李泽厚认为美是客观的，但不是一种自然物的属性，而是一种人类社会生活的属性。社会属性不是指朱光潜的那种社会意识形态或者社会情趣，而是客观存在于社会生活之中的属性。由于社会生活本身是客观的，所以作为社会生活属性的美，既是社会的，又是客观的。李泽厚在20世纪50年代开始在美学界崭露头角，他从认识论的角度出发，认为美学就是一种认识论，但不是一种对自然的认识，而是对社会生活的认识。他强调的是车尔尼雪夫斯基"美是生活"的命题。他说："美与善一样，都只能是人类社会的产物，它们都只对于人。对于人类社会才有意义。在人类以前，宇宙太空无所谓美丑，就正如当时无所谓善恶一样。"他给美下定义说：

> 美是现实生活中那些包含着社会发展的本质、规律和理想而用感官可以直接感知的具体的社会形象和自然形象。①
> 美就是包含着社会发展的本质、规律和理想而有着具体可感形态的现实生活现象，简言之，美是蕴藏着真正的社会深度和人生真理的生活形象（包括社会形象和自然形象）。美是真理的形象。②

---

① 李泽厚：《美的客观性与社会性》，载《美学论集》，上海文艺出版社1981年版，第39页。
② 李泽厚：《论美感、美和艺术》，载《美学论集》，上海文艺出版社1981年版，第30页。

李泽厚又特别说明："我们所说的生活的本质、规律和理想，却只是生活本身，是不能超脱生活而独立存在的。"这样，他把美归为两个特点：从本质、规律和理想等方面来说，美具有客观社会性的特点；从可感形态方面来说，美又具有具体形象的特点。这样，美就不像是"反映"，而像是一种情感的"表现"；不是一种反映式的认识，而是一种"判断"。

在 1962 年发表的《美学三题议》一文中，李泽厚又强调"美是社会实践的产物"。他从人类的基本的客观实践活动方面来阐释了"自然人化"的观点，认为"人化的自然，是指人类社会历史发展的整个成果"①。"'人化'者，通过实践（改造自然）而非通过意识（欣赏自然）去'化'也。所以自然的人化是指经过社会实践使自然从与人无干的、敌对的或自在的变为与人相关的、有益的、为人的对象。"② "人化"有主体的自然人化与客体的自然的人化，两者都是几十万年实践的历史成果，这种成果还要通过抽象的形式美的特性（外形式）表现出来。他说："就内容言，美是现实以自由形式对实践的肯定；就形式言，美是现实肯定实践的自由形式。"

李泽厚认为社会美以内容胜，而自然美则以形式胜。自然美也是体现了其社会性才美的。他说："自然美既不在自然本身又不是人类主观意识加上去的，而是与社会现象的美一样，也是一种客观社会性的存在。" "人能够欣赏自然美，人能够把自己的感情'移'

---

① 李泽厚：《美学论集》，上海文艺出版社 1981 年版，第 172—173 页。
② 李泽厚：《美学论集》，上海文艺出版社 1981 年版，第 172—173 页。

到对象里去，实际上。这就是说，人能够在自然对象里直觉地认识自己本质力量的对象化，认识美的社会性。"① 因此，自然美的本质在于其社会性，是人类的社会生活的属性赋予它的。

这样，在20世纪50—60年代的美学大讨论中，李泽厚打出了美是客观社会性的旗帜，并逐渐建起了一个庞大的美学体系。以后发展出他的主体性实践哲学，或曰人类学本体论的实践哲学。这样，美成了一种自由的形式，其理论基础是"人化的自然"学说，在真、善、美（知、情、意）三者中，统一于美，美的本质被确定为客观社会性，从而建立了他的积淀论的美学。历史的积淀成了李泽厚美学理论的秘密，这一积淀导致自然的人化和人的自然感官的人化，于是美与审美就产生了。

在当时的讨论中，有一些人同意李泽厚的观点，如洪毅然，但他认为李泽厚"对美的自然性因素，似乎尚未予以足够的重视"。也有一些人批评了李泽厚的观点。蔡仪认为，李泽厚的观点与朱光潜的观点没有本质的差别，都是用社会性来掩盖他们唯心主义的实质。他说：李泽厚"不仅抹煞了自然物和社会事物的区别，而且正是把自然物归入于社会事物，以至于根本否定了自然界的独立存在，否定了自然界"。朱光潜则把李泽厚和蔡仪相提并论，认为他们都是机械唯物主义者。朱光潜认为，李泽厚把"社会性"也看成单属客观事物，"不依人的意志为转移"，就很难说得通了。

以上我们就20世纪50—60年代美学大讨论中的四大派别：主

---

① 李泽厚：《论美、美感和艺术》，载《美学论集》，上海文艺出版社1981年版，第28页。

观论、客观论、主客观统一论和客观社会论的主要观点进行了概要的介绍。下面再分析一下这场美学大讨论给我们留下的思索。

这次大讨论就像一场游戏或体育竞赛，大家都在参加竞赛，但没有人对其规则的合理性进行深刻的反思。

第一，大家无论观点如何，都称自己的理论是马克思主义的，对方是反马克思主义的，那么什么是真正的马克思主义便成了问题。在没有弄明白什么是真正的马克思主义以前，把它作为论辩的权威，作为正确与否的唯一尺度，是有问题的。这是一种机械论的教条主义态度，本身就是与马克思主义"实事求是"的态度背道而驰的，是对启蒙精神的反动。

第二，在讨论中用唯物和唯心来划分正确与否，唯物的就等于正确的，唯心的就等于错误的，这也是教条主义的。自认为是唯物主义的一些观点，把美看成一种客观的物质的属性，与人类社会和人的主体性无关，并用所谓"客观""真理""规律""本质"等一些名词把其包裹起来，认为违反了其所谓的"客观规律"就是错误的，这完全是强词夺理。实际上，他们把自己所臆想出来的一套本来是一种假设的理论体系硬说成了不依人的意志为转移的客观规律，这才是真正的"唯心"的。事实证明，这种假设的理论体系是主体的创造。尽管理论可以有其现实性作为基础，理论也有外在的真实性。我们不能否定理论体系的主体的建构性，但它不是自己所规定的，而是要经过实践检验的，并且实践的检验也是一个无穷无尽的历史过程。

第三，之所以在游戏的规则上出了差错，这完全是形而上学的思想方法所决定的。人们总要在自己所规定和假设的一套理论体系和意识形态体系中找出绝对的"真理"和唯一的根源,然后认为所有的一切都是由此派生出来的。这实际上就是中世纪神学世界观的反映,除了根据信仰把最终的根源归为"上帝"和"宿命"的安排外,不会有其他的根源。

第四,形而上学的方法最终导致一种教条主义和本本主义。讨论中许多人不是根据鲜活的审美经验的事实和人的感性生命的愉悦,而是根据抽象的哲学理念和抽象的概念或马克思经典作家的论述作为立论的基础,最终导致一种经院哲学烦琐的考据和无休止的论辩及指责。这样,争论的结果,不仅没有建立起一门真正科学的美学体系,连马克思主义美学是什么样子也没有画出一个大体的轮廓。

从价值论上看,这次美学大讨论,本来想使唯物主义战胜唯心主义,使马克思主义战胜形形色色的资产阶级美学,但实际上却没有做到。唯物主义的价值尺度是企图建立一套为新的政权进行合法统治的理论解说,建立一种"权力话语",为此以"物"而否定了"人",以"社会性""积淀"而否定了"个体性""感性"。这样,美学所具有的启蒙精神就只能在被当时社会意识形态所接受的前提下,在客观物的肯定中,在社会性的弘扬中找到自己的位置。蔡仪以正统意识形态者的立法者的美学家身份而出现;李泽厚则以抬高"社会性"的积淀理论适应了传统社会中弘扬集体主义的民族精神;朱光潜企图从主客观的统一中为主体争得一席地位;吕荧、高尔泰则以弘扬主体精神被归为唯心主义而受到彻底的批判。但从20世纪中国美学精神的历史发展过程看,朱光潜、吕荧、高尔泰的理论,无疑更具有启蒙的意义,他们企图从主体性方面确立一套审美的价值，但其付出的代价是沉重的。这场美学大讨论，体现了中国传统社会重集体精神，轻视个人意志；重大一统的理性，轻视生命感性的文化传统。然而，经过半个多世纪的美学的介绍、引进，经过众多美学启蒙者的弘扬，真正的启蒙思想仍然以顽强的生命力在运行着。

三、三大领域：在肯定中分化

美的本质问题是 20 世纪 50—60 年代美学大讨论的一个中心问题，好像这个问题解决了，其他的问题就容易解决了。但随着讨论的深入，许多人认为只在概念及原则中绕圈子，不能解决美学的问题，于是美学的研究对象问题，便引起了一些美学家的注意，并展开了热烈的讨论。

美学的研究对象是一个比较复杂的问题，至今仍意见纷呈，见仁见智。从美学形成的历史看，在德国古典哲学中，鲍姆嘉通是以 "Äesthetik" 来命名他第一部美学著作的。这个词义为 "感性学"。中国人和日本人都直接翻译为美学。黑格尔则把美学说成 "艺术哲学"。苏联在 20 世纪 40—50 年代曾讨论过这个问题，在 50 年代中期形成了三种意见：第一，认为美学是研究人对现实的审美把握的科学；第二，认为美学不仅要研究对现实的把握，而且要研究美；第三，认为美学是研究美的规律的科学。这场讨论很快就波及中国。1957 年，洪毅然在《新建设》发表了《美学研究的对象》一文，主张美学是关于美的科学。他说："美学既要研究自然界与艺术中一切客观现实事物本身的美——即美的存在诸规律,又要研究作为那种美的存在反映于人类头脑中的一切审美意识——即美感经验和美的观念的形成及发展诸规律。"与洪毅然相反,马奇、朱光潜等则主张美学是关于艺术的科学。马奇于1961年在《新建设》发表了《关于美学对象》一文。他说:"我认为美学就是艺术观,是关于艺术的一般理论。"朱光潜因为不承认有自然美,认为只有艺术才有美,所以很自然地认为美学主要地应当研究艺术。李泽厚则提出第三种意见,认为美学基本上应该包括研究客观现实的美,在人类的审美意识和艺术的一般规律之间,艺术更应该成为主要的研究对象和目的。

进入新时期以后,这个问题又有所进展,蒋孔阳、周来祥等人认为美学是研究审美关系的科学;高尔泰认为美学是研究审美经验的科学;叶朗、蒋培坤认为美学是研究审美活动的科学。这个问题实际上牵扯美学的逻辑起点,也决定了美学的学科构架,继而从不同的研究对象出发,便可以建立起不同的美学理论体系。1980年,李泽厚在《美学》第3期上发表了《美学的对象和范围》一文,对一些看法进行了评析,并提出自己的看法。他认为就美学的历史和研究的具体内容来看,美学实际上包括三个方面的内容,即美的哲学、审美心理学和艺术社会学。1989年在出版的《美学四讲》中,李泽厚进一步阐述了这一看法。他说:

> 从历史看,如刚才所说的,从古代起……就有今日美学所研究、所包括的对象、领域和内容。而这种内容基本上可分为三个方面或三种因素,它们倒恰好与上面三种定义相对

应,并的确构成至今美学的三种成分。有人认为,近代美学是由德国的哲学、英国的心理学、法国的文艺批评三者所构成(J. Stonitz)。有人认为,美学包括哲学、心理学、客观对象分析三种研究(H. S. Langfeild),或美学可分为形而上的(定义美)、审美心理的、社会学的三种研究……这种种看法,我以为倒是符合美学这门学科的历史和现状的。所谓美学,大部分一直是美的哲学、审美心理学和艺术社会学三者的某种形式的结合。比较完整的形态是化合,否则是混合或凑合。在这种种化合、混合中,又经常各有不同的侧重,例如有的哲学多一些,有的艺术理论多一些,有的审美心理学多一些,如此等等。从而形成各式各样的美学理论、派别和现象。[1]

李泽厚的这一概括既显示了美学形成的历史原因,又展现了美学在现代发展的学科层次,同时也说明了美学是什么。

1. 寻找永恒:美的哲学

美的哲学也可以说就是"哲学美学"。它主要从哲学本体论、认识论来研究美的本质、特征、发生、发展规律和审美意识及美的创造的科学。美的哲学是美学的引导和基础。20世纪以前的西方美学主干,中国50—60年代的美学大讨论的中心问题,都是美的哲学探讨的表现。美学在其形成过程中,本来就是哲学的一部分,在

---

[1] 李泽厚:《美学四讲》,生活·读书·新知三联书店1989年版,第10—11页。

美学史上最有影响的美学家往往是哲学家，最有影响的美学命题往往是哲学家提出来的。在西方，美学的研究往往在哲学系，都是这种美的哲学的表现。柏拉图、康德、黑格尔、克罗齐、马克思……首先是哲学家，在他们建构哲学大厦时论述到美学问题，他们所提出的"思"的命题往往是"诗"的，因此影响深远，比起那些实验的、经验的美学命题，更令人琢磨和启迪人。他们寻求的是现象之上的永恒，经验之外的唯一，变化中的规律。他们用自己的思辨、知性和理性，表达了一个超验世界的真实及诗意，从而拥有了永恒的魅力。

柏拉图关于美是什么的问题仍然吸引人们的好奇心。美不是美的小姐，不是美的汤罐，当然也不是美的竖琴和母马，那么"美本身"是什么呢？也就是说，美的现象之外的共性是什么呢？柏拉图提出的问题至今仍未有明确的答案，但仍逼迫着哲学家们去沉思。鲍姆嘉通创立美学时，正是把美学作为哲学体系的一个组成部分。康德正是在他的人类学的框架中，在纯粹理性和实践理性的中间插入他的判断力批判，并以此来探讨人的悟性的审美的机能的。马克思没有写过系统的美学著作，但他的《1844年经济学—哲学手稿》中提出的"自然的人化""人的本质力量的对象化""劳动创造了人""美的规律"等命题却是真正的哲学美学的基础，成了20世纪后半期中国马克思主义美学的理论基础。从逻辑上看，正是美的哲学所提出和研究的问题，描绘了美学的整体图景，挖掘了美学的最深层面，预示了美学的发展前景，规定了美学的一般任务。

哲学与美学形成一门学科在西方比较早。在西方的传统中，哲学的重要方面就是形而上学的本体论探讨，他们首先把我与世界分割开，把主体与客体分成两个东西，承认有一个超验的形而上的世界，由此来探讨人的认识能否符合客观实在，于是有了唯物主义和唯心主义这个主客两分法来研究美学是美在物，还是在心？换个说法就是美是客观的，还是主观的？我国 20 世纪 50—60 年代的美学大讨论的主观说、客观说、主客观统一说，以及后来的客观社会说都是在此哲学框架下展开的，也可以说这是一个美学的认识论问题。但到了 20 世纪 80 年代以后，当美学的探讨再次掀起高潮的时候，虽然有一部分人还关注美是主观的还是客观的，但有些人已经不再受传统形而上学本体论的限制了。在他们看来，哲学应从"主客两分"走向"天人合一"，如海德格尔就认为世界只是人活动于其中的世界，人在认识世界万物之前，早已与世界万物融合在一起，早已沉浸在他们活动的世界万物之中。人（"此在"）是"澄明"，是世界万物的展示口，世界万物在此被照亮。

西方马克思主义者布洛赫不再把世界看成具有确定本质的存在物，而是一个生成、发展的过程，主体在这一过程中与客体相互作用，是一个不断超越现实、朝向未来、新事物持续产生的过程。世界就是一个过程，是一个持续性的创造活动。与这种精神相联系，美的哲学便转向"审美哲学"，美的探讨从主客两分的认识论，转向了"天人合一"的体验论。在 20 世纪向 21 世纪的转折点上，中国美学界的审美意象论、审美经验论、审美意识研究、审美活动论以及生命美学、后实践美学，都是企图超越 20 世纪 50—60 年代的认识论美学的尝试。但尽管美的哲学研究发生了向内转的趋势，也不能完全抹杀和避开美的哲学问题，因为美学史家仍然可以根据研究者的态度来分析其哲学基础。许多人虽然对美的本质探讨缺乏热情，但它仍然是一个有待解决的问题。

2. 开放心灵：审美心理学

　　古典的美学，主要是一种哲学美学。这种美的哲学虽然重要，但它毕竟只是基础的研究，只是提供了美的一般原理，描绘了美的大体轮廓。其形而上学的推论和演绎，往往使不熟悉哲学思辨的人反感。再说美的哲学也不能最终解决美的主体性问题，不能直接解释美的现象。把一般的美学原理运用到具体的美的现象上要有一个中介，审美心理传统的美学之所以还不成熟，就是因为审美的心理奥秘还没有被科学地揭示出来。只有通过审美心理学的探讨，才能深入、实证地揭示美的创造和美的欣赏的奥秘，才能认清审美意识与美感经验的结构。

　　在西方，从费希纳提出"自下而上的美学"以来，美学研究的重点由美的哲学开始转向审美心理学。早在18世纪，英国美学家博克就对美感、崇高感的生理、心理基础进行了论述。20世纪初期在我国开始产生影响的立普斯的移情说、布洛的心理距离说、谷鲁斯的内模仿说等虽然还有着哲学的味道，但毕竟开始了审美心理学的探讨。到了20世纪，格式塔心理学、弗洛伊德的精神分析学、荣格的分析心理学等的出现，都对审美心理学的研究产生了极大的影响。

　　在中国传统文化中，正如没有一门作为学科的美学一样，也没有一门作为学科的心理学。心理学也是从西方引入中国的，因此中国审美心理学的不发达是可想而知的。中国审美心理学的研究也是从介绍西方的成果开始的。朱光潜早年留学海外就系统学过心理学，他从早年到暮年都非常重视对西方审美心理学成果的介绍和引进。他的博士论文就是《悲剧心理学》，以后又发表了《变态心理学》和《文艺心理学》，在他的《西方美学史》中，也对移情说进行了重新介绍。朱光潜在《文艺心理学》开篇就指出："近代美学所侧重的问题是：'在美感经验中我们的心理活动是什么样？'至于一般人所喜欢问的'什么样的事物才能算是美'的问题还在其次。"①

在新中国成立以后的美学大讨论中，由于囿于美学的认识论探讨而缺乏对审美心理的真正研究，当时的方法是把审美心理的探讨视为唯心主义而予以批判，从而忽视了审美的主体性的一面。只是到了新时期，这种探讨才又开始抬头。金开诚以《文艺心理学论稿》奏响了文艺心理学的重建序曲。吕俊华的《艺术创作与变态心理》，熔古今于一炉，把意识和潜意识、常态和变态与文艺中的情感、激情相连接，而开始走向主体体验论。滕守尧的《审美心理描述》则在改革开放大量引进国外心理学的基础上，尽可能地拓展了心理学的视野，博采众家之长，介绍了从精神分析学派、分析心理学派、格式塔学派到符号论与人本主义学派。他没有背上20世纪50—60年代美学大讨论的包袱，一开始就显出思想解放以后带来的学术的气度。

20世纪80年代中期，鲁枢元的文艺心理学研究也曾产生过广泛的学术影响。但是，这一阶段的审美心理学的建设还存在诸多问

---

① 朱光潜：《文艺心理学》，载《朱光潜美学文集》第1卷，上海文艺出版社1982年版，第9页。

题,如套用一般心理学的理论来阐释文艺、审美心理的占大多数,多数研究者在审美的心理要素中突出的是感知、想象、情感和理解几个普通心理学的概念,研究还停留在外在轮廓和抽象的原则上。大多是综合各种心理学的不同理论,拼凑在一起。这虽然对了解西方审美心理学的知识、扩大影响起到了推动作用,但没有严密而科学的体系。由于中国学术中本来就缺乏科学的实证精神,而审美心理学如不建立在大量实证、实验的基础上,就只能是抽象的,因此,当时中国整个审美心理学的建设还处在不成熟的状态。

20世纪80年代中后期到90年代初期,童庆炳带领他的一批学生完成了国家社科"七五"规划的重点项目——"心理美学"(文艺心理学研究),使审美心理学转化成了心理美学,他们出版有《艺术与人类心理》论文集以及《心理美学丛书》13种。内容涉及艺术创作的审美心理、艺术情感、审美体验、审美态度、创作动力、中国古代心理美学等方面,最终他们推出了《现代心理美学》①一书。这一系列关于审美心理学研究成果的发表,标志这一学科取得了较大的发展。他们认为,20世纪美学的研究发生了向内转的变化,也就是说,从美的哲学研究转向心理美学的研究。"心理美学的研究对象是审美主体在一切审美体验中的内在规律,其中既包括研究艺术美的创作和接受中的心理律动,也包括研究自然美和社会美中的心理活动轨迹。但因为艺术美是美的最高和最集中的表现,所以心理美学的主要对象不能不是艺术创作和艺术接受活动

---

① 童庆炳主编:《现代心理美学》,中国社会科学出版社1993年版。

中的审美心理机制。"① 在确定了心理美学的研究对象以后,他们又认为: "在心理美学研究对象中,审美体验是一个核心的命题。"② 人的审美活动和艺术活动,归根到底是人的一种生命体验。人活在世界上总要不断领悟世界的意义和人自身存在的意义,体验就是主体对生命意义的把握。这样,在围绕审美体验的基础上,美学转向了"审美体验论"的美学。这是对 20 世纪 50—60 年代认识论美学的突破,展示了在新形势下,美学价值取向的转移。美学的根被从物的属性、客观社会性置换到人的生命的体验中,已露出体验美学的端倪,美学的研究又走向其主航道,发出启蒙精神的光辉。

3. 价值取向:艺术社会学

艺术社会学是一门从社会学角度研究艺术的本质、起源、特征、功能和发展规律的科学。艺术社会学是美学研究的必然趋势。从美学发展史来看,尽管对美学的研究对象存在着诸多争论,但有一点却是普遍认同的,即美学研究离不开艺术,艺术始终都是美学研究的主要对象。从西方亚里士多德的《诗学》、莱辛的《拉奥孔》、阿恩海姆的《艺术与视知觉》,到中国的《乐论》《文心雕龙》《美的历程》,都是从艺术分析上升到美学理论探讨的著作。没有一部美学著作不涉及艺术问题。黑格尔的巨著《美学》,实际上也不过是"艺术哲学"而已。现代西方分析哲学把美学视为

---

① 童庆炳主编:《现代心理美学》,中国社会科学出版社 1993 年版,第 15 页。
② 童庆炳主编:《现代心理美学》,中国社会科学出版社 1993 年版,第 15 页。

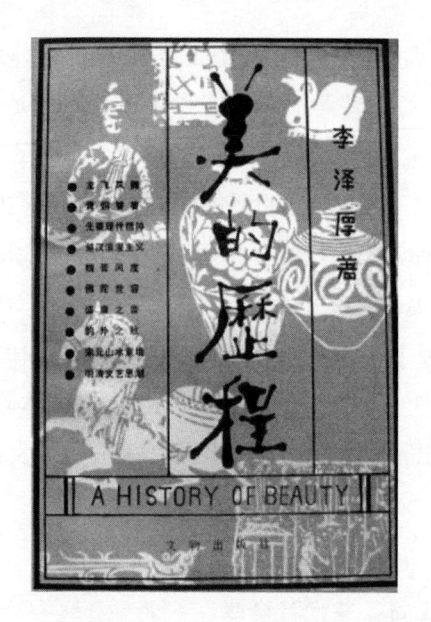

李泽厚《美的历程》书影，1981年版

"元批评学"，也是这方面的极端发展。美学研究艺术的诸多问题，其就必然是艺术社会学的。

美学不仅要研究美的哲学，从形而上学的本体性上把握什么是美；美学也不仅要研究审美心理学，从审美体验上来分析人的审美结构；而且美学研究的心理内容、艺术内容都是在人类社会生活中形成、发展的，因此它也需要一个社会学的角度，需要从社会学的角度对艺术进行批评和阐释。社会的政治、经济、文化、习俗对艺术有一定的制约作用；特定的社会环境对艺术创作、鉴赏、发展产生必然的影响；艺术的产生、演变、发展都有一定的社会根源；文艺思潮、创作个性、风格流派、艺术作品的时代特征、民族特色以及艺术审美趣味,都与一定时代的社会生活密切相关。当然,美学的艺术社会学不等同于文艺学,它主要从审美上将艺术视为具有特定社会内容的审美对象,围绕不同历史时期人类审美意识、审美心理结构来研究艺术的审美特质,研究特定时期社会生活、政治、经济、文化结构、社会审美心理对艺术创造、鉴赏、发展的意义以及它们在艺术上的物态化的成果与发展。

作为独立学科的艺术社会学产生于19世纪中叶。法国哲学家孔德提出的实证主义对艺术社会学的形成产生了很大的影响。法国丹纳的《艺术哲学》把艺术的产生、发展及本质归结为"种族""环境""时代"三要素,形成了艺术社会学的一个学派。其早期代表是芬兰的希尔恩,他从社会学的角度考察艺术的起源,著有《艺术的起源》一书;德国的许金在《文学趣味的社会学》一书中探讨了艺术的审美趣味史;法国的拉罗在《艺术与社会生活》一书中认为:艺术中的心理事实只是一种潜在性,只有社会因素才能把它们变成审美的现实性,从而把美学研究的领域从纯粹的审美扩大到社会的许多方面;美国的豪塞尔则强调了艺术史的哲学,提出"心理学依靠社会学"的原则,认为艺术是社会的产物,社会也是艺术的产物。马克思主义美学一贯重视艺术社会学的研究,俄国的普列汉诺夫的《没有地址的信》《艺术与社会生活》等,都是这方面的代表作。艺术社会学是一个影响深远的学派,其研究的问题也繁杂得多。当代西方艺术社会学研究有三种值得注意的潮流:杜威、门罗突出艺术的外部规范作用,把艺术看成维护社会平衡的手段;弗洛伊德、弗莱突出艺术的精神补偿,把艺术看成弥补不健全的社会生活、维持心理平衡的手段;萨特、海德格尔则突出艺术的自我表现作用，把艺术看成实现精神自由的手段。

中国现代美学中，一般都较重视艺术与社会生活的关系，大多都包含艺术社会学的内容，但受苏联庸俗社会学的影响较深，尚未形成独立的系统的艺术社会学学科。新时期以来，由于庸俗社会学的名声较差，所以影响到新的艺术社会学的建立，鲜有美学家在这方面投入过多的精力去重新建构其理论的系统。偶尔的突破，也因美学中新的东西太繁杂、新学说不断涌现而影响甚微。

第七章 《手稿》与美学问题

这里的《手稿》，是马克思《1844年经济学—哲学手稿》一书的简称。《手稿》是马克思1844年4月至8月在巴黎写的，在马克思生前没有发表，有些段落原稿已经遗失，过了90多年，才首次公开出版。此书原名《政治和国民经济学批判》，由3个未完成的手稿组成，1932年在阿多拉茨主编的《马克思恩格斯全集》德文版第3卷上全文发表时，才使用《经济学—哲学手稿（1844）》这一标题。

《手稿》是马克思一部未完成的独立著作。它批判了资产阶级的政治经济学、社会制度和黑格尔的哲学，提出了一些新的观点，阐述了共产主义的一些基本原理，内容涉及工资、利润、地租、私有制、异化劳动、货币、共产主义等经济学、哲学问题。

自从马克思主义产生深远影响、被社会主义国家作为理论基础以后，对马克思著作的解释就变得格外重要。《手稿》的公开发表，在国际学术界引发了一场《手稿》的争论风暴。西方马克思主义的理论家们声称在《手稿》中发现了"青年马克思",并以此区别于《资本论》中讲阶级斗争、无产阶级专政的马克思。有人根据《手稿》,称马克思的学说的基础是人道主义的共产主义,和以后被阐释的"唯经济论"的马克思是完全不一样的,马克思是强调人的主体性和世界的主客体统一性的。马克思所论述的"异化"理论,成了西方马克思主义批评资本主义和社会的理论基础,认为共产主义就是全面克服异化,恢复人的类本质的过程。《手稿》对政治、经济及社会的影响不是我们所要探讨的问题,我们仅就《手稿》所引起的美学的变革,谈几点认识。

一、美学领域里的一场革命

《手稿》中阐述的思想,对西方马克思主义美学产生了持久的、深远的影响。卢卡奇、布洛赫、马尔库塞、葛兰西等人,都从《手稿》中激发出美学思想的灵感。苏联在20世纪50年代中期至60年代也展开过美学的讨论,形成了所谓的"社会派"和"自然派"之争。所谓的"社会派"以万斯洛夫、斯特洛维奇为代表,他们用《手稿》中的"自然的人化"和"人的本质力量的对象化"来论述美的本质问题。在中国20世纪50—60年代的美学大讨论中,朱光潜、李泽厚、蒋孔阳等人都曾引用过《手稿》中的思想来论证美学问题。到了20世纪80年代,围绕《手稿》又掀起新的讨论的热潮,把美的本质的研究推向一个新的层次。

既然我们要坚持以马克思主义为指导,对什么是马克思主义的理论的界定就是一个十分重要的基础性的工作。我们要建立的是一种马克思主义的美学，而不是其他主义的美学，因此用马克思的思想作为理论根据就成了一个显著的时代特征。实际上，新时期的美学热，是与《手稿》热同步产生和发展的，没有《手稿》热的研究发展，也就没有美学热的兴起。

新时期美学与《手稿》的讨论热潮，是从蔡仪《马克思究竟怎样论美?》开始的。这篇论文根据篇末的日期，成稿于1976年12月26日，发表在《美学论丛》第1辑上。此文分上下两篇。上篇批评所谓实践观点的美学；下篇论美的规律。蔡仪以批评苏联"社会派"实践观点的美学为契机，指出他们引用"对世界的艺术的掌握方式"、关于"自然的人化"和"人的对象化"是歪曲篡改马克思的言论，宣传唯心主义思想，因此要"加以必要的清理"。① 在下篇，蔡仪根据《手稿》中"美的规律"的短语，又重复了《新美学》以及他的"美在客观典型"的理论。于是，引来了许多的商榷文章。朱光潜感觉到旧的《手稿》汉译本存在许多理解错误和术语的问题，便节译校改了其中与美学有关的部分，并发表了《马克思的〈经济学—哲学手稿〉中的美学问题》的长文，阐述了自己学习《手稿》的体会，由认识论美学转向了实践论的美学。朱狄、陈望衡直接发表了和蔡仪商榷的文章。其他的如马奇、陈梅林、郑涌、张志扬、程代熙、蒋孔阳、邢培明、王若水等人也写文

---

① 四川省社会科学院文学研究所编：《中国当代美学论文选》第3集，重庆出版社1985年版，第58页。

章展开讨论①，一时形成热潮。此次讨论，形成了当代中国美学研究中的一条分水岭，许多20世纪50—60年代形成的思想观点、学术派别，或分化改组，或重新组合。客观美论派演进为客观"美的规律派"；主客观统一派演进为艺术实践派；客观社会派演进为社会实践派；美的主观论演化为美的自由论。最终，实践美学形成最大的趋势而渐渐占了上风。同时，一些没参加过20世纪50—60年代美学大讨论的年轻人也开始思考美学问题，他们由于没有历史的包袱，自然思想解放的步伐就迈得很大。他们已不想再在主体、客体的二分哲学的泥潭中跋涉，而在思考一种在全面改革开放条件下，在面对世界学术思潮的对话中建立美学的新体系。他们不再追求正统意识形态的唯一，而是以宽容和超脱的态度来对待一切他们所面对的理论体系和现实实践。他们也以平常的心态来对待《手稿》中的美学问题。经过这样的阐释，《手稿》便奠定了中国新时期美学的理论基础。尽管派别不同，但都尊崇《手稿》的基本精神。实际上，理解《手稿》的思想，是认识20世纪后期中国美学的必经之路。

《手稿》至少在以下六个方面，奠定了20世纪末期中国马克思主义美学的理论基础。这可以从已经出版的美学原理专著、美学概论性质的普通教科书中见到。第一，阐明了物质实践是美学思想的前提。物质资料的生产活动是人类全部精神活动包括审美活动的基础。劳动实践一方面改造客观世界，另一方面也改造主观世界。以

---

① 参见程代熙编：《马克思〈手稿〉中的美学思想讨论集》，陕西人民出版社1983年版。

劳动实践为中介所达到的主体与客体的统一即对象化，是人的本质力量的实现，它决定着美的本质。第二，人的有意识的活动把人和动物区别开来，人能按照任何物种的尺度和自己内在的尺度进行生产，按照美的规律来建造。第三，劳动产生了美，美感也由此产生，两者都是主客体的统一即对象化的产物。前者是这种统一在客观方面的表现形态；后者是这种统一在主观方面的表现形态。美的存在的多样性与美感机能的多样化相适应，如感受音乐的耳朵与感受形式美的眼睛。第四，物质资料的生产方式决定着人与人的关系，生产资料的私人占有导致劳动的异化。异化是对对象化的否定。异化劳动造成美的创造与美的占有之间的矛盾，造成劳动、劳动者、人与人关系的异化，阻碍了美的发展与美的创造，并导致美感的阶级差异。只有消灭私有制，实现共产主义，扬弃自我异化，才能真正解决人和自然、人和人之间的矛盾，实现人对人本质的真正占有，人才能成为全面发展的人，才能自由地创造美和艺术。第五，个体、人、人的活动是社会的存在，人的感官是"社会的感官"，五官感觉的形成是历史的产物。社会人的感觉不同于非社会人的感觉；有艺术修养的感觉，不同于无艺术修养者；为生存而操心的穷人甚至对最美的景色也无动于衷，矿物商人不一定能看到矿物的美，因为他们没有这样审美的感觉。第六，艺术是一种特殊的生产方式，它服从一般的生产规律。动物、植物、矿物等自然物，理论地形成人的意识的一部分，它既是自然科学研究的对象，又都实践地形成人类生活和人类活动的一部分。人只能在这些感性的外部世界的基础上进行创造。①

马克思《手稿》中论述的这种思想，构成了我国新时期以来美学研究的基础，特别是实践观点的美学派别，把《手稿》视为马克思的"圣经"，认为它是马克思的中心著作，是概括他全部哲学的唯一文献。另一种说法认为它是马克思理论发展的转折，是"异化"范畴将马克思主义三大理论来源连为一线的集结点。也有人认为，《手稿》虽然在马克思主义建立中有重要的地位，是新世界观的萌芽，但并不是成熟的马克思主义的著作，其中有费尔巴哈"人本主义"的痕迹。下面对有关的问题略作展开。

二、异化劳动与美的创造

关于"异化"的问题半个多世纪以来引起了世界性的争论，这是从《手稿》论述"异化劳动"后产生的现象。《手稿》的出发点既是普遍人性论的，又是阶级论的。马克思在寻求资本主义的病根时，指出了在于私有制条件下的"异化劳动"。劳动本来是人的本质的表现，是人的第一需要，人只有在劳动时人才是人的。但私有制使劳动产生了异化，劳动及其成果成了劳动者的异己的、同劳动者相对立的独立力量。异化在实质上就是对人的肉体和精神两方面的剥削和摧残。经过层层的异化，人就丧失了人的本质而沦陷到一

---

① 参见蒋孔阳编：《哲学大辞典·美学卷》，上海辞书出版社1991年版，第3—4页。

般动物的地位。只有等到共产主义社会，才有希望彻底废除私有制和异化劳动，使人的本质力量全面发展。那时将消灭自然与人的对立、人与人的对立、主体与客体的对立、存在和思维的对立，等等。

"异化"也可译为"外化"，本是黑格尔、费尔巴哈的哲学术语，指主体在自身发展的一定阶段，分裂出它的对立面，变成外在的异己的力量。黑格尔指出，"绝对理念"在其从逻辑阶段发展到自然阶段，把自身"异化"（外化）到自然中去，然后又回到自身，使自然成为同自己本性相反的自然。费尔巴哈将黑格尔精神的异化改造成人自己的异化，认为人在幻想中把自己的本质"异化"为上帝并对之顶礼膜拜。神是人的异化，要发挥人的本质力量，必须消除人的这种异化。马克思将异化改造为私有制条件下的劳动的异化。劳动的异化表现在四个方面：

第一，劳动者对劳动产品的异化。异化的劳动使劳动者失去了他的产品，这是一种物的异化。马克思指出：

> 劳动者生产愈多，供他消耗的就愈少；他创造的价值愈多，他自己就愈无价值，愈下贱；他的产品造得愈美好，他自己就变得愈残废丑陋；他的对象愈文明，他自己就变得愈野蛮；劳动的威力愈大，劳动者就愈无权；劳动愈精巧，劳动者就愈呆笨，愈变成自然的奴隶。

第二，劳动行为的异化。劳动不仅剥夺去他的产品，而且他的生产活动已剥夺去他作为人的本质力量，他的劳动并不属于劳动者的本质。"所以他在劳动里并不是肯定而是否定自己，不是感到快慰而是感到不幸，不是自由地发挥他的身体和精神两方面的力量，而是摧残他的身体，毁坏他的心灵……所以他的劳动不是自愿的而是强迫的，是强迫的劳动，因此不是一种需要的满足，而只是满足外在于他的那种需要的一种手段。"

第三，人的本质的异化。人在劳动中丧失了人作为一个物种的特性。当劳动不再是有意识的、有目的的创造性活动时，而仅仅是人维持其肉体生存的手段和唯一的终极目的时，人类就失去了与动物的区别。

第四，人与人关系的异化。异化劳动产生了占有劳动和劳动产品的剥削者，人与人的自由关系，转变为剥削压迫的关系，形成了劳动者与不劳动的剥削者的对立。剥削者也因堕落为财富的奴隶而失去了人的本质，站在了异化的另一端。

马克思《手稿》中的劳动的异化理论，被西方马克思主义者、苏联和中国的美学家引入美学研究中。认为异化劳动是区别于自由劳动的，自由劳动是一种自觉地、自由地按照美的规律进行的创造性的劳动，是在劳动产品中充分展示并确证了自己本质力量的劳动，这种劳动创造了美和艺术，也发展了人的审美能力。异化劳动则阻碍了人的全面发展。但也有许多美学家根据历史的事实，认为异化劳动在一定程度上也能创造美和艺术。历史上的大部分文化艺术遗产都是在异化劳动情况下创造的；异化劳动导致的人的本质的丧失只是相对的，异化劳动仍然需要发挥劳动者的聪明才智；异化劳动是社会分工的结果，而艺术的繁荣只有到了分工以后才有可能；异化劳动不是绝对的，它与自由劳动交织在一起，劳动者为了生存，不得不发挥自己的才能，创造出美和艺术；异化劳动激起被压迫者的反抗，使劳动者为了理想而进行斗争，也促进了艺术的发展。异化劳动是相对的，人并没有真正变为动物，人除了阶级性以外，还有共同性的一面，因此，异化劳动在一定的情况下也能创造美。

三、"人化的自然"与美

在20世纪50—60年代的美学大讨论中，不少美学家已开始用"人化的自然"来解释美学问题了。在20世纪80年的美学热潮中，《手稿》的热潮也逐渐兴起。用"人化的自然"理论来解释美学问题更加突出，但由于对这一术语理解得不一致，对此术语本身也存在诸多争议。

"人化的自然"又称"自然的人化"，指人在实践中改造过的、体现了人的社会内容、确证了人的本质力量的客体自然。这个术语最早是黑格尔提出来的，他在《美学》中说："有生命的个体一方面固然离开身外实在界而独立，另一方面却把外在世界变成为它自己而存在的。"① "只有在人把他的心灵的定性纳入自然事物里，把他的意志贯彻到外在世界里的时候，自然事物才达到一种较大的单整性。因此，人把他的环境人化了，他显出那环境可以使他得到满

---

① ［德］黑格尔：《美学》第1卷，朱光潜译，商务印书馆1981年版，第155页。

足,对他不能保持任何独立自在的力量。"① 这里谈的即是"人化的自然"的思想。黑格尔谈的是绝对精神外化于自然,赋予自然以人的生命。

马克思沿用了黑格尔的术语,并对其做了改造。马克思说:"人的感觉、感觉的人类性——都只是由于相应的对象的存在,由于存在着人化了的自然界,才产生出来。……一方面为了使人之感觉变成人的感觉,而另方面为了创造与人的本质和自然本质的全部丰富性相适应的人的感觉,无论从理论方面来说还是从实践方面来说,人的本质的对象化都是必要的。"② 马克思认为,人与自然之间,以物质生产活动为中介是一种辩证统一关系。也就是说,人在与对象的联系中相互作用,互为对象,有了相应的对象的存在人才能有相应的感觉;人赋予自然对象以社会的人的内容,使自然人化,打上人的印记,自然才能为人的对象。人化的自然即主体化、社会化的自然。按照马克思的观点,人类的"生活活动"不同于动物的"生活活动"。"动物只生产自己或它的幼仔所直接需要的东西",而不能变革对象世界;人类的生产则有自由的意识的特征,能依据事物的本质、属性来生产,并使其符合人的目的和历史地意识到的美的规律。于是,自然界烙上了人的生产的特征,造成了"自然的人化""人的对象化",由此产生了美。

马克思指出,人化的自然建立在实践的基础之上,首先是物质资料生产的实践。以实践为基础达到了人与自然的统一、主体与客

---

① [德]黑格尔:《美学》第1卷,朱光潜译,商务印书馆1981年版,第318页。
② [德]马克思:《1844年经济学—哲学手稿》,刘丕坤译,人民出版社1979年版,第79—80页。

体的统一，不仅创造物质生活，也创造精神生活、创造美。马克思主张思维与存在的同一性，把"自然的人化"看作这种同一性的伟大成果。"自然的人化"也是美感形成的基础。人的感觉，感觉的人性，都只凭着相应的对象的存在，凭着人化了的自然，才能产生。所以人的感觉的形成是掌握其周围世界的结果，是以往全部历史的产物。在"自然的人化"的进程中，人发挥了肉体和精神两方面的本质力量而感到乐趣。同时，社会的人"在他所创造的世界中直观自己"，得到"自我享乐"，产生美感。自然形象只体现着类型常态，还谈不上美，只有当生产实践把人的本质凝结在对象之中，使产品成了"人化的自然"时，自然才具有了审美意义。

马克思"自然的人化"的命题被引进美学研究，具有革命的意义。它逐渐使主客两分法的认识论美学暴露出形而上学的、机械论的毛病，在实践的基础上阐释"人化的自然"，并使主客体在劳动实践中辩证地统一在一起，使美的本质得到一种新的阐释。

四、美的规律：内在尺度与外在尺度

在《手稿》中，马克思在论述人具有自由、自觉的物种特性时，把人的生产和动物的生产加以比较，提出了"美的规律"。从20世纪50年代到现在，苏联、中国和其他一些国家的美学家们把这一理论引入美学研究中，用来论述有关的美学问题，但由于理解不一致，也产生了很大的争议。

马克思的《手稿》是从批判资产阶级国民经济学出发的。国民经济学忽视了劳动者作为人的本质，而把劳动者只当作劳动的动物，当作一个还原到仅仅只有肉体需要的家畜来认识。马克思批评了这种观点，提出"人也按照美的规律来塑造物体"的理论。马克思说：

> 诚然，动物也进行生产。它也为自己构筑巢穴或居所，如蜜蜂、海狸、蚂蚁等所做的那样。但动物只生产它自己或它的幼仔所直接需要的东西；动物的生产是片面的，而人的生产则是全面的；动物只是在直接的肉体需要的支配下生产，而人则甚至摆脱肉体的需要进行生产，并且只有在他摆脱了这种需要时才真正地进行生产；动物只生产自己本身，而人则再生产整个自然界；动物的产品直接同它的肉体相联系，而人则自由地与自己的产品相对立。动物只是按照它所属的那个物种的尺度和需要来进行塑造，而人则懂得按照任何物种的尺度来进行生产，并且随时随地都能用内在固有的尺度来衡量对象；所以，人也按照美的规律来塑造物体。①

在《资本论》中，马克思仍坚持这一观点并举了例证："使最劣的建筑师都比最巧妙的蜜蜂更为优越的，是建筑师以蜂蜡建筑蜂房以前，已经在他脑筋中把它构成了。劳动过程末时取得的结果，已经在劳动过程开始时，存在于劳动者的观念中，已经观念地存在

---

① ［德］马克思：《1844年经济学—哲学手稿》，刘丕坤译，人民出版社1979年版，第50—51页。

着了。"① 马克思比较了人的生产和动物的生产，认为人的生产是有目的的、全面的、自由的；动物的生产是无意识的、片面的、受囿于自身及其幼仔的肉体需要，受囿于自然环境的。美的规律是与人的有意识的劳动实践分不开的。人类的自觉的劳动，不仅把自身与动物区分开来，而且能使自己的目的在改造自然中得到实现，能使自己的本质力量对象化，并从人化的自然中直观自身，产生美与美感。

"美的规律"是一种客观存在的法则，是人的审美、创造美的劳动实践的规律，它是在人的长期的劳动实践、创造美、欣赏美的过程中形成的。它将随着人类的进步，随着人的创造实践的不断发展而发展。但这种"美的规律"的具体内涵究竟指什么？与美的规律有直接联系的两个尺度指什么？它们与美的规律又有什么关系？对此，美学界的认识是有很大差别的。

一种意见认为："物种的尺度"和"内在的尺度"，是指同一事物的内部的"本质特征"。美的规律就是按这两个尺度来塑造事物的。美的规律就是美的本质，就是典型的规律。

另一种意见认为："物种的尺度"指客观世界的规律，"内在的尺度"指的则是主观对于这一规律的认识和掌握，或指人的"内在目的的尺度"，即人的"实践的合目的性"。美的规律就是劳动创造的规律。

还有一种意见认为：不论是"物种的尺度"，还是"内在固有的尺度"，都不是单指物或单指人的尺度，而是既含有对象的尺度，

---

① ［德］马克思：《资本论》第 1 卷，人民出版社 1953 年版，第 192 页。

同时又包括主体的尺度，是客观事物的规律与人的主观精神、主观创造的规律。因此，美的规律是主观与客观在实践中辩证统一的规律。

我们认为，马克思所说的"物种的尺度"即客观世界所具有的规律性，亦即事物的真。人们能认识它、掌握它，并运用它进行自由创造。人们越是深刻地认识、掌握了客观的规律，越是懂得"按照任何一个种的尺度来进行生产"。如一个木工，他可以根据自己掌握的桌子和椅子的尺度来造出桌椅；也可以掌握铁匠的尺度生产出各种铁器。当人发挥出他的族类的本质力量时，才能将掌握了的规律用于改造客观世界，以满足他的物质的和精神的需要。这第二个"内在的尺度"，是指人的主观目的性。人的生产劳动总有一定的目的和意义，就是为了人的生存、发展上的有利、有益，这就是广义的"善"。例如，人们掌握农作物的生长规律，是为了更好地培育它，目的是获得丰收，给人类提供更多更好的粮食，以利于人类的生存和发展。有意识地掌握客观世界的规律，和有意识地实现主观的目的和意图，这两者是统一在一起的。当内在的尺度运用到对象上，按照任何物种的尺度来生产时，就创造了各种各样的产品。由于这些产品是人的目的和意图的实现，所以都成了"他的作品和他的现实界"。劳动者就在"这一个由他来创造的世界中直观着自己本身"。也就是说，劳动者在劳动创造的产品中，欣赏到了自己作为"族类"的人的本质力量，欣赏到了自己的理想、愿望、聪明、才智和创造的能力。正是从这个角度讲，劳动充满了创造性的喜悦，劳动的规律成了美的规律。人类按照美的规律来塑造物体，这是人类劳动的一个根本特点。

马克思《手稿》中还有许多理论涉及美学的研究。限于篇幅，不再详述。

马克思的一部残稿，而且是他生前没有发表过的，为什么引起国际、国内研究者这么大的兴趣，掀起研究的热潮呢？这当然有历史的和现实的原因。从国际背景上看，马克思所预言的无产阶级革命首先在最发达的资本主义国家实现，并没有成为现实，社会主义反而在俄国、中国这样较为落后的国家实现了。社会主义经过几十年的经营，并没有创造出像发达资本主义国家那样丰富的社会财富。当两大阵营对抗时，这一点就显得十分明显，最终导致东欧一夜之间的巨变。马克思所论述的无产阶级绝对贫困化的发展趋势并没有出现，资本主义在发展中也在进行改革，如社会保障机制、股份制等的施行等，在一定程度上缓和了无产阶级和资产阶级的矛盾。此外，知识经济的发展，信息时代的到来，全球"一体化"的进程，都超出了仅仅从阶级性上来看问题的视野。于是，一种重新审视马克思主义基础的工作便展开了。这样，马克思在《手稿》中所陈述的共产主义就是人道主义，劳动的异化及其克服的前景、人的美的本质、自然的人化等命题自然就成为一种建立新价值观的理论来源。

对社会主义国家来说，我们坚持的仍是马克思主义，除了个别的人把马克思的《手稿》看作不成熟的马克思的作品以外，大多数理论家都承认这部手稿的价值。对西方马克思主义来说，他们阐述了马克思异化的理论，保持了对资本主义的批判性，同时又把扬弃异化、实现人道主义的共产主义理想作为"希望哲学"所确定的目标，幻想用主体的精神的创造，来代替由苏联庸俗马克思主义者给人造成的"马克思主义仅主张经济决定一切"的观念。这样,在日益膨胀的物欲中,在科学技术即将成为唯一的追求目标时,给人的精神找到了一个家园。

美学从某种意义上来说是一种启蒙的哲学,它要求在审美的娱乐中去张扬生命的价值、张扬人的价值,要求在劳动生产、艺术生产中既合规律性又合目的性,创造出美的产品和美的环境。美的总是令人愉快的,总是对人生的发展、社会的发展有利的。因此,《手稿》中所主张的主客体相互作用、在实践中统一的理论,便适应了这种要求。用马克思《手稿》的理论观点加以发挥,既适应了社会主义意识形态的理性要求,又把美的自由的本质、创造的本质表现了出来,因而才显示了强大的理论弹性和旺盛的生命力。这是马克思主义在新的历史条件下的必然发展,显示了美学作为一种启蒙的哲学的全部内涵。

第八章　艰涩的启蒙

一、思想的解放与方法的嬗变

"文化大革命"结束后,一种新的时代风潮在不断的孕育中生成,20世纪80年代美学再度掀起热潮,就是时代变迁在美学中的反映。

中国美学经过近一个世纪的发展,到20世纪70年代末至90年代末,才真正找到一条广阔的大道,展示了改革开放以来中国美学的实绩。

20世纪80年代美学除了有《手稿》热以外,很快又掀起了方法论热。如果说《手稿》热的根本原因是20世纪50—60年代美学大讨论的惯性还存在于经历了那个时代的美学家的心灵深处,学术研究还要坚持马克思主义,一些条条框框仍然是"游戏的规则"的话,那么,方法论热潮的形成,则是对这种限制的突破。因此,20世纪80年代美学、文艺学方法论热的背后,仍然有其深刻的时代精神的内涵。方法从来都不是独立存在的,它与内容的变革是密不可分的。方法论热的形成,实际上是在传统的禁锢下,是羞羞答答的思想变革的前奏,是内容的革新的外在的表现形式和手段。

对科学研究来讲,方法不仅是技术的改进和方法的调整,而且是整个思想体系的更新。历史上每一次科学研究的突破,总是伴随着方法上的突破和创新,在美学研究上也是如此。西方传统美学是形而上学的"由上而下"的研究方法,因此产生了柏拉图、康德、黑格尔的美学体系。19世纪中叶以后,美学受到自然科学的影响,提倡以科学实验为基础的"由下而上"的实证主义方法,因而美学由认识论转为经验论,形成了反传统的实验美学。如强调社会对美的影响,于是就产生了丹纳的《艺术哲学》那样的社会学美学。有人则从主观上,从人的激情、直觉、意志等方面来研究美学,于是就有了叔本华、尼采的唯意志论,柏格森的直觉主义,克罗齐的表现主义。20世纪以后,有人从结构方面研究美学,有人从符号、形式、存在、现象、接受等方面研究美学,形成了不同的美学派别。实际上,西方美学史中不同流派的产生和演变,一个很重要的方面就是由于研究方法不同而引起的。方法的革新,就意味着内容的革新。

因为方法是人类在实践中为达到一定的目的,为了适应客观实在所采用的工具和手段。它是思维的方式、认识的能力,又是实践的指南。一方面它要适应自然和社会的规律,受其制约;另一方面又是人的精神的创造能力的发挥,是人开拓出的认识世界的路径。

20世纪50—60年代美学的研究方法是单一的,是认识论的,探讨的主要是美的本质问题。这当然不是美学的全部内容,要建立一个能适应变化中的中国实际的美学,就必须冲破认识论的单一模式的限制。因此"美学方法热",就是美学变革合乎历史逻辑的要求。方法的变革也是对英雄期审美乌托邦主义的挑战。它不再认为文艺是工具,是斗争的手段,文艺的价值就在文艺自身。它不再仅仅从经济、社会等外在因素来要求文艺和审美,而是从存在的生命本体中来张扬人的诗性的光辉。美的理想不再是英雄的神圣的光环,而就存在于日常感性生命的直觉中。

当中国的国门打开,面对着的是一个完全陌生的世界时,许多美学家才感到自己的僵化的思想和单一的方法，早已不能适应世界的发展变化，于是开始从各个角度，从不同的领域对美学和艺术进行多维度的立体的研究。哲学的方法、心理学的方法、人类学的方法、语言学的方法、神话原型的方法、符号学的方法、结构主义分析法、现象学研究法、解释学研究法、接受美学研究法、解构主义研究法等，都被介绍过来了。美再也不是一个在客观还是在主观的形而上学的僵死的争论问题，而是在多角度的立体观照中，得到多维度的审视和观照。美学开始走向繁荣。

大多数经过20世纪80年代美学热潮的人都还能真切地感到，方法的变革给思想解放带来的成果。人们怀着心灵的悸动，摆脱了僵化的、单一的思想模式的束缚，可以按照客观的事实和主观的理想从不同的角度来审视美学问题了。方法论热一方面解构了庸俗社会学的单一的批评模式，同时又展示了一种新的价值观。条条大道通罗马，在研究美的路途中，绝不会仅有一种模式和方法。

在方法论热的同时，心理学方法的兴起最引人注意。19世纪兴起的心理学用自然科学的手段来探讨人的心灵，逐渐揭示了人类审美心理的奥秘。人文精神不再对人仅做哲学思辨的探讨，而是以科学实践对人进行生物学、物理学、化学的分析，形成了不同的流派。这些流派对美学的探讨都产生了极大的影响。如在冯特以来的实验心理学的影响下，刺激反应的模式被用来解释人对美的反应；以弗洛伊德为代表的精神分析学把人的心灵划为意识、潜意识和无意识，开辟了对美的精神分析研究法，把美视作人潜意识欲望的升华；后来发展出来的荣格的分析心理学，把美学的探索引入神话原型探讨的领域，认为人的最原始的审美意象可以通过进化和遗传在人的"集体无意识"中起作用,美不过是一种原型的象征;还有"格式塔"心理学把视觉所看到的美,视为外物特有的物质结构和人的大脑皮层激起的电力结构以及人类情感本身所具有的生理电力的同形同构的整体结果,等等。

随着美学方法论的变革,带来了美学与实用科学的结合。一批美学研究者不再拥挤在美的本质问题的一条路上,而是另辟出许多小路。如把美学与生产、生活相结合,就出现了生产美学、劳动美学、技术美学、生活美学等;把美学与各门艺术联系在一起,就出现了各种文艺部类美学,文艺美学、绘画美学、音乐美学、电影美学、建筑美学、书法美学、小说美学等都有了存在的理由;把美学与教育学联系在一起,就出现了审美教育、艺术教育研究的热潮。美学走进生活,解决实际的问题,使美学从抽象的论辩回到现实。这虽然是普及美学知识的大好时机,但泛滥以后,一切都冠以美学的名词,便使美学庸俗化,不利于美学科学的发展。

二、实践美学的价值取向

在20世纪80—90年代的美学热潮中,实践美学渐渐占了上风,形成了一种影响最大的美学思潮。所谓的实践美学,亦称"实践观点的美学",是运用马克思主义的实践观点,从人的社会实践活动来探讨美学中各种问题的美学体系。

20世纪50—60年代美学大讨论中形成的主客观统一说,美的客观社会说,美的意识形态观点,都逐渐产生了变化,渐渐趋于

"实践美学"的旗帜下。朱光潜通过对《手稿》的研究,找到了美的主观性和客观性在实践上的统一。李泽厚的客观社会说,本来就是重视实践作用的,他从"主体性实践哲学"或"人类学本体论"出发,来阐释美学问题。刘纲纪的观点和李泽厚有相似之处,他对实践本体与人的主体性进行了探索,丰富了实践美学的内容。蒋孔阳的美学思想,也应归于实践美学思潮,不过他更注重人的主体性,更重视在审美关系中来研究人的审美意识,不把美看成一种固定的、既成的东西,而是看成在实践中不断创造的价值。陈望衡、周忠厚等的美学思想,也是属于实践美学的。

一般认为,实践观点萌发于18世纪末19世纪初的德国古典哲学中。黑格尔、费尔巴哈是实践美学的萌芽,马克思主义的实践观点,便是对其改造的结果。黑格尔认为,外在世界是人的认识和实践的对象,人在认识和实践中就在外在现实世界打下人的烙印,人把内在的理念转化为客观外在的现实;同时,人作为心灵就是他的认识活动和实践活动的总和,也就是和外在世界矛盾对立而转化成的统一体。人通过实践改变客观现实,然后"在外在事物中进行自我创造",使自我在外在事物中复现出来,成为感性的显现,这就是美。

黑格尔在《美学》中,论述到人化自然的问题,他说:"有生命的个体一方面固然离开身外实在界而独立,另一方面却把外在世界变成为它自己而存在的:它达到这个目的,一部分是通过认识,即通过视觉等等,一部分是通过实践,使外在事物服从自己,利用它们,吸收它们来营养自己,因此经常地在他的另一体里再现自己。""因此,人把他的环境人化了,他显出那环境可以使他得到满足，对他不能保持任何独立自在的力量。"黑格尔进一步把劳动和实践活动统一起来，他从劳动中看到了人的"自我产生"，看到了人化的自然，看到人和动物的区别就在劳动。但黑格尔不是把劳动看成人的最基本的实践活动，而是看作"绝对精神的理论活动"。[①]马克思对黑格尔的"异化""人的本质对象化""自然的人化"等思想进行了改造，通过《手稿》的传播和阐释，影响到中国的"实践美学"。

费尔巴哈批判了黑格尔的实践观，建立了朴素的唯物主义的实践观。他的出发点已不是自我意识、绝对精神，而是感性的人、人类的实践。他认为物质先于精神，宗教是人类自我的异化，人在认识外在世界的同时，也改变了自己的认识能力。他肯定了感官在人化自然过程中的进化，把实践观点运用到艺术领域，认为客观存在的外在世界才是艺术所描绘的对象，也才是审美感受的对象。但费尔巴哈的实践不是一种社会的实践，而是一种直觉的实践，是一种感觉主义的实践，因此他看不到实践的真正意义。他重视的是事物的现象和形式，而比较地忽视了内容和本质。

马克思主义经典作家，吸收了黑格尔、费尔巴哈的实践观点，指出生活、实践的观点是认识论的首要的和基本的观点，人类的社会实践创造了历史和人自身，也创造了美。

在新中国成立后美学的两次热潮中，不少美学家挖掘了马克思《手稿》中的美学思想，把"自然的人化""人的本质力量的对象化""美的规律""劳动创造了美"运用于美的研究，阐发了实践

---

① ［德］黑格尔：《美学》第1卷，朱光潜译，商务印书馆1981年版，第155页。

美学的理论。这一理论的要义是：（1）应该从人类的社会实践、审美实践对现实的能动作用中来探讨美的本质和美感的性质以及艺术的特征。（2）人通过实践认识、改造了自然，使自然产生了人化，人的本质的对象化，自然美才产生出来，并具有了客观社会性，美是人的实践的产物。（3）人通过实践使人成为审美的主体，形成审美意识，具有了审美、创造美的能力，并随着实践的发展使审美意识具有特定的社会历史内容；人在实践中认识、改造对象后，使对象确证、肯定人的本质力量的丰富性，才能获得美感，并按照任何物种的尺度和自己内在的尺度，按照美的规律创造、发展美和艺术。（4）实践是真、善、美相统一的基础，人在实践中将合规律性与合目的性统一起来，才使美的内容具有客观的社会功利性质，成为现实、对象对实践的肯定，使美的形式为现实肯定实践的自由的形式。（5）实践的特定社会历史内容制约着美、丑、崇高等的客观社会性内容，实践是检验美感、审美意识、美的创造的真实性、真理性、丰富性的尺度。①

实践美学不仅是中国的现象，在苏联和东欧，也都有很大的市场。20世纪70年代以后，实践美学在向心理学美学、艺术美学、社会学美学等方面拓展的同时，又出现了把实践本体化、一元化的倾向。②

实践派美学观点的形成，是时代精神的一个表现。在将社会实践转到物质生产和精神文明的创立成为时代主要趋势的历史条件

---

① 参见蒋孔阳编：《哲学大辞典·美学卷》，上海辞书出版社1991年版，第545页。

② 参见刘纲纪：《传统文化、哲学与美学》，广西师范大学出版社1997年版。

下，美学研究既要符合我们所要求的意识形态的原则，又要摆脱物质第一、物对人的奴役的状态，要张扬人的主体性，要恢复感性生命在人生价值中的作用，那么，美学的理论选择，从马克思的《手稿》中来得到理论的启示，并以此作为逻辑的起点是再合适不过的了。它既可以保证在政治上的稳固性，不会因背离思想原则而遭指摘，又保持了美的研究的深度弹性，在实践的基础上走向社会本体或情感本体。实践之所以被作为一个美学研究的中心，也是由实践活动本身的规定性而决定的。借助此理论，就解构了蔡仪等坚持的"美在物本身"，美是与人的主观绝对无关的存在物的理论，而且这是以从马克思著作中找到的理论作为基础的。这样就使实践美学成为影响最大的美学流派，以至形成一种思潮。

但是，实践美学从一开始形成就存在着另一种错误的倾向。它是从马克思《手稿》中寻求理论根据的，但《手稿》是一本不完整的作品，更不是一部系统的美学著作，拿中间的几个术语来阐释出一套美学理论，并不一定符合马克思的原意；就是符合了马克思的原意，但是是否符合美学的实际也是大有问题的。如叶朗主编的《现代美学体系》就对此持怀疑态度。叶朗说："仅仅抓住物质生产实践活动，仅仅抓住所谓'自然的人化'，不但说不清楚审美活动的本质，而且也说不清楚审美活动的历史发生。李泽厚后来把自己的观点称之为'人类学本体论美学'。其实，他所说的'自然的人化'最多只能说是'人类学'。离开美学领域还有很远的距离。"[①]

---

① 叶朗：《胸中之竹——走向现代之中国美学》，安徽教育出版社1998年版，第281—282页。

叶朗主编《现代美学体系》书影，1999年版

实践论美学的最大毛病在于从实践立论，只是在美的外围打转转，并没有进入审美本身，不是美的现象的、经验的研究，结果是以美的社会性牺牲了个体性，以客观性牺牲了主观性，以历史决定论、实践决定论代替了审美的创造、心灵的创造。李泽厚的"积淀说"揭示了审美意识发生、发展的奥秘，是从社会学上探讨美的理论，但其在现实的价值取向上则显示了保守性，以深重的历史积淀压抑了时代风潮中张扬生命、性灵的个人情感。因此，他受到来自一些青年学者的极端崇尚个人、感性、现象派的批判。

进入20世纪90年代以后，实践美学的缺陷再次受到挑战，实践美学的一些理论家也认识到该派片面强调理性、群体性、人类性，轻视个体、感性、偶然性等，但他们只想对其进行"改造和完善"，或者进行"修正"。有一批美学家则要"超越实践美学取向",提倡"后实践美学"。杨春时1994年发表的《超越实践美学 建立超越美学》①是一个显著的标志。这是20世纪80年代末对"积淀说"突破的进一步发展。虽然前后历史语境不同,理论的价值取向则无本质区别。他们要从人的生命存在本身探寻美的根源,超越理性主义,还人以个人的感性本体。他们要以"生存""生命""存在"等新的逻辑起点,建构超越"实践"这一核心范畴的新的美学形态,来取代"实践美学"。在20世纪末的氛围中,一场口诛笔伐的学术论争仍在进行。

三、灵魂的呼告:美是自由的象征

美学的启蒙精神的一个最突出的表现就是把美与"自由"联系在一起,把美看成是一种自由的象征、表现或形象、形式。这是一个理论命题,也是一个实践命题,也体现了美学研究的价值。

在新时期的美学研究中,高尔泰、李泽厚、刘纲纪、蒋孔阳等,都把美与自由联系在一起论述,尽管其理论表述有所差异,其总体精神则是一致的。就像对"实践"概念的阐述,在不同的美学家那里是不同的一样,对"自由"的阐释也显示了美学家不同的理论特征。有的理论是从研究别人的观点中产生的,有的理论是从客观的需要中产生的,有的理论是从自身的生命体验中产生的,因此,虽然美学家们用的是同一个词,表现的内涵和价值则是有差异的。

---

① 杨春时:《超越实践美学 建立超越美学》,《社会科学战线》1994年第1期。

早在1962年的《美学三题议》中，李泽厚就提出了"美是自由的形式"的观点，他认为："自由的形式就是美的形式；就内容而言，美是现实肯定实践的自由形式。"[①] 在《批判哲学的批判——康德述评》中，李泽厚又说："通过漫长历史的社会实践，自然人化了，人的目的对象化了。自然为人类所控制改造、征服、利用，成为顺从人的自然，成为人的'非有机的躯体'，人成为掌握控制自然的主人。……真与善、合规律性与合目的性在这里才有了真正的渗透、交溶与一致。理性才积淀在感性中，内容才积淀在形式中，自然的形式才能成为自由的形式，这也就是美。"[②] 1989年在《美学四讲》中，李泽厚再次肯定美的本质和人的本质不可分割，认为离开人很难说什么是美，"美是自由的形式"[③]。他批评高尔泰"美是自由的象征"的观点，认为自由是对必然的认识，是真善相统一的实践活动本身及其现实的成果。这是他"积淀"理论对"自由"阐释的结果。

对美与自由的阐释启蒙色彩较浓厚的是高尔泰。高尔泰因为在20世纪50年代主张美是"主观的"而备受折磨，几乎死在大西北的戈壁滩上。他为自己的美学观几乎付出了全部青春的代价和生命的代价，因此才从心灵深处感受到"自由"的重要，在灵魂深处向美发出了呼唤。他不仅写出了《美是自由的象征》的论文，而且以此命名自己的著作，可见其对自由的重视。高尔泰以个体的生命感

---

① 李泽厚：《美学三题议》，载《美学论集》，上海文艺出版社1980年版，第164页。
② 李泽厚：《批判哲学的批判——康德述评》，人民出版社1979年版，第415页。
③ 李泽厚：《美学四讲》，生活·读书·新知三联书店1989年版，第69页。

受和不幸遭遇,对美进行了探索,达到了近乎人本主义的美学。他不是从"合规律性与合目的性"出发,而是从人出发来建构他的美学观念。在高尔泰看来,研究美就是研究美感,研究美感也就是研究人。所以美学就是人学,美的哲学就是人的哲学。哲学不仅是一个认识系统,而且是一个价值体系。马克思主义的出发点不是阶级、物质,而是人,目的也是为了人,他的中心是人的解放。因此,他根据《手稿》把美看作"人的本质的对象化"。高尔泰认为人的本质的最高概括是自由。这样由大前提"美是人的本质的对象化",小前提"人的本质是自由",便导出结论"美是自由的象征"。高尔泰认为在审美的领域里,一切都呈现为"经验事实",就是在主观意识中存在的事实,那么自由也就是体验到的自由,是"内在的自由"。"自由的象征"实际上就是这种内在的自由所找到的外在的"同态对应物",即它的"符号信号",因此美与丑、悲剧与喜剧、崇高与渺小等,都只是主体心理结构的"同态对应物",是人的"内在自由"的象征符号。这样,"美在主观"的论点,又在一个人的主体的内在自由的层次上得到进一步的论证。

高尔泰论美是自由的象征,是一种"解放"的哲学,但这个"解放"不是人的社会解放,而是人的精神解放。高尔泰把美看作对异化的否定,而对异化的扬弃就是人的解放。异化在高尔泰那里不是一种劳动的异化,而是异化的现实中孤独的个人的异化,是从狭小的自我中获得精神上的解放;是人摆脱了动物时的直接的肉体需要,脱离狭隘的利己主义和赤裸裸的有用性的解放;是一种消除了物我相分、有限与无限相离的精神的解放。这种解放是在心灵中进行的,在审美活动的一刹那,人由于与对象世界的暂时统一，得以从一己忧虑中逃遁出来，从而感觉到自身的解放的需要是人类的特有的需要，审美的快乐就是这种自由感的象征性满足。美之所以能够给那些不幸和痛苦的人以无言的慰藉，其奥秘就在于此。

高尔泰论述的审美过程中人的解放，不是集体的而是个体的；不是物质的而是精神的；不是现实的而是心理的；不是永恒的而是瞬间的；不是实用的而是超功利的。这对于长期以来中国文化和美学中形成的重社会而轻个体，重理性而轻感性，重功利而轻超脱，重现实而轻心理，重本质而轻瞬间是一个有力的校正。但这也极易把美引向一种乌托邦的幻想，引向一种审美的宗教主义情结。从现实来看，高尔泰的审美理论，并不是脱离现实的玄思的结果，而是有极大的现实针对性的，它是对中国美学中长期以来不重视主体的辩证，有着极大的解放思想、解放个性、解放情感的作用，因此在历史的发展中起到了积极的作用。

把美和自由联系在一起论述的还有刘纲纪和蒋孔阳。刘纲纪认为"美是人的自由的表现"①，那些被我们称之为"美"的东西，是人的自由在人所生活的感性现实的世界中的表现。蒋孔阳认为"美是自由的形象"。他说："美的形象，应当都是自由的形象。它除了能够给我们带来愉快感、满足感、幸福感和和谐感之外，还应当能够给我们带来自由感。比较起来，自由感是审美的最高境界，因此，美都应当是自由的形象。"②"唯其美是自由的形象，所以它

---

① 刘纲纪：《美学与哲学》，湖北人民出版社1986年版，第77页。
② 蒋孔阳：《美学新论》，人民文学出版社1993年版，第188页。

能处于不断地创造之中,随着时空结构的变化,时时呈现出恒新恒异的形态。"①

四、审美的乌托邦:希望与失望之间

自从有了人类,人类就生活在希望之中。希望时时刺激人前进。人们为了理想而奋斗,而生活,用最好的词——"美"来描述它。柏拉图有理想国的设想,儒家有大同世界的追求。但直到200多年前英国的大法官托马斯·莫尔的《乌托邦》一书为我们描绘了一幅未来理想社会的动人景象时,一直潜伏在人类的思维结构中对未来的意识才有了一个专有名词——乌托邦。乌托邦乃子虚乌有的事物,也就是现在不存在的事物,它不是现实的,而是纯观念的,是人的愿望向未来的可能性的投射。

人类的审美精神一直与乌托邦精神紧密联系在一起。人类总把最美好的愿望和理想放在美的名义下。中国人把近现代美学引进中国,美学一开始便包含有乌托邦的理想情结。中世纪美学把美的根源看成上帝的创造,上帝成了审美中乌托邦的一个目标,人只有在追随上帝的希望中才能分享到上帝的光辉。康德美学强调超功利、无概念、无目的美,却把它规范在一个"美的理想"之下。黑格尔则以幻想出的"理念"作为美的根源,审美的愉悦不过是符合了理念而已。车尔尼雪夫斯基认为"美是生活",但他这个命题不能说

---

① 蒋孔阳:《美学新论》,人民文学出版社1993年版,第196页。

明在专制的沙俄统治下，人的生活是非人的。对许多人来讲，在沙俄统治下活着并不美，他只好把它推到乌托邦的精神上去，在美的定义中规定了"依照我们的理解应当如此的生活，那就是美的"。在"美是生活"的命题中，车尔尼雪夫斯基仍给对未来的希望留下偌大的空间。从梁启超以及"革命文学"的提倡者，到毛泽东的美学思想，都是把改良和改造社会，实现理想作为美的追求的最高原则。李泽厚认为美是客观社会性的，在美的定义中他也要放上"社会生活的本质、规律和理想"①。王国维、朱光潜、宗白华以及当代一些美学家从中国古代禅宗中发掘出的"顿悟"的"意境论"美学观，要求达成主客统一、物我同化、天人合一，实际上也不过是一种艺术创造的、表现了主体瞬间体验的审美理想而已，是一种美的追求的表现。

乌托邦精神与人类俱在，人不仅生活在现实中，而且总要生活在现实对未来的希望中。现实再丑恶，希望总是美好的。希望是指向未来的，是从现实中生成的，因此希望也是现实性的；希望又是人的美的追求，又往往含有虚幻的成分；它是一个理想，同时又是一个诱惑。它对比出现实的丑恶，又为虚幻的东西预支了人类的感情甚至生命。乌托邦精神古已有之，到了18世纪和19世纪达到了高潮。理性的张扬，工业的革命，好像未来都不再是虚幻的了，哲学家们好像根据理性的精神，就能设计出未来的蓝图。于是，空想社会主义应运而生，并被定为空想的乌托邦。20世纪的中国取得了革命的成功，使这种理想达到了顶峰，一时形成热潮。这既是对空

---

① 李泽厚：《美学论集》，上海文艺出版社1980年版，第30页。

想社会主义的否定,又是从某种意义上对空想社会主义的实现。但到了20世纪的后20年,有些人开始怀疑理性是否能主宰一切,为了未来的毫无可能实现的希望而牺牲现实的生活是否值得。于是,乌托邦精神被推到了被告席上,乌托邦的虚假的欺骗性给一部分人带来绝望。因此有人宣布,我们已经进入一个没有乌托邦的"后乌托邦"时代。实际上,这本身就是一个乌托邦的幻想。

中国企图建立的是马克思主义的美学。无论是以唯物史观的社会主义理论作为指导,还是以《手稿》中的异化的扬弃、共产主义就是实现了的人道主义,"是人的解放和复归的一个现实"的理论作为指导,都不能抹去审美中的乌托邦精神。如高尔泰要从人的主体性上,从人的自由的象征上来达到人的解放的美学观,也不过是这种乌托邦的一个表现形式。只不过他把社会理想的乌托邦,转化成了一种精神的乌托邦,人类在某种程度上还需要以"寻找精神的家园"来赞美这种乌托邦精神。

对现代社会和审美中乌托邦精神的论述,是西方马克思主义者布洛赫(Ernst Bloch,1885—1977)一生追求的目标。1918年他出版了《乌托邦精神》一书,名声大震。他把马克思主义对人类未来理想的预见同基督教神学关于人类命运的预言结合起来,更多地用根植于西方哲学中的人性论冲动来说明马克思主义对于未来前途的希望,探索的是人类和宇宙最终走向的终极完美。这是一种希望的原理,也就是乌托邦的思想。用这种"希望"的哲学来探讨艺术和审美,形成了其审美理想,审美价值的浪漫主义美学。他认为艺术是乌托邦的精神形式,是希望的预言。因为人类任何创造活动都是希望的行动,都是推向现实未来的运动,都具有乌托邦意义。人类的希望存在于未来，与未来的终极目标的辉煌相比，现实显得黯淡无光，但通向未来的道路却开始于现实的脚下。这样，布洛赫就把艺术的本质同幻想、同对世界审美的"超前显现"联系起来，而艺术也以象征方式，隐约地暗示人的内在世界在实现自身本质过程中对未来非异化的追求与渴望。布洛赫改造了弗洛伊德艺术是"白日梦"的理论，认为艺术是对白日梦的改造。因为白日梦具有企图改善世界、创造完满性的幻想的性质，其必定贯穿着走向美好未来的希望。

布洛赫对苏联的社会主义现实主义在实施过程中有意美化现实进行了批评，认为那些违反艺术规律的官方指令的创作，使艺术的假、大、空成为一种通病，由于对未来把握不清，因此只好走向其特殊的反面而任意美化。布洛赫的批评，对中国 20 世纪 50 年代后期一夜之间就能实现共产主义的幻想在文艺中的表现也具有解构的意义。中国"文化大革命"中曾一度流行的"两结合"的创作方法，也往往以对未来的理想描绘而冲淡了对现实的批评，结果便以幻想的美好代替了真正的现实。20 世纪 80 年代以后，当乌托邦的英雄崇高被平民自由的美学思潮取代以后，神失去了光辉，美也就失去了光辉；英雄抽身而去，理想也就抽身而去；没有了乌托邦的追求，灵魂也就没有了意义。于是，大众审美文化适时兴起。在许多人那里，明星代替了神灵，感性取代了理性，平庸冲垮了崇高，眩惑压倒了壮美，欲望侵吞了道德，使日常生活成为世俗的无深度的感官化的生活。许多人的希望和理想不再是毫无希望的乌托邦的未来，而是传统的酒、色、财、气。于是有人惊呼要寻找精神的家园，给那些还不想沉浸于虚幻的平庸的世俗生活中的人以另一种希望。他们又开始营造一个审美的乌托邦,"生存美学""生命美学""存在美学"纷纷出场,生命的意义,一个长期被遮蔽的问题,又凸显在时代面前。希望——失望——希望,人类总逃不出这带有宿命的怪圈。

五、古典和谐与现代崇高

在实践美学、生命美学产生巨大影响之外,"辩证和谐美学"①,则表现得相对寂寞,但仔细审视这一派的理论体系和价值取向,我们感到这一派的理论虽然还不能令人十分满意,却是独树一帜的。这一派的理论开拓者是山东大学的周来祥教授。

周来祥生于 1929 年,一生大多是在山东济南读书、教书中度过的。济南既不像北京那样是全国的政治的中心,美学总在政治的阴影下生成;也不像上海那样是商业的中心,美学总随着环境的变化而变化。因此,周来祥的美学在激烈的争辩中倒显出一些超脱。几十年来,他一直在自己"和谐论"的美学框架中经营,终于渐渐形成一个理论派别。

周来祥认为,美的本质是和谐。但不是西方传统美学中古希腊毕达哥拉斯学派就已提出的那种形式的和谐——一种客观的某种因素组合方式的和谐,而是指一种关系的和谐。周来祥认为,美不能

---

① 周均平:《跨世纪历史性转换的前奏——美学转型问题研究综论》,《文史哲》1998 年第 3 期。

仅仅从主观或者客观的方面去寻找，而应从主客体的关系上去寻找，离开了主客体任何一方，都不能合理地界定美的本质。周来祥说："我认为美是和谐，是人和自然、主体和客体、理性和感性、实践活动的合目的性和客观世界的规律性的和谐统一。"[①] 他认为和谐是一种"审美关系"的和谐，既有稳定性，又是变化的。从认识关系上看，人受客观对象的支配，是不自由的；从实践关系上看，人受自己欲望的支配，也是不自由的；从审美关系上看，人不受概念的制约，又不改变对象、破坏对象，而与对象保持一定的距离，对对象采取一种观照的态度，因此是自由的。这才是彻底的和谐。

周来祥以和谐为中心命题，展开了他的美学理论。他的最大特点就在于把"和谐"和"崇高"等概念范畴、理论范畴，转化为一个历史范畴。在他的眼中，优美、崇高、丑、荒诞等，都不是逻辑的范畴，贯穿在整个人类审美的始终，而是历史的范畴，体现了美从古到今发展的不同阶段的历史现象。这是他所有美学理论的独特之处。

周来祥认为，"优美"的关系表现的是对象的亲善与无害，暗含了主体的弱小与轻松；"崇高"的关系表现的是对象的巨大与凶猛，同时暗含了主体的强大与乐观。这是历史变化着的范畴，它画出了人类审美历史的轨迹。他据此认为古代的美是一种朴素的和谐美，近代的美是一种对立的崇高的美。近代对立的崇高美也历经崇高、经丑向荒诞的嬗变。崇高、丑、荒诞成了近代美和艺术发展的

---

① 周来祥：《论美是和谐》，贵州人民出版社1984年版，第73页。

三部曲。① 中国古典的艺术是一种和谐的艺术，它与近代崇高的艺术是对立的，以中国传统文化中的"中和"精神为标志，以创造艺术意境为特征。② 20世纪中国美学才开始向崇高期转型。因此20世纪中国现代美学是崇高型的，只是到了20世纪后期才又在新的基础上向"和谐"回归。

周来祥的美学体系是独特的，有个性品格的，但影响却不是很大。许多人对他把优美与崇高本来是一个逻辑的概念范畴转化为历史的范畴不以为然，认为这是其理论失误的迷惘之处。把本来属于形式美法则的和谐上升为一个中心的范畴，并把所有古代的美说成和谐的，是不符合审美发展和艺术发展实际的。如原始艺术当然是属于古代的，但并不是和谐的，其中"丑"的因素倒很突出，其表现的人与神的抗争、人与自然的对立也是鲜明的，故此归为古典主义是不准确的。近代的审美精神也不仅仅是崇高的，在近代优美的精神也普遍存在，除了现代派艺术，丑陋和荒诞在历史的许多阶段都存在。因此，周来祥的探讨就带有极大的片面性，带有形而上学的痕迹。他的理论的最主要的独特之处，也正是他失误之处。读他的《中国美学主潮》就能明显地感到这一点。特别读到该书论述20世纪美学思想的发展时，总感到他为自己的理论框架而牺牲了丰富多彩的美学思想，他用和谐与崇高的转型来剪裁美学史，以适应自己的理论，是为观念的东西而牺牲了现实的东西。这样，其理论影响不大就是一种历史的必然了。

---

① 参见周来祥：《古代的美近代的美现代的美》，东北师范大学出版社1996年版。
② 参见周来祥：《论中国古典美学》，齐鲁书社1997年版。

第九章　选择的开放

世界范围的公开化浪潮的涌起，使新时期的美学在一个开放的环境中生成。经过几十年的发展，我们看到其演化的轨迹及其理论价值的不同取向。一开始掀起又一次美学热潮时，参加探讨的明显有两批人。

　　一批是经过20世纪50—60年代美学大讨论的美学家们，他们承袭着时代的传统和理论的硕果，在自己已经形成的理论框架内进行建设，最终使"实践美学"不断完善，走向成熟。一个明显的例子就是国内20世纪80年代以来出版的美学教材，大都是在这种观念指导下编写的。但犹如果实一样，成熟了也就等于了死亡，只是在其种子中孕育了另一次生命的可能。

　　另外一批是年轻人，他们没有美学大讨论的体验，也没有已有理论体系的沉重负担，他们在面向世界、面向未来、面向现代化的背景中开始了自己的美学思考。他们不再囿于某一家的独特之言，他们也不盲目崇拜权威，他们根据时代的需要和生命的需要在重新思考美学问题。这样，他们就超越了"实践美学"的限制，开始了新的美学体系的探索。他们犹如长大了的雏鹰，离开了老巢，翱翔于蓝天碧海，去领略更加奇异的美的风光。20世纪末关于实践美学的讨论，关于人文精神的话题，关于审美文化的议论，关于审美教育的呐喊，无不显示了一个新的时代精神的孕育、躁动和发展。

在西方文化、哲学、美学和艺术的参照系的对比下，在对中国古典和现实的研究、体验和对比中，青年一代的美学家们怀着新的启蒙精神和人文理想在建构着各呈特色的理论。美学不再追求唯一的体系而使其"放之四海而皆准"，任何理论都不过是一种"猜想"和"假设"；理论不再特别关注客观外在的物质以及所谓的本质和规律，因为这些本来不过就是一个虚幻的假设，而把这种假设视为"规律"来压抑人，就容易使理论产生异化；美的各种理论都不是一个绝对的真理，而只具有相对的意义；美学不能局限于认识论而应走向一种经验论；美学不应该一枝独秀，而应该百花齐放。这样，开放的时代带来了开放的自我，开放的自我建构起开放的美学。

开放时代的开放美学，在不同的价值取向上显出不同的特色。唯物主义和唯心主义之争虽然仍在潜移默化地左右着人们的思维方式和表现在他们的著作中，但实际上已没有太多的美学家就这一问题进行争执。恰恰相反，美学家们顺应历史的潮流，更多重视人的生命本体、存在本体和生存状况，重视科学的、实证的、人文的观念。在向21世纪的转折点上，我们看到了这种新的美学的生成。

一、生命的绵延：后实践美学的萌生

实践美学在形成的过程中，受到了来自生命美学、存在美学等的挑战。在20世纪80年代初，就有人对"积淀说"进行了批评。到了20世纪90年代，"超越实践美学"（亦被称为"后实践美学"）渐成声势，引发了一场美学论战。后实践美学的具体观点和表达形式虽有不同，但其基本倾向则是一致的，这就是从人的生命存在来探讨美，还美学以个体感性本体。

后实践美学的理论来源是多方面的，主要有狄尔泰、柏格森的生命哲学，海德格尔的存在主义，美国桑塔亚那的自然主义美学，弗洛伊德的精神分析学，等等。

生命哲学的创立者是德国哲学家狄尔泰（Wilhelm Dilthey, 1839—1911），他提出要以"生命的充实"来作为观察世界本质的世界观。这里的生命不是一种泛生命论或活力论，而是仅指人的生命。人的生命面对痛苦、分离和死亡的威胁，便会发出"生命是什么""生命的理想与行动准则是什么"的追问。这是人的一种形而上学的冲动，宗教、诗歌、哲学都是这种冲动的反应和表现。狄尔泰强调，生命哲学是对人的生命冲动，特别是对精神文化活动的反思；生命哲学的任务是指导人的生活实践和行动；生命哲学强调认识和思维都以生命作为基础，以经验（主要是内省体验）为关键；生命哲学发掘与重视人的非理性的方面。狄尔泰关于生命哲学的阐释原则，我们可以在中国的生命美学中见到。狄尔泰的生命哲学是生命美学的理论来源之一。

德国另一位生命哲学家齐美尔（Georg Simmel，1858—1918）认为，生命力、生命冲动、对生命的渴求是人类一切活动、人类生活一切领域的终极动力。法国生命哲学家柏格森（Henri Bergson，1859—1941）认为，生命表现为一种"生命冲动"，也称"绵延"，就是一种心理上的综合，一种心理体验和活动的状态，也是"自我的意识状态"。绵延是一种创造和进化，也就是永恒的运动，它就是实在，就是世界的本质。艺术则是通过一种共鸣而纳入这一冲动之中，再现了生命的冲动，人们在审美中，体验了生命的绵延，获得了美感。

生命哲学对20世纪的现象学、解释学、存在主义以及一些西方马克思主义学派产生了直接的或间接的影响。如海德格尔的存在主义哲学对生命给予了特别重要的关注。他从人的"存在"上来思考人的向死而生的问题，以此作为出发点来阐释艺术的美的本质。海德格尔的美学思想对中国后实践美学的影响十分巨大，是其理论的重要来源之一。

美学家潘知常在生命美学的探讨上取得了重大的成果。1991年他便出版了《生命美学》一书，那一年他仅35岁，在郑州大学任教。他走向生命美学之路，源于他生命中对美学的困惑和反思。后来，他又出版了《诗与思的对话》，在《生命美学》的基础上又有所深化。潘知常从生命活动考察审美活动以及审美活动中人的存在如何可能的问题，对审美活动的本体论内涵进行了追溯，展现了思与诗（审美活动）的对话，提出了一个20世纪末颇具启迪的美学构想。

生命美学，产生于新的一代对传统美学的困惑、怀疑与失望。潘知常在《生命美学》的绪论中描述过青年一代的美学工作者所共有的困惑：

> 几年来，虽然我一直狂热地沉浸在美学的大海里，虽然我也曾就美学尤其是中国美学中的某些问题提出过自己的一些看法，我的内心却从来不曾泯灭过一种难以名状的困惑。并且，随着时光的流逝，这困惑也就变得越发浓重。我痛楚地感到，我所热爱的似乎是一种无根的美学，似乎是一种冷美学，我所梦寐以求渴望着的似乎只是一个美丽的泡影。①

女诗人舒婷的一首诗，传达了当时年轻的美学家们心中的怀疑：

> 也许我们的心声总是没有读者，
> 也许路开始已错，
> 结果还是错，
> 也许我们点起一个个灯笼，
> 又被大风一个个吹灭，
> 也许燃尽生命烛照黑暗，
> 身边却没有取暖之火。

---

① 潘知常：《生命美学》，河南人民出版社1991年版，第1页。

怀疑、困惑引发了人的思索，潘知常经过几年的思考，终于得出了自己的结论："美学必须以人类自身的生命活动作为自己的现代视界，换言之，美学倘若不在人类自身的生命活动的地基上重新建构自身，它就永远是无根的美学，冷冰冰的美学，它就休想真正有所作为。"①

从"实践"的中心转到"生命"的中心，潘知常认为中国美学在取得一定成绩的背后，有三个方面的重大失误：在研究对象上，迷失在远离人的黑色森林里，笨拙地学舌着"历史规律""必然性""本质""合规律性与合目的性"之类的字眼，而不关心有限的生命带来的不幸的人生；在内容上，美学以对象世界为核心，忽略了内在的生命活动，忽略了体验、有限及生命意义的秘密；在研究方法上，只在美学范畴、美学体系、美学论文论著上绕圈子，用"文字障"蒙蔽了生命，蒙蔽了自己，取代了生命，取代了自己。这样，他就解构了传统美学的体系。那么新的美学是什么呢？这就是："美学即生命的最高阐释，即关于人类生命的存在及其超越如何可能的冥思。"②"它是思着的诗、诗化的思，也是回到生命本身。"③潘知常认为："真正的美学应该是也必然是生命的宣言、生命的自白，应该是也必然是人类精神家园的守望者。清醒地守望着世界，是美学永恒的圣职。而且，由于美学是对于人类理想的生存状态——审美活动的反思，由于美学较之哲学要更为贴近思着的诗和诗化的思，因此，它也就更是永远'在路上'、永远'到处去

---

① 潘知常：《生命美学》，河南人民出版社1991年版，第2页。
② 潘知常：《生命美学》，河南人民出版社1991年版，第6页。
③ 潘知常：《生命美学》，河南人民出版社1991年版，第6页。

寻找家园'，就更总是'怀着一种乡愁的冲动'。"①"美学作为人类生命的诗化阐释，正是对于人类生命存在的不断发现新的事实、新的可能性的根本需要的满足，也正是人类生存'借以探路的拐杖'和'走向一个新世界的通道'"② 这样，生命美学在学科定位上，就提出了美学的当代问题。从这样的视界去探索美学，其体系就区别于从认识论、伦理学、心理学、社会学的视界出发对美学的种种探索。生命美学，不是部门美学，而是本体论的美学。它追问的是审美活动与人类生存方式的关系，即生命的存在与超越如何可能这一根本问题。这是一种生命本体论的美学，也就是思与诗（审美活动）的对话。

生命美学由于从生命出发，美学的逻辑起点有了变化，就发现了其他美学的错误。如生命美学就批评了：把美学视为"美化学"——美化生活之学；把美学视作"美的艺术"，美学成了文艺理论；实践美学，以实践本身代替了审美活动，以理性代替了感性。因此，生命美学要对实践美学进行拓展，在一个新的基础上建构美学的大厦。这个大厦的第一个层面是根源层面，从永恒的生命之谜上论述了审美活动的历史发生和逻辑发生；第二个层面是从性质上分析与描述审美活动的外在特征与内在特征；第三个层面从形态取向上展现了审美活动的历史形态与逻辑形态；第四个层面从方式维度上描述了审美活动的生成方式与结构方式。这些探讨使人类在守望精神家园中，达到生命的超越之维、澄明之境，使人诗意地

---

① 潘知常：《生命美学》，河南人民出版社1991年版，第6页。
② 潘知常：《诗与思的对话》，上海三联书店1997年版，第5页。

栖居在大地上。

实际上,生命美学在20世纪初美学被引入中国就开始萌发,如王国维就从生命意志方面来论述优美与壮美,并用来分析《红楼梦》中人的意志。范寿康1927年也论述到音乐、绘画与人的生命波动的关系,用生命的移情来解释审美活动。吕澄在1931年论述美感时便认为:"美感只是对于生命……展开的快感。"① 1934年宗白华也用生命的概念来解释悲剧的快感。他说:"在悲剧中,我们发现了超越生命的价值底真实性。"② 但从20世纪50年代以后,从生命来论述美的就鲜见了。高尔泰在《论美》中曾接触到这个问题,但后来其理论的取向便销声匿迹了。

20世纪80年代以后,经过大半个世纪的发展,人们终于领悟到生命在人类审美中的作用。高尔泰把"自由"与人的生命相连;宋耀良也说:"美在于生命。"③ 蒋孔阳认为:"人是一个有生命的有机整体,所以人的本质力量不是抽象的概念,而是生生不已的活泼泼的生命力量。""人的本质力量,并不是固定不变的,而是万古常新,永远在创造之中的。"因此美也在不断创造中。"抽象的人的本质概念,不能成为美;人的本质转化为具体的生命力量,在'人化的自然'中实现出来,对象化为自由的形象,这时才美。"④

李泽厚也在不断修改、完善自己的客观社会说的"积淀论",不断向人的生命靠近。如他自己特别看重的《哲学探寻录》,可以

---

① 吕澄:《美育诚说》,载《中国现代美学丛编》,北京大学出版社1987年版,第51页。
② 宗白华:《宗白华全集》第2卷,安徽教育出版社1994年版,第67页。
③ 宋耀良:《艺术家生命向力》,上海社会科学院出版社1988年版,第1页。
④ 蒋孔阳:《美学新论》,人民文学出版社1993年版,第160—172页。

说是对他过去实践论美学的校正。他从"人活着"出发,到思考"如何活""为什么活""活得怎样";他从工具本体,进入心理本体;从追问人类主体性,进入追问个人主体性;从有情宇宙观,进入无情辩证法;从生活境界,追溯到人生归宿。虽然他仍坚持了积淀说的理论框架,最终还是喊出了"人类万岁""情感万岁"的口号。他的美学开始关注"日常生活""自体验",他说:"别让那并不存在的、以虚幻的'必然'名义出现的'天命'、'性体'、'规律'主宰自己。重要的是让情感的偶然有真正的人生寻找和家园归宿:'山仍是山,水仍是水',在这种种似如往昔的平凡、有限甚至转瞬即逝的真实情感中,进入天地境界中,便可以安身立命,永恒不朽。"李泽厚哲学的人类学历史本体论,从实践、"客观社会性"、生活的"本质、规律和理想"终于转到"这个哲学即以'人活着'为出发点"。① 李泽厚后期的美学,吸收了海德格尔存在主义的思想,开始关心人的个体生命情感,并梦想着21世纪的美学更加关心人、人的情感、人的生命。从李泽厚美学的演变中,我们可以深切地感到,真正的美学,并不是一个永恒的绝对真理的体系,它不过是美学家对时代提出的问题的应答,是美学家对自己生存状况的阐释。美学家只有随时修正自己的观点,才有可能赢得存在的价值。不存在一个永恒不变的美,当然也不存在一个永恒不变的美学。

除了"生命美学"以外,还有"生存美学""存在论美学""修辞论美学",也属于"后实践美学"思潮。"生存美学"批评了

---

① 李泽厚:《世纪新梦》,安徽文艺出版社1999年版,第31页。

实践美学的理性主义印记、物质化倾向、非个性化倾向等方面的错误倾向，认为应以"生存"作为新美学的逻辑起点和本体论基础。这样，审美就得到了一个质的规定性：它是超理性的、超现实的、纯精神的、是个体性的。① "修辞论美学"认为，美学要摆脱困境，必须要走一条综合的道路。它要求把认识论美学的内容分析和历史视界、感兴论美学的个体经验崇尚、语言论美学的语言中心立场和模型化主张结合起来，建立一种新的历史、话语与语境互动的"修辞论美学"。②

"生命美学"等后实践美学一出现，就遭到实践美学的批评，认为生命美学是建立在对实践美学的误解和曲解上的。超越美学以生存、生命、存在等来取代实践范畴是难以成立的，他们强调的只是生命、生存、存在的某一非本质的方面。从实践转到生命，不仅不是一种进步，而且是一种倒退，是从马克思回到了费尔巴哈，是从实践退回到生命的原始感性的生存美学。

二、审美文化之维：感性生命的理性判断

新时期开始的美学研究，一度还是属于哲学性质的。实践美学也好，生命美学也好，都还是美学的基础性质的研究。随着中国改

---

① 参见杨春时：《超越实践美学 建立超越美学》，《社会科学战线》1994年第1期；《走向后实践美学》，《学术月刊》1994年第5期；《再论超越实践关学》，《学术月刊》1996年第2期。
② 王一川：《走向修辞论美学》，《天津社会科学》1994年第3期；《修辞论美学》，东北师范大学出版社1997年版。

革开放的历史进程；随着经济成为生活的中心，现代化的科学技术的发展给生活带来的巨大的变化；随着"英雄"时代的结束，平民时代的到来；随着多元的价值趋向的形成，美学也面临着一场空前的巨变。审美文化研究在 20 世纪 80 年代后期出现，90 年代以来形成了巨大的声势，不断升温，取得了较大的发展。美学研究向审美文化的转变，一方面是历史的发展和要求决定的；另一方面也是美学自身发展的需要，是传统美学在经过一段热潮后，渐趋冷落后的又一次转机，是对传统美学研究不重视人、不关心人的现实生活、不关心人的当下的感性生活的校正，是美学研究走出经院式的注解语录和经典理论，面向现实、面向人的生活、面向感性生命的转型。

审美文化研究在国外起步较早，西方学者往往把美学的研究置于整个文化发展的序列中。尽管他们的美学研究往往同文化密不可分，但他们很少使用"审美文化"这一概念。如弗雷泽、泰勒的文化人类学的研究，其中许多涉及美学问题，但他们主要从人类学的角度来研究文化。再如卡西尔的象征形式主义美学，特别注重人类文化符号的美学意义，但他们也没有有意识地建立一门审美文化学。西方马克思主义的一批理论家们，对资本主义的文化矛盾、文化逻辑、技术主义、后现代主义文化进行了探讨和批判，但他们也没有明确的审美文化研究的意识。然而，这并不能说他们进行的不是审美文化的研究。像后期西方马克思主义者詹姆逊的后现代文化审美特征论，就可以视作西方对资本主义文化的审美研究。由于北京大学曾于 1985 年秋季邀请他做了四个月的演讲，演讲的题目就是"后现代主义与文化理论"，从而对中国的审美文化研究产生了深远的影响。如王岳川就著有《后现代主义文化研究》，在世界范围的后现代文化背景上，分析了后现代的文化品格和审美逻辑，就其对文学艺术、社会生活等的影响做了令人信服的理论分析和价值批评。苏联学者从20世纪50年代开始也曾进行过"审美文化"研究，并取得了一定的成果。如Ｍ·Ｃ.卡冈就运用系统的方法研究美学，对艺术文化的审美特征和形态，对资本主义的艺术文化等进行了论述，产生了较大的影响。

中国进入新时期以后，一些美学家不满足于仅仅从美的认识论、实践论上来研究美学，他们把美的认识论研究，转为审美的文化学研究，于是审美文化研究应运而生。国内在严格意义上使用这一术语的是1988年出版的《现代美学体系》。但只是到了20世纪90年代，审美文化的研究才真正成为重要的学术问题，成为美学发展中的一个重要的取向。1992年，林同华出版了《审美文化学》，对审美文化的研究提出了自己的一些设想。他认为，新技术革命使当代世界文化迅猛发展，人的审美观念，随着物质财富和精神价值的发展与变化，正在显示它的新生命力。因此，"美学，作为艺术哲学的传统观念，已经被超越了"。"几乎没有什么非美学的文化存在着"，"美学已成为跨文化研究的一项模糊科学"。因此，需要建立一门审美文化学。他认为"审美文化学"也可称为"美学文化学"，因为美学系统即美学文化系统，实质上都是审美文化系统。"美学文化学，就是审美文化学"。"美学文化学是美学与文化学的结合体。"[①] "美学文化学"是把文化形态美作为研究对象，可以分

---

① 林同华：《审美文化学》，东方出版社1992年版，第1、4页。

为多个层次：第一层次是人类行为心理文化意识所产生的美学；第二层次是文学艺术文化所产生的美学；第三层次是人类文化哲学系统里的审美观问题。从此理论出发，林同华在中西对比、东西对比的基础上，对跨文化的审美文化模式和特征进行了探讨。这部著作在审美文化的研究中出现较早，有一定的理论系统性，但它仍是从整体上描述了审美文化研究的框架，与以后许多人把审美文化视作当前文化的趋势显然不同。

1994年，中华美学学会成立了审美文化专业委员会，有力地推动了审美文化的蓬勃发展。与传统的学院派的研究不同，这一批年轻的美学工作者，特别重视审美文化的当代意义。他们用"审美文化"的概念，或者指后现代文化的审美特征；或者用来指大众文化的感性化、媚俗化特征；或者指技术时代造成的技术文化，如电话、广播、电影、电视剧、流行歌曲等娱乐文化的特征。他们用"审美文化"来描述当时的现实文化，并对此赋予一定的批评意识。实际上，"审美文化"虽然热潮迭起，但这个概念的确切内涵仍是模糊的。这正好印证了英国哲学家波普尔的观点：人们的争论，往往是由于对概念内涵界定不明确引起的。正因为概念的不明确，才需要投入更大的精力进行研究，以便使学科的审美范畴的概念明晰化。

尽管审美文化作为一个研究课题，它的概念界定、理论层次、结构方式、理论方法等都仍值得深入探讨，但有一点可以肯定，即审美文化研究已经成为当今美学研究的一个重要的部分。审美文化的研究绝不限于传统的美学领域，"而是更加广泛地包含着对诸如人的生存境遇和文化活动、当代社会的文化景观与艺术景观、当代技术与当代人审美活动的关系、物质生产与艺术生产、大众传播与艺术话语的转型等一系列问题的探索。特别是,当代审美文化研究,一方面,将突出地强调对现实文化的观照、考察,强调美学研究与当代文化变革之间的内在联系;另一方面,它又总是强烈地表明着自身的价值批判立场,在批判的进程中努力捍卫自身的人文理想。这样,审美文化研究在一定意义上,可以理解为一种当代形态的批判的美学。它是一种将人、人的文化放在一个更加全面的观照位置来加以审视的理论,因而在当代社会实践中也将更加鲜明地体现出其现实的品质"[1]。

这段引文可以明确表现一批美学家对审美文化研究的看法和价值取向。他们重视的是对现实审美文化的观照,并用一种批判的眼光来对待之。他们进行的是一种美学的转型工作,并用一种人文精神的启蒙观点来判定审美文化发展的趋势。

王岳川在后现代主义文化研究的广阔背景上,展示了后现代美学转型与"后启蒙"价值认同的问题,观点鲜明,立论高远,论证犀利。他认为,后现代主义思潮在世界文化意识领域掀起了一阵阵"话语转型"旋风,使人们的思维方式和价值信仰产生了根本性的转变。它消解了中心性、秩序性、权威独尊性,使哲学思想和审美观念从形而上学的独断论中解放出来,形成一种开放宽容的民主文化氛围。美学不再是知识精英和少数天才的事业,而日益变成大众的事业,成为社会民众日常践行的活动方式。后现代美学张扬一种

---

[1] 中华美学学会青年学术委员会主办:《美学与文艺学研究》,1994年第2辑"编辑者言",第2页。

"文化美学",注重的不再是永恒不变的终极真理,而是解释美学精神,不断促进人类哲学、宗教、科学、艺术等多维的文化对话。这个后现代文化美学的时代是一个鼓励探索、允许创新和对可能性加以承诺的时代,它促使每一颗大脑不断发现世界和自身的新意义。因而美学研究日益成为一种"文化批评",美学家变成了"文化批评家"。

后现代文化研究告诉我们这样一种观念:世界是一个不断演化的过程,一种不断地建构并解构的过程;事物的意义不是被决定的,而是相对的、不断生成变化的。但是,后现代资产阶级意识形态有极大的欺骗性,现代工业社会通过电影、电视、广播、画刊、唱片、畅销书等调节大众生活、控制个体生存、灌输思想,将强化的思维方式作为法则和价值标准强加给人们,获得权力话语以控制民众的思想,使人丧失内在的自由、独立的生命意志和思想能力。王岳川对此批评说:"在现代社会,意识权力话语往往通过大众文化的网络,钳制人们的思维方式和行为准则。那种媚俗的大众文化通过世俗的甜腻意趣填充当代人苦涩的心灵,不给人留下反思的空间,并使人将纸醉金迷的逢场作戏当作现实生活本身,从而以'公开的谎言'掩盖了权力统治的实质,以幸福的允诺瓦解了人的批判和否定能力,平息了人的反思的冲动。"① 因而在后现代社会,美学的启蒙精神也走向"后启蒙"。"后启蒙"是走出启蒙以降的正义、理性、良善的一种新的价值话语,是一种"新觉醒"。它涉及

---

① 王岳川:《后现代美学转型与"后启蒙"价值认同》,载《美学与文艺学研究》1993年第1辑,第14页。

这样一些问题：启蒙不是赋予知识者的特权，不是一个人对另一个人、一个群体对另一个群体的教诲和指导；相反，启蒙首先是每个个体自我心灵的启蒙，是去掉一切虚妄遮蔽而使自我认清自我，知悉自己存在的有限性和可能性，调悉自我选择的不可逆性与自我承担后果。

肖鹰则研究了在向现代化转型中的审美文化问题。他批评了把现代化仅视为技术革命的幸福承诺，拒绝更为基本的文化问题的片面性。他认为，当代中国主体由自我向个人、大众的嬗变，导致了当代中国文化的非历史性转型。当代中国文化正在走向平面化、直观化、表演化。个人生存的艺术化把当代文化实现为纯粹的审美经验现象学——审美文化。肖鹰认为，从当代文化的背景上来理解审美文化，我们可以作出三个基本规定："第一，审美文化是艺术向生活退落的表现；第二，审美文化是当代社会生活日益表面化、感性化和当下化的总体情态；第三，在当代文化的自我丧失的普遍性沉沦语境中，审美的感性形式成为对个体存在的确证。"[①] 这表明审美文化的实质是：在信仰混乱的时代，美学代替宗教和道德而成为生活的唯一证明。作为艺术化的生活，审美文化是反艺术的；作为一种感性的绝对证明，审美文化是拒绝意义和理解的。审美文化以它当代性的本质成为对当代文化的最终界定。因此可以说，当代文化就是审美文化。

潘知常出版了《反美学》一书，其副标题就是"在阐释中理

[①] 肖鹰：《进入历史：现代化与文化转型》，载《美学与文艺学研究》1994年第2辑，第14页。

解当代审美文化"。他从其生命美学出发，对审美文化的当代发展进行了描述和反思。他考察了作为当代审美文化的文本，诸如流行歌曲、电影、电视、广告、游戏机、人体美等，从美与丑的辩证法角度，从本质、根源和本体上来探讨当代审美文化的特征与意义，企图实现当代美学的第二次重构，建立一种"反美学"的美学。也就是解构传统美学体系，在新的审美文化的活动中来探讨其中所蕴含的新的美学观念的变化。①

王德胜则出版了《扩张与危机——当代审美文化理论及其批评话题》，其主旨也是很明晰的。他一方面注意审美文化的理论建设；另一方面把审美文化的研究看作一种文化批评意识，更多关注的是现实文化建设中的人文精神。他说："在我看来，当代审美文化研究归根到底是在从事一项文化批评的工作，而当代审美文化理论的基本精神就在于强调具有建设性的文化批评意识。"② 这种批评，主要是针对当代审美文化领域中的艺术大众化、艺术与大众传播以及技术的关系等方面出现的问题，并对当代中国审美文化的一些现象进行了美学的分析。

中国当代美学家对审美文化的研究，比起传统美学研究，更注重现实的人文状况，更切合现实的文化境遇和感性生命，对现代化造成的片面的工业化和机械本体造成的人的异化给予清醒的认识。在价值上他们走出形而上学的迷雾，给感性的艺术生活以较高的地

---

① 参见潘知常：《反美学——在阐释中理解当代审美文化》，学林出版社1995年版。
② 王德胜：《扩张与危机——当代审美文化理论及其批评话题》，中国社会科学出版社1996年版，第2页。

位，同时又注重人的内在的、自由的启蒙精神的倡导，以此来对抗生活的表面化、形象化、感官化所带来的无深度的不可承受之轻。这是美学研究走出传统，走进现实，实现新的价值转型的必由之路。

但把审美文化仅仅视为当代文化恐怕是站不住脚的，这是美学家"青春期"容易犯的毛病。审美文化不仅在当代美学中存在，而且在古代的美学中也存在。审美就应该有文化的根底，文化也应该有审美的表征，把美学置于人类广阔的文化视野上来审视，挖掘其本体论的内涵，是使审美文化摆脱流于时尚而走向历史深处的必然之路。

王惟苏等著的《审美文化新论》，在这方面做了新的开拓。如在第七章"审美文化的人类学原则"中，就指出审美文化"是在人类的文化系统中来研究人类的审美现象，是在美学的理论指导下来研究人类的文化"。审美和文化的本质都是人类才具有的，而对人的真正研究只有到了人类学成为一门普遍的科学后才真正成为一门科学。因此，审美文化的研究必然归结为人类学的。在人类学的视野中，审美文化研究就不仅是现实环境的研究、未来前瞻性的研究，而且还应该是历史现象的研究和理论系统的研究。但对后者中国当代审美文化研究还未予以高度重视。《审美文化新论》虽然也涉及审美文化的宗教形态、哲学形态、历史形态、艺术形态，但毕竟还是刚刚起步。这方面的研究还有漫长的道路要走。

三、原型与母题：人类学美学的崛起

与审美文化研究注意当代社会的现实状况不同，人类学美学注重的是古代社会的历史现实；与审美文化注重人的感性直观的当下生活的价值取向不同，人类学美学更注意人在历史发生过程中的不变的心理结构及原始意象的象征表现。一个扎根于现实，一个返回历史的深层及意识的深层；一个要在现实的反思中建立起美学的理论框架，一个要从历史的发展中抽绎出审美的范畴。

人类学美学的研究，不像审美文化研究那样切入现实、那样急功近利、那样追赶时髦，而是在时代的五色光环中显示自己的勃勃身姿。它往往逃避现实，走进历史的深处，在史前人类的神秘的巫术仪式中，在怪诞的神灵崇拜中，在原始的洞穴壁画里，在朴野的民风民俗中去寻觅人类审美的萌芽，去追溯人类失却的灵魂，去描述人类审美的情感历程，并从这种追溯中理解人类的美学精神，发现那属于人类的永恒的思维模式、神话母题和原型构造。因此，人类学美学是那么不起眼，不流行；研究者也像出土文物一样显得失去了现时代的光彩而陈旧不堪。但一旦我们从中领悟到美的深沉的内涵，"文物"的文化价值和美学价值就昭然若揭了。

新时期一开始，朱光潜做的一件重大的工作就是翻译维柯的《新科学》。《新科学》并不是一本严格意义上的美学著作，而是一本人类学的著作。它阐述的主要是古代文化史和人类思维发生的理论。认为原始文化，包括宗教、神话、语言、文字都是原始人形象思维的产物,表现了原始人诗性的智慧。世界就是由原始人的诗性智慧所创造的。朱光潜翻译此书,是为他后期"实践观点"的主客观论美学找历史的根据,实际上却走向了人类学美学的道路。朱光潜美学向人类学的转变,实际上透露出中国当代美学的人类学派兴起的曙光。

李泽厚把自己的哲学称为"人类学本体论",后来又在人类学后加上"历史"二字,称之为"人类学历史本体论"。① 李泽厚的美学就是建立在此基础之上的。实际上,这里的人类学并不是随便用的,李泽厚的观点受到康德的影响。康德是最早从人类学的观点来看问题的。人们都重视康德的三大批判著作,却往往忽视了他的人类学思想,实际上康德的批判哲学只不过是其整个人类学思想的一部分。康德积20多年人类学教学经验写成的著作《实用人类学》就是明证。② 李泽厚在《批判哲学的批判——康德述评》中,已明确提到"人类学本体"。

蒋孔阳的美学思想的发展,也渐渐走向人类学。他认为美的本质是由人的本质决定的,不了解人的本质就不能了解美的本质。从人类学立论,美就是在人的不断创造中生成的。他又企图在建设马克思主义人类学美学上做一些工作。③

当然,这种种趋向只表明传统认识论美学衰微以后,对美学未来发展的一种向往。真正的人类学美学的研究还需要突破原则的限制而做一些实际的工作。

---

① 李泽厚:《世纪新梦》,安徽文艺出版社1998年版,第10页。
② 参见朱存明:《论康德的人类学美学思想》,《学术月刊》1992年第10期。
③ 蒋孔阳:《关于马克思主义人类学美学的思考》,《文艺理论研究》1997年第2期。

为了更好地理解这个问题,我们先对人类学美学的研究方法的形成和特征略作说明。就像美学的形成一样,人类学的形成也是在西方。人类学可以分为体质人类学、文化人类学和哲学人类学等。文化人类学从狭义上来理解,是指研究人类习俗的学问。文化人类学成为一门独立的学科之初,着重研究原始人类诞生之初的状况。英国学者爱德华·泰勒1871年发表的《原始文化》、弗雷泽的巨著《金枝》,奠定了这门学科的基础。他们的著作广泛涉及原始人的审美文化、习俗及文学艺术问题。法国人列维-布留尔的《原始思维》,则对原始人的思维特征进行了论述,认为原始人的思维是一种受"互渗律"支配的前逻辑思维,"集体表象"在思维中起着决定性的作用。后来的传播学派、功能学派、结构主义人类学、象征人类学等,在广泛吸收考古学、民族志、民俗学的资料的前提下,把出土文物和文献结合在一起,创造了不同的理论和方法。这种文化人类学对原始文化的研究和弗洛伊德的精神分析学、荣格的分析心理学奇妙地结合在一起,便产生了神话原型批评的美学倾向。加拿大的文艺批评家弗莱对文艺类型的阐释产生了巨大的影响,他利用"集体无意识"的概念,归纳了神话中的原型及其象征。德国哲学家恩斯特·卡西尔建立的象征形式主义哲学对人类审美的深层结构进行了探讨,把康德以来的"理论批判"转化为"文化批判"。这样,过去不被重视的神话思维、宗教直观、艺术原型、象征符号都受到前所未有的重视。卡西尔的美国弟子苏珊·朗格发展了卡西尔的观点,建立了象征主义美学,在情感与形式之间找到了审美的对应。

人类学对中国美学和文艺的影响早在20世纪初就开始了,蔡元培在引进美学的同时也引进了人类学。王国维就利用人类学的方法研究中国戏曲史，闻一多利用这种方法研究古典文学，郑振铎利用这种方法研究俗文学，鲁迅利用人类学的方法研究中国小说史，茅盾用此方法研究神话，都取得了丰硕的成果。

但长期以来，由于种种原因，这种研究方法被中断了。到了新时期以后才逐渐兴盛，以至成为热潮。但神话原型的探讨在文艺批评领域的影响要比美学领域大。许多人用人类学的方法来审视古典文学作品，以通过文本的破译，去寻找人类失却的民俗和心灵历程。自觉地建立当代人类学美学的意识还比较淡漠，但这却代表了未来美学的一个方向。

朱狄《艺术的起源》书影，1982年版

新时期以来，朱狄是比较早地运用人类学方法研究美学的。他在1982年就出版了《艺术的起源》一书，开始从人类学的角度探讨艺术起源问题。他与一些人只知道盲目引用"劳动创造美"的命题来解决艺术起源不同，他研究了世界文化背景中对这个问题的探讨资料，介绍了艺术起源于巫术、劳动、情感交流、游戏、季节变换的符号等理论，从而显出其理论的多元价值取向和开放的态度。1988年，朱狄又出版了60多万字的《原始文化研究——对审美发生问题的思考》的大部头著作，广泛介绍了西方19世纪以来人类学家对原始思维的特征的论述，分析了史前的艺术和现代原始部族的艺术，并对神话和神话学的各种理论进行了评述。这虽然是一部介绍原始文化研究的著作，却是真正对审美发生问题的严肃的思考。他不再囿于经典作家的论述，而是在开放的心态下、在广阔的学术背景上重新审视审美的发生问题，从而摆脱了美学的形而上学的认识论研究，使美学的研究走向实证、走向科学、走向历史、走向人类。其理论和方法对美学研究的冲击是极其巨大的。

当然，更多的人把人类学美学作为一种批评方法，用来进行文学艺术的文本分析。我们也可以把这种研究称作文学人类学。1997年11月在厦门大学成立了我国"文学人类学学会"，就是这种研究形成规模的一个重要标志。

在这方面取得重大成果并产生广泛影响的是叶舒宪和萧兵等人。叶舒宪编译的《神话—原型批评》（陕西师范大学出版社1987年版）较早地打开了中国文学研究通向文学人类学的路径，使一大批不满足于社会学和其他批评方法的学者走向一种"神话—原型"批评，寻觅中国文学永恒的意象和不变的主题，这和寻根文学与寻根意识是相辅相成的。叶舒宪则自始至终在这个领域开拓，引领了新潮流。他勤奋笔耕、著作盈尺。1988年他就推出三本著作《结构主义神话学》（编译，陕西师范大学出版社）、《探索非理性的世界》（四川人民出版社）、《符号：语言与艺术》（与俞建章合著，上海人民出版社）。一方面介绍西方的理论和方法，另一方面用在具体的理论建设和批评实践中。在《英雄与太阳——中国上古史诗原型重构》（上海社科会科学院出版社1991年版）、《中国神话哲学》（中国社会科学出版社1992年版）、《高唐神女与维纳斯》（中国社会科学出版社1996年版）等著作中，我们看到他在这方面的成就是令人耳目一新的。他又对中国古代典籍进行文化人类学的破译，出版有《诗经的文化阐释》（湖北人民出版社1994年版）、《老子的文化解读》（与萧兵合著，湖北人民出版社1993年版）、《庄子的文化解析》（湖北人民出版社1997年版）、《文学人类学探索》（广西师范大学出版社1996年版）等。

萧兵是新时期以来在文学人类学领域辛勤开拓，取得重大成就的著名学者。他从研究、破译《楚辞》的文化精神、密码开始了他新时期的文学人类学的道路，先后出版著作十几部，而且大部分著作都是大部头的，其辛勤程度是令人惊叹的。他研究楚辞的著作有：《楚辞与神话》（江苏古籍出版社1987年版）、《楚辞新探》（天津古籍出版社1988年版）、《楚辞文化》（中国社会科学出版社1990年版）、《辞楚的文化破译》（湖北人民出版社1991年版）、《楚文化与美学》和《楚辞与美学》（台湾文津出版社1995年版）。另外，还出版有《中国文化的精英——太阳英雄神话的比较研究》（上海文艺出版社1989年版）、《古代神话与小说》（辽宁教育出社1992年版)、《傩蜡之风》(江苏人民出版社1992年版)、《老子的文化解读》(与叶舒宪合著,湖北人民出版社1994年版)、《中庸的文化省察——一个字的思想史》(湖北人民出版社1997年版)、《黑马:中国民俗神话学文集》(台湾时报文化公司1990年版)等。文学人类学不是一种美学理论的建设,而是一种批评方法的运用。他们无心建设一个系统性的美学观,而是从古籍、文物、文字、民俗中去发现审美意识。他们的原则是对文学持一种远古与现代相联系、中外民族相比较的宏观研究态度;共时性方法与历时性方法并重;文化方法、心理方法与文学本体方法的融合。他们要在远古和现代之间架起一座桥梁,使文学在远古图腾、巫术、神话、宗教信仰的仪式活动参照下,还原为人与宇宙观照的基本关系。他们打破了种族和文化的疆域,在人与自然的关系中,确立起文学的原型框架,并在人与宇宙、自然的关系中,发掘主体精神对自然的人化的文化价值,以及在宇宙的循环、四季的交替、生命的过程、神话故事的结构模式中,去发现人类的共同的人性和相同的感知方式及其形而上学的内容。

人类学美学在文学人类学的研究和阐释中得到显现,它表现为一种美学缺席的美学、非理论形态的美学。它看上去指向远古,实际上其价值则立足当代,他们不是以展示未来的乌托邦的理想来批判现实,而是在重新审视古典时,以人类学的真实图景来揭露现实的虚假和空虚,揭去掩蔽在真实自然和生命之上的迷雾,从而体现了另一种启蒙。但他们的研究有时太细腻了,有时竟以沉溺于沾沾自喜的资料而失却了本真的自我,以穷尽所有资料的雄心而使读者失去了信心。当研究的价值取向被烦琐的考据所取代以后,这种研究的价值和意义又何在呢？一些人不得不对他们的研究提出质疑。

与这种侧重文学的研究不同，另一些人则侧重人类学美学的哲学探讨。他们不是以某一文本或某种原始意象、原始母题作为研究文本，而是从某一原始文化的范畴、类型出发，来探讨其中的美学意义、美学和艺术的文化人类学的结构，建构新的美学理论。他们或把图腾崇拜与现代人的失落家园意识相融合，或通过原始文化来探讨原始人的思维模式和特征，或去寻觅艺术起源的本体论之根，或去剖析神话结构的社会的心理根源，或去发掘审美意识发生的生物进化的、劳动实践的、原始宗教的基础等，从而显示了人类学美学的强大的生命力、广阔的生存空间和较高的学术价值。

在这方面进行辛勤探索，并取得一定成就的郑元者围绕着艺术起源和图腾美学等有关的问题，对美学的研究视界和理论内涵都做了开拓。早在20世纪80年代末期，他就对图腾艺术与生命感受的表达产生了兴趣。1992年他出版的《图腾美学与现代人类》一书（学林出版社），立足于"史前美学"，在分支学科的格局上探讨了"图腾美学"问题，提出了艺术起源和审美起源的一些见解，同时把远古图腾文化与现代人类结合在一起进行研究，揭示了图腾文化作为人类历史上的一种特殊的生存场景、一种永恒的记忆和精神原型，及其与现代人类生活的精神联系。此后，他又思考了图腾美学与艺术起源之间的关系，完成并出版了《艺术之根：艺术起源学引论》（湖南教育出版社1997年版）。他把实证性的科学研究和理论建设结合在一起，并放在整个"人类学美学"的框架下，寻觅艺术之根，重新批判历史；通过不断的回溯来审视和思考人类的艺术及审美意识的发生、发展、消亡；分析有着不同生存境遇、文化背景和民族心理的人类艺术活动、审美意识的同质性和异质性问题，从而在本源上对艺术和美的本质问题作出反思。

郑元者及其同仁对美学人类学已有了明确的学科建设的追求。从学科的性质来看，美学人类学既属于人类学，又属于美学，是人类学与美学的交叉学科。它要在人类学提供的方法和材料的基础上对人类的审美活动和艺术展开微观的量化分析和研究，讨论各个文化区域各个不同的民族在各个不同历史时期的信仰、仪式和艺术作品，对艺术和审美的起源做深层次的探讨。人类学美学不能停留在方法论上，而是一种根本性的立场，是研究的出发点和归宿。从广义上来讲，它要立足于"人是什么"，也就是通过对人的本质的研究来探讨艺术的本质和审美的本质。从狭义上来讲，它是用人类学的方法来研究艺术和审美的学科。它将根据不同的时代、地域、民族对不同境遇的艺术和审美意识作出说明并揭示其存在的价值，等等。

人类学美学既包括哲学的抽象，又包括实证的探索，领域广阔，难度很大，对全面的理论体系的把握还有待发展。但从国内情况看，也取得了不小的成就。李丕显的《审美发生学》（青岛海洋大学出版社1994年版）是较早、较全面来探讨审美发生问题的。他从物种的进化、两性的繁衍、生产劳动、巫术活动、艺术创造等方面分析了审美发生的基础过程和特征，为实践美学填补了审美发生上的空白。朱存明在《灵感思维与原始文化》（学林出版社1995年版）中，分析了原始人的思维是一种灵感思维，它是形象思维和逻辑思维的母体，原始人审美文化只有在这个基础上才能得到合理的说明。邓启耀的《中国神话的思维结构》（重庆出版社1992年版),张晓凌的《中国原始艺术精神》(重庆出版社1992年版),于乃昌、夏敏合著的《初民的宗教与审美迷狂》(青海人民出版社1994年版),吴诗池的《中国原始艺术》(紫禁城出版社1996年版),刘锡诚的《中国原始艺术》(上海文艺出版社1998年版)等专著,都展示了这方面研究的实绩。另外,盖山林、宋耀良、陈兆复对原始岩画的研究,梅新林对《红楼梦》神话原型的哲学分析,张德明《人类学诗学》的出版,易中天的《艺术人类学》等,都显示出美学研究和文艺批评中运用人类学的方法和视野愈来愈受到人们的重视。尽管一些研究还是实证性的、现象性的,一些理论的概括还比较简单,不够完善,但一个人类学美学的学术曙光正在孕育和生成中,我们完全有理由相信人类学美学将结出硕果。

四、走向十字架:神学美学的本土话题

中国古代不乏宗教,如本土的道教、传入的佛教以及佛教演变出的禅宗,等等。但中国文化中缺乏真正的宗教精神。中国人的生活中,没有至高无上的"上帝"的观念,因此也就没有宗教上的至善的追求。中国人的成仙、成佛、炼丹、顿悟都是指向现实人生的,是要在现实的有限中去实现幻想的无限自由的人生的,而美学家往往把它们看作一种审美的理想境界而加以弘扬。

新时期以来,当一些虚幻的乌托邦理想被解构以后,便抽去了某些中国人心灵中最深处的信仰,人生的意义在其终极处一片虚无。怎样来填补这一空虚呢?唯生产力者、技术本体论者,科学主

义、现代化的生活、审美文化的感性真现,都不能直达生命的终极处。于是刘小枫登场了,他从诗化哲学走向了神学美学,为中国文化设计了一套神性本体论,让人执着于灵魂的至善,并将其尊为神圣,并在引进西方基督教的价值观后,企图在本土语境中给予崇高的地位,以建立一个不同于中国传统文化的终极的尺度和根基。

刘小枫,1956年生,四川重庆人,北京大学哲学系的美学硕士,巴塞尔大学博士。刘小枫的学术生涯及价值取向,是新时期最令人扑朔迷离的现象之一。20世纪80年代中期,当复苏的中国学界仍然用唯心—唯物的模式去分解文史哲时,刘小枫却已从德国哲学中梳理出一条诗化哲学思路——从费希特、谢林,经叔本华、尼采再到海德格尔、马尔库塞,他从这种被他称之为浪漫主义美学传统中领悟到,哲学的基本命题并非只是意识与物质的关系;哲学的隽永魅力或许是在于它执着于人生存在意义的探寻,追问人所以为人的价值根基,即提出人何以诗意地栖居于世间的问题。德国浪漫派的诗化哲学就不是一般艺术哲学,不是审美关系的科学,而是对人的审美生成、价值生成的哲学思考。于是,刘小枫出版了《诗化哲学——德国浪漫美学传统》一书(山东文艺出版社1986年版)。刘小枫通过对德国美学的浪漫主义传统的研究和追问后认为:"美学作为人的哲学的殿军就必须关心人的现实历史境遇,关心人的生存价值和意义,关心有限的生命的超越。"[①] 在实在主义、科学主义、唯理主义、工业技术大肆盛行的时代,在人们埋头为自然知识

---

① 刘小枫:《诗化哲学——德国浪漫美学传统》,山东文艺出版社1986年版,第2页。

寻找智性基础的时候，有些却不再过问人生意义的灵性根据。诗化哲学则不然，它始终追思人生的诗意，人的本真感情的纯化，使有限的、夜露销残一般的个体生命追寻自身的生存价值和意义，超越有限与无限的对立去把握超时间的永恒的美的瞬间，给沉沦于科技文明造成的非人化境遇中的人带来震颤。刘小枫从德国诗化哲学中发现了诗的本体论，阐释了走向本体论的诗，对人生之谜进行了诗的解答，从诗化的思，直达诗的冥思和诗意的栖居，展现了人和现实社会审美解放的道路。刘小枫表面上在谈美学、谈哲学，实质上则在探讨人生的意义和价值。他的第二本著作《拯救与逍遥》（上海人民出版社1988年版）便更加明确表明了他的这种价值观。他认为，汉民族精神文化谱系中，无论是儒、道、释，还是儒道互补与儒释互渗，都是价值虚无的，是非神性的、无根基的，只有引进经过现代智慧清洗过的上帝即西方现代基督教神学，才为人生价值取向提供了根基性尺度。后来，他又写了一本《走向十字架上的真》（上海三联书店1994年版），大篇幅地译介20世纪西方现代神学的诸家学说，用以消解李泽厚"人类学历史本体"及"积淀说"对本土语境造成的巨大影响。

《拯救与逍遥》一书中要建立的人生的信念与流行的信念是有激烈矛盾冲突的。他必须搬掉自己脚下的石头。刘小枫也表现了对李泽厚"积淀说"的质疑。李泽厚的历史理性主义的公式就是：仁学原型＝儒教为内核的精神传统＝汉民族文化心理结构。他认为人之所以为人的关键在于人受制于工艺—制度造成的社会的价值规范，个体把它内化后转化为一种个体自律，这就是人性发生的模式，历史理性便积淀于个性感性之中了。这样就把存在的看成合理的,不再追问"理性"是否含有摧残人性的封建基因,从而形成"文化宿命"论,同时取消了人的感性生命的多元价值取向。刘小枫指出,"积淀说"模糊了"事实性"与"意义性"的异质界限。对传统文化,李泽厚取认识论,刘小枫取价值论。刘小枫说:"历史的事实是一回事,历史事实中的价值意义是另一回事。如果研究历史文化只是为了无条件地接受历史事实,那就意味着我们同意接受这些事实中实际存在着的愚蠢、谬误、荒唐和虚妄。"刘小枫用现象学的方法,考察了汉民族的诗魂。他不是从诗的形态学来对待诗人,而是从诗的本体论来要求诗人。在他看来,并非擅长韵文者皆曰诗人,只有担当起在世界的黑夜中对终极价值的追问使命的人,才能称得上"真正的诗人"。

刘小枫让屈原出场,来表征儒家的风范。他指出,儒家的个体人格的自足意志得之于社会、国家及其化身——君王,这种意志自律实际是他律的。他所自居的价值是无根的,他不能保证他忠诚的主子是明主还是昏君、暴君。屈原自杀了,表明诗人拒绝在虚妄的信念中生活,他用生命的血肉做成了一个问号,并追问:"中国智慧能否拒斥超验之维?"

刘小枫揭露了儒家的价值之"伪",又针砭了道家的价值之"非"。他认为被文人津津乐道的、被纯化为精神现象学的道家,在思想史上,却是拯救儒生于忧患的精神稻草。被誉为中国智慧的"儒道互补",其实表现了儒生的无奈。其典型的诗人便是陶渊明,他弃仕入世为的是"重生保真",想无官一身轻而已,这与刘小枫的"人的存在的本然性"还有很大的距离。

刘小枫把曹雪芹当作释家的代表来剖析,追问了其反价值的倾向，认为曹雪芹以"情性"本体来代替儒、道、释的试验，所以终于失败了。这种解释，未免把复杂的《红楼梦》简单化了。

这样，刘小枫指出了儒家的"伪价值"，道家的"非价值"，释家的"反价值"，便解构了传统文化——心理结构的"无价值"。他指出，李泽厚的所谓"历史理性主义"不过是一种权力话语，皆属媚权，是"君权神授"的现代哲学包装。

刘小枫一方面要破历史理性主义的价值虚无，另一方面更在于立，即引进西方现代基督教神学，为处于世纪转型的当代中国文化的重建提供新价值参照。"为了接纳这位经现代智慧重塑的上帝，让其在黄土地扎根，亟须廓清思想的殿堂，以示虔敬。"[1] 这样，刘小枫又撰写了《走向十字架上的真》。他要克服中国文化中"官本位""君主本位""国家本位"的价值虚无，借上帝的闪亮登场而建立起一个超越一切的价值。刘小枫说："我从美学、心理学、哲学转向神学，首先是出于个人信念，随之是学术之意向。"[2] 而他转向的第一动力源于灵魂自救或"自我批判"。他又说："我只关注一个问题：十字架上的真与我们的在、我们的语境之关系及其在存在论上的相遇。"但中国社会沉重的历史理性主义的影响已深入民族骨髓，民族本位主义也大有市场，即使像道教、佛教等传统宗教也远没有取得有效的统治或渗透到社会组织的机体中去，更毋庸说国人历来对基督教的义和团式的拒斥了。可见，刘小枫在中国扮演盗火种之角色有多艰难！但他把基督教的思想和社会方面分

---

[1] 夏中义：《新潮学案：新时期文化重估》，上海三联书店1996年版，第212页。
[2] 刘小枫：《走向十字架上的真》，上海三联书店1994年版，第2页。

开,要在思想层面上扮演双层角色:既像舍斯托夫那样用头颅去撞历史理性主义的铁墙的同时,又像海德格尔那样强调"人应该审慎地思,学会思,扭转思的向度,为神圣之光重现朗照大地作准备"。考虑到本土那片深受西方学术浸染的人文学界,往往对基督教也是一知半解,所以刘小枫进行了"解神话""解神学史""解神学家"的工作。也就是用现代语言解释其中的意义,使其变得能为现代人所理解,从而启发国人动用自己的学识积累,去建立一条神学之路。

欲让唱着《国际歌》长大的中国人欣然接纳"上帝"的观念是很难的,"从来就没有什么救世主"已成为人们的思维定势,而"上帝"却貌似救世主。但刘小枫认为《国际歌》唱的是无产阶级的政治情怀,它要改变现存私有制,这当然不能依赖"上帝",但现代神学中的上帝不负责人类政治,而专司个体灵魂的净化与安宁,所以不必用《国际歌》去排斥上帝。

刘小枫以请进来的"上帝"作为基督教神学的最高设定。用德国神学家索勒的话说,就是上帝的信徒,要"毫无所惧地持有对生活的依赖感,就是在挚爱与希望受到现实的否定时仍然持重挚爱与希望"。也就是说,一个人可以什么都不信,但不能不信明天应比今天好;一个人什么都可以失去,但不能失去对自我存在的信赖,否则人的精神就会瘫痪。这样,上帝就不是虚无缥缈的了,他离人们并不遥远,而愿与任何一个虔诚的信徒相遇。当你对人生已自觉到价值关怀上时,你离上帝也就近了。人是一个会发问的动物,当人面对世界的奥秘和人自身的奥秘不断发问时,就会发现发问的背后向人打开了一个无限的、绝对的视域。人的这种精神性的存在,

为人能听到上帝的传言提供了可能性和条件。刘小枫说:

> 关于上帝的经验与存在的经验具有亲和性,倘若汉语思想首先进入存在之域,而不是以民族性为理由拒斥进入存在,上帝经验就会在汉语思想身上豁然明朗。①

19世纪末,尼采宣布"上帝死了",是西方的理性主义杀死了上帝。20世纪末刘小枫要使上帝在中国复活,他是要在终极的价值尺度上使存在的意义变得明朗,并把它放在上帝关怀的视野中以呈现出神性。对刘小枫来讲,一个人是否参加教会并不重要,重要的是应对自己提出"更高的人性的要求";中国传统文化中是否存在有关上帝的经验也不重要,重要的是当今每一位认同基督的爱的真理和实践的人,在自己的生活实践中具体地默默见证十字架上的挚爱。

20世纪中国在向西方的学习中,引进了自然科学和人文科学的诸多学科,并在中国生根、开花、结果,促进了中国传统文化内在因素的变化,形成了中国文化向现代化的转型。但纵观20世纪中国人文科学,唯有神学登场最晚。继《走向十字架上的真》,刘小枫又主编了《20世纪西方宗教哲学文选》,乃至规模更大的《基督教学术研究文库》。我们发现,这是一个很值得深思和重视的问题。

在新时期,刘小枫的美学思想是独树一帜的,他不同于李泽厚的历史理性主义的积淀说,并把其视为从骨子里臣服既定秩序及规

---

① 刘小枫:《走向十架上的真》,上海三联书店1994年版,第312页。

范的媚权哲学。刘小枫的美学是从诗化哲学走出来的神学美学，让人执着于灵魂的主善并将其尊为神圣，借"十字架"和"上帝"来为美学建立可靠的价值之根。

这样我们就会发现，新时期美学的发展轨迹是从结束英雄的"神"到"人"，再从"人"到"神"。新时期从"神"到"人"，是说随着中国现代化的进程，随着神化的人和英雄的神化的返真而进到人的主体、人的生命的弘扬，感性的解放；所谓从"人"到"神"，是说新时期人文精神回潮到个体、感性、生命，并未到达理想的高度，反而在市场经济、大众文化、审美文化的后实践美学中拖回到世俗的平庸与粗鄙，以致热血之士纷纷出来倡导"人文精神"的大讨论，提倡终极的价值关怀了。而刘小枫的神学美学，在一开始就把根扎在灵魂的深处，旨在重建信仰的根基。尽管他请来一个"上帝"，但从思维的深度而言，表现出刘小枫神学美学的前瞻性。

结语 美学——一种新生存方式

20世纪中国美学的产生与发展,是中国整个文化发展的一部分。它适应了整个社会的现代化的过程。这种转型是中国在时代的挑战面前,向西方学习、并从民族的需要出发,来建设中国新的美学的结果。

20世纪中国美学所提出和探讨的问题,总是随着时代的要求而提出不同的理论体系和价值取向。显然没有一种永恒不变的理论,美学家总是根据不同时代的情境提出不同的美学要求,但美学作为一门渐趋明朗的学科,则有其共性和相一致的地方。20世纪初,早期的美学家们如梁启超、王国维、蔡元培等人,引进美学虽然是为了弘扬情感、发扬启蒙精神、提倡美育,以拒斥封建文化、提倡个性自觉,但从美学一开始,就有"非功利"和"功利"的对立。其对立的势态,一直延续到20世纪末。西方和外国美学被引进中国,是作为一种感性认识的完善提出来的,但不同思想倾向和不同阶级的美学家对此又有不同的理解。布尔什维克浪潮以后,无产阶级及共产党人，让美学仅仅为无产阶级的政治服务，被某些人或在某些人那里被演绎成了伪古典主义的工具论；在唯物论哲学指导下形成的典型说，使美学走向了英雄的崇高。但像朱光潜、宗白华那样的美学家，则在深入研究介绍西方美学的同时，努力开掘中国美学的精神，为中国的美学建设做出了杰出的贡献。然而，长期以来，中国美学没有得到自律的发展，它总是在强大的意识形态的轴心中打转转，在认识论上争论美的主观性还是客观性，显示了思想的机械、贫乏和幼稚。马克思主义被尊为指导思想以后，中国的一些假马克思主义者用教条主义束缚人的思想，美学不可能得到全面、高度的发展。马克思《手稿》的讨论，才羞答答地开始解放思想，美学中的"实践学派"的形成才使中国美学略具特色。但如果把其放在世界美学的总体中去审视，仍幼稚得很，除了模仿苏联或西方马克思主义者的某些观点外，也没多大的建树。新时期以后的中西文化大冲撞，美学才从认识论的乱圈中走出，成为启蒙的又一号角，成为呼唤自由的象征，成为弘扬感性生命的呐喊，成为对未来理想的信念，成为人生存在价值的尺度，成为走向人们真实需要的至善至美的导引。

从20世纪中国美学精神的发展轨迹中我们可以得到这样的认识：美学总是随时代的发展而发展，不可能建立一个永恒不变的理论体系，那种一劳永逸地想穷尽所有真理的所谓体系，都不过是一个现代神话。只存在阐释，只存在价值。那种唯我革命，独尊唯一的理论是完全错误的。美学的生命也在不断创新之中。美学可以是认识论的，去建构一个知识的体系，使知识不断增长；美学也可以是伦理学的，去建立一套价值学说，使人知道什么是美，为什么美，美对人生和社会的意义；美学也可以是实践论的，从人的生产劳动、精神创造上来探讨美的意义；美学也可以是感性学的，追溯人类情感的依据和形象的表达；美学也可以是艺术学的，从艺术入手去寻觅艺术的情感本体、存在之根，去探索人的生命之旅；甚至也应该容忍神学的美学，让"上帝"的光辉照耀到终极价值基础，填补那部分人的信仰的空缺。这不仅应成为现在的价值认同，而且已经是一个不争的事实了。开放的社会必然带来开放的精神，也必然产生开放的美学，从而促进人性的全面发展，使人成为完整意义上的人。在放弃了"斗争哲学"的唯一性以后，随着世界一体化时代的到来，价值的多元取向也应该成为一种价值。

虽然经过20世纪众多美学家的探讨。美的本质问题很难说真正解决了，但有一点是清楚的，美学应关怀人的生存的价值，美应成为人生命的需要。人只有在审美中才感到自己是幸福的、愉悦的，才会体验到生命的澄明之境。

美学史家不是算命先生，对今后的美学不可能作出预言，历史的偶然性因素有时往往是决定性的，但美学的研究趋向则是可以设想的。法国当代著名美学家米凯尔·杜夫莱纳与澳大利亚当代著名哲学家约翰·帕斯默和日本的今道友信曾就美学的将来课题进行了对话。他们从20世纪后半期科学技术的发展给社会环境、自然环境、人的心灵带来的影响探讨了未来美学的课题：要建立生态伦理学的美学，使人和自然处在适应状态，把自然作为生命体而尊重其存在的价值；要建立城市美学，使人得以在现代化的大都市中安居乐业；要张扬艺术的审美价值，使艺术在技术化的社会中承担起拯救人性的重担，发挥其自由的审美的功能；要把其影响甚至波及政治方面的人的教育问题，作为美学放在巨大城市里思考；有必要进行东方美学，特别是中国和日本等国的美学思想研究，使东西方架起一座比较的桥梁。今道友信说："美学的将来问题之一，也可以说就是针对科学技术的划一化，阐明地域性的逻辑，表明人类的普遍性就在于理解并包容那种多样性。内在的丰富，仍然不在于机械化而是在于人性化。因为它是要归结于个人的。"①

　　三人的对话，站在时代的前沿，根据20世纪后半期的发展，从世界性的角度对美学的未来做了展望。我们可以把这种观点上升为人类学美学，即从人的历史生成和现实的生成的境遇中，来展现作为生命个体的人怎样生存得更加美好。在与自然的关系中，我们不能把自然仅仅看成一种供人类无限使用的能源，而是要把一山一水、一草一木都看成完整的美的本体，这样来建立一种自然美的生态伦理学是完全可能的。现代社会生活的城市化带来的环境污染、人与人的隔膜、吸毒、疾病等负面效应的消除，也是未来美学关注的问题，建立一门城市美学来专门探讨这个问题是完全可能的和必要的。为了抵御机械化造成的人的感性生命的无深度性，应该大规模地进行审美教育，并通过审美的自由，使人性得以自由发展，在异化的条件下保持人的纯真本性或神性。为了适应全球一体化经济时代的到来，沟通东西文化的交流，使文化在多元价值取向上和而不同，比较美学的研究必然蓬勃兴盛，一种对话的美学在解释学的方向上则愈加显露。为了了解现实的境况，必须回溯历史，只有人

---

① ［日］今道友信：《美学的将来》，樊锦鑫等译，广西教育出版社1997年版，第271页。

类学的方法和视野才能使我们真正认识到历史的深层，因此研究审美的起源、艺术的发生不可避免。审美的阐释总有个方向，方向总指向未来。因此，不仅要研究后现代社会的境遇，还应该展示未来的希望，因为人类的审美精神，总伴随着对未来的憧憬。这样的美学就是人类学本体论的美学，它不仅是一种方法，而且是美学的内容和立场。

参考书目

1. 叶朗：《中国美学史大纲》，上海人民出版社 1985 年版。
2. 聂振斌：《中国近代美学思想史》，中国社会科学出版社 1991 年版。
3. 卢善庆：《中国近代美学思想史》，华东师范大学出版社 1991 年版。
4. 邓牛顿：《中国现代美学思想史》，上海文艺出版社 1988 年版。
5. 赵士林：《当代中国美学研究概述》，天津教育出版社 1988 年版。
6. 吕国欣、王德胜主编：《美学的研究与进展》，上海交通大学出版社 1992 年版。
7. 胡经之编：《中国现代美学丛编（1919—1949）》，北京大学出版社 1987 年版。
8. 蒋红等：《中国现代美学论著译著提要》，复旦大学出版社 1987 年版。
9. 四川社会科学院文学研究所：《中国当代美学论文选（1953—1957）》，重庆出版社 1984 年版。
10. 蒋孔阳主编：《哲学大辞典·美学卷》，上海辞书出版社 1991 年版。
11. 李泽厚、汝信名誉主编：《美学百科全书》，社会科学文献出版社 1990 年版。

12. 封孝伦：《二十世纪中国美学》，东北师范大学出版社 1997 年版。

13. 聂振斌：《王国维美学思想述评》，辽宁大学出版社 1986 年版。

14. 聂振斌：《蔡元培及其美学思想》，天津人民出版社 1984 年版。

15. 张本楠：《王朝闻美学思想研究》，辽宁人民出版社 1987 年版。

16. 王生平：《李泽厚美学思想研究》，辽宁人民出版社 1987 年版。

17. 阎国忠：《朱光潜美学思想研究》，辽宁人民出版社 1987 年版。

18. 林同华：《宗白华美学思想研究》，辽宁人民出版社 1987 年版。

19. 丁枫：《高尔泰美学思想研究》，辽宁人民出版社 1987 年版。

20. 高楠：《蒋孔阳美学思想研究》，辽宁人民出版社 1987 年版。

21. 李兴武：《蔡仪美学思想研究》，辽宁人民出版社 1987 年版。

22. 阎国忠：《朱光潜美学思想及其理论体系》，安徽教育出版社 1994 年版。

23. 宛小平、魏群：《朱光潜论》，安徽大学出版社 1996 年版。

24. 夏中义：《新潮学案：新时期文化重估》，上海三联书店

1996 年版。

25. 梁启超：《饮冰室合集》，中华书局 1936 年版。

26. 胡适：《胡适文存》，远东图书公司 1985 年版。

27. 鲁迅：《鲁迅全集》，人民文学出版社 1981 年版。

28. 王国维：《王国维文学美学论著集》，北岳文艺出版社 1988、2005 年版。

29. 蔡元培：《蔡元培美学文选》，北京大学出版社 1983 年版。

30. 朱光潜：《朱光潜美学文集》（1—3），上海文艺出版社 1982—1983 年版。

31. 蔡仪：《蔡仪美学论著初编》，上海文艺出版社 1982 年版。

32. 朱光潜：《谈美书简》，上海文艺出版社 1980 年版。

33. 朱光潜：《朱光潜美学文学论文选集》，湖南人民出版社 1980 年版。

34. 朱光潜：《悲剧心理学》，人民文学出版社 1983 年版。

35. 蔡仪：《蔡仪美学论文选》，湖南人民出版社 1982 年版。

36. 李泽厚：《美学论集》，上海文艺出版社 1980 年版。

37. 李泽厚：《李泽厚哲学美学论文选》，湖南人民出版社 1985 年版。

38. 李泽厚：《美的历程》，文物出版社 1981 年版。

39. 李泽厚：《美学四讲》，生活·读书·新知三联书店 1989 年版。

40. 李泽厚：《华夏美学》，中外文化出版公司 1989 年版。

41. 李泽厚：《世纪新梦》，安徽文艺出版社 1998 年版。

42. 蔡仪主编：《美学原理提纲》，广西人民出版社 1982 年版。

43. 蔡仪主编：《美学原理》，湖南人民出版社 1985 年版。

44. 蒋孔阳：《美和美的创造》，江苏人民出版社 1981 年版。

45. 蒋孔阳：《美学与文艺评论集》，上海文艺出版社 1986 年版。

46. 蒋孔阳：《蒋孔阳美学艺术论集》，江西人民出版社 1988 年版。

47. 蒋孔阳：《美学新论》，人民文学出版社 1993 年版。

48. 高尔泰：《论美》，甘肃人民出版社 1982 年版。

49. 高尔泰：《美是自由的象征》，人民文学出版社 1986 年版。

50. 朱狄：《美学问题》，陕西人民出版社 1982 年版。

51. 朱狄：《艺术的起源》，中国社会科学出版社 1982 年版。

52. 朱狄：《原始文化研究——对审美发生问题的思考》，生活·读书·新知三联书店 1988 年版。

53. 朱狄：《当代西方美学》，人民出版社 1984 年版。

54. 刘纲纪：《美学与哲学》，湖北人民出版社 1986 年版。

55. 刘纲纪：《传统文化、哲学与美学》，广西师范大学出版社 1997 年版。

56. 吕荧：《吕荧文艺与美学论集》，上海文艺出版社 1984 年版。

57. 周来祥：《论美是和谐》，贵州人民出版社 1984 年版。

58. 周来祥：《再论美是和谐》，广西师范大学出版社 1996 年版。

59. 洪毅然：《新美学纲要》，青海人民出版社 1982 年版。

60. 马奇：《艺术哲学论稿》，山西人民出版社 1985 年版。

61. 滕守尧：《审美心理描述》，中国社会科学出版社 1985 年版。

62. 滕守尧：《艺术社会学描述》，中国社会科学出版社 1987 年版。

63. 滕守尧：《文化的边缘》，作家出版社 1997 年版。

64. 朱立元主编：《现代西方美学史》，上海文艺出版社 1993 年版。

65. 朱立元主编：《当代西方文艺理论》，华东师范大学出版社 1997 年版。

66. 林同华：《审美文化学》，东方出版社 1992 年版。

67. 林同华：《美学心理学》，浙江人民出版社 1987 年版。

68. 杨春时：《审美意识系统》，花城出版社 1986 年版。

69. 蒋培坤：《审美活动论纲》，中国人民大学出版社 1988 年版。

70. 凌继尧：《苏联当代美学》，黑龙江人民出版社 1986 年版。

71. 凌继尧：《美学和文化学》，上海人民出版社 1990 年版。

72. 潘知常：《生命美学》，河南人民出版社 1991 年版。

73. 潘知常：《反美学——在阐释中理解当代审美文化》，学林出版社 1995 年版。

74. 潘知常：《诗与思的对话》，上海三联书店 1997 年版。

75. 王岳川：《艺术本体论》，上海三联书店 1994 年版。

76. 王岳川：《后现代主义文化理论研究》，北京大学出版社 1992 年版。

77. 王一川：《意义的瞬间生成》，山东文艺出版社 1988 年版。

78. 王一川：《修辞论美学》，东北师范大学出版社 1997 年版。

79. 刘小枫：《诗化哲学》，山东文艺出版社 1986 年版。

80. 刘小枫：《拯救与逍遥》，上海人民出版社 1988 年版。

81. 刘小枫：《走向十字架上的真》，上海三联书店 1994 年版。

82. 叶舒宪：《探索非理性的世界》，四川人民出版社 1988 年版。

83. 叶舒宪：《神话—原型批评》，陕西师范大学出版社 1987 年版。

84. 叶舒宪：《中国神话哲学》，中国社会科学出版社 1992 年版。

85. 叶舒宪:《文学人类学探索》,广西师范大学出版社 1996 年版。

86. 萧兵:《楚文化与美学》,台湾文津出版社 1995 年版。

87. 萧兵:《楚辞与美学》,台湾文津出版社 1995 年版。

88. 叶舒宪主编:《文化与文本——文学人类学论丛》,中央编译出版社 1998 年版。

89. 李丕显:《审美发生学》,青岛海洋大学出版社 1994 年版。

90. 朱存明:《灵感思维与原始文化》,学林出版社 1995 年版。

91. 朱存明:《中国的丑怪》,中国矿业大学出版社 1996 年版。

92. 郑元者:《图腾美学与现代人类》,学林出版社 1992 年版。

93. 郑元者:《艺术之根:艺术起源学引论》,湖南教育出版社 1998 年版。

94. 王惟苏等:《审美文化新论》,江苏文艺出版社 1998 年版。

95. 陈刚:《大众文化与当代乌托邦》,作家出版社 1996 年版。

96. 王德胜:《扩张与危机——当代审美文化理论及其批评话题》,中国社会科学出版社 1996 年版。

97. 冯宪光:《西方马克思主义美学研究》,重庆出版社 1997 年版。

98. 余虹:《思与诗的对话——海德格尔诗学引论》,中国社会科学出版社 1991 年版。

99. [日] 今道友信:《美学的将来》,樊锦鑫等译,广西教育出版社 1997 年版。

100. 叶朗:《胸中之竹——走向现代之中国美学》,安徽教育出版社 1998 年版。

101. 赵宪章主编:《西方形式美学》,上海人民出版社 1996 年版。

后 记

　　这本书的写作有点儿偶然。那是1999年初，中国正经历一场改革开放。西苑出版社的领导找到我校科研处，希望能策划出版一套丛书。处长找到我，问我有什么想法。那时正面临21世纪的到来，我们便有了对20世纪中国学术史进行总结的欲望。于是，我们便策划了一套"世纪回眸"丛书。

　　在策划这套丛书时，我就有个自私的打算，乘机写一本20世纪中国美学精神的小册子，以较为通俗的语言，简单介绍20世纪美学的产生、发展及其各种理论流派，探讨其背后所表现的精神价值。就这样，《情感与启蒙——20世纪中国美学精神》便与读者见面了。

　　初版"后记"上，记录了当时的情景：

　　从1998年8月到1999年2月以来，我除了必上的课以外，所有的时间都用在这本书的写作上了。……20世纪是人类历史上变化最大的世纪，20世纪中国美学太丰富多彩了。不是没东西写，而是多得使你似乎无法选择。20世纪那么多美学家，那么丰富的各种理论取向，那么多大家、流派，你选择谁不选择谁，这似乎都是问题。学有专攻，学分门派，对不同的门派怎样来评价，弄不好会遭到种种非议。

但我在写作时没考虑到这么多。我想在解释学已被普遍遵循的情况下，这已不成问题。20世纪中国美学精神，与我的阐释密切相关，我毫不怀疑自己对某些问题的主观看法。加上"精神"二字已表明我并不十分注重介绍哪些美学家写了哪些方面的书和发表了哪些观点，我仅注重美学观点在形成新的精神方面的价值取向的理论意义。我并没有想给每个美学家作传，平均介绍，而是想通过个别美学家的活动和思想，揭示20世纪中国美学精神的发展历程，以及这种精神发展的时代的、历史的、价值的意义。不然，本书岂不成了论著的介绍、资料的汇编、或论文的索引了吗？

至于书名称《情感与启蒙》，那是因为我恪守美学诞生时作为研究情感的感性学的学科界定，并对中国人20世纪的情感本体予以关注，实际上也就是人类学美学的本体性的关注。至于"启蒙"二字，那是因为我一直认为美学的意义总是在启蒙。在西方，特别是德国古典哲学中是如此，在20世纪的中国也是如此。启蒙就是使每个人都从各种遮蔽中走出，还生命的存在一个澄明之境，使人诗意地栖息在这个大地上。在当代就是用审美精神和艺术来抵制技术时代的体制对人性的异化，使人成为完整的个体。

此书出版后，出版社反馈销量还不错，到了2000年又加印了一次。2013年，本书忽然有一个新的版本在销售，作为作者我根本不知道有此事，便在网上购了几本。打开一看，做得粗糙不堪，还有一些错误。顿时，我觉得好生尴尬。

所以我决定让文化艺术出版社出一个新的精装版，也是对读者与自己的一个交代。精装版改正了一些错讹，并加了一些图片，以增加书的可读性。

在此书出版之即，对文化艺术出版社的领导、江苏师范大学的有关领导表示感谢；对责任编辑董良敏的精心策划与辛勤工作表示敬意；此外，还要特别感谢我的妻子宫慧玲多年来默默无闻地对我学术研究的支持。

在写作此书以前，我已出版了《美学理论百题》《灵感思维与原始文化》《中国的丑怪》《美丑》（中法合出）等著作。长期以来，我沉溺在人类文明的源头，对灵性的人和人的灵感均感兴趣。这本书是我从远古走向现实，从审丑返回审美之途的一个转折。从史前走回20世纪身处的境遇，才感到现实的巨大的诱惑力。20世纪对中国现代化来讲是一个漫长的时期，和人类整个文明相比又如此短暂。历史上那么多的文明都湮没在荒草之中，而中华文明得以绵绵不断。中国人在20世纪开始的伟大的历史转型，给已经迈向21世纪的中国人带来更加光辉的明天。

历史在变化，美学的情感与启蒙的价值将永存。

朱存明
2017年2月8日